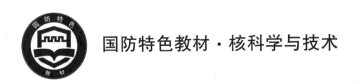

国防特色教材·核科学与技术

U0292922

核反应堆安全传热

（第 2 版）

曹夏昕　阎昌琪　编著

哈尔滨工程大学出版社
Harbin Engineering University Press

内 容 简 介

本书系统全面地介绍了核反应堆安全传热的专业知识,书中内容涵盖了有关反应堆瞬态运行及事故过程的堆芯传热,介绍了严重事故发生后燃料及其冷却剂的传热特性、严重事故过程中一些特殊情况下的传热机理,分析了反应堆的安全传热过程。本书包括核反应堆安全、核反应堆瞬态热工分析、自然循环流动、核反应堆事故分析及传热、沸腾临界后传热、再淹没传热和再湿传热、核反应堆严重事故后传热等内容。

书中涉及的学科知识广泛、覆盖专业面宽、综合性强,内容反映了目前先进反应堆的非能动安全进展以及安全传热的新理论和新方法,使读者可以了解到先进反应堆安全传热研究的发展趋势。

本书可作为高等院校核能科学与工程专业的研究生教材,也可作为核动力工程专业技术人员的培训教材和参考书。

图书在版编目(CIP)数据

核反应堆安全传热 / 曹夏昕, 阎昌琪编著. — 2 版
. — 哈尔滨:哈尔滨工程大学出版社, 2024.3
ISBN 978-7-5661-4326-6

Ⅰ. ①核… Ⅱ. ①曹… ②阎… Ⅲ. ①传热-反应堆安全 Ⅳ. ①TL331②TL364

中国国家版本馆 CIP 数据核字(2024)第 058960 号

核反应堆安全传热(第2版)
HE FANYINGDUI ANQUAN CHUANRE (DI 2 BAN)

选题策划 石 岭
责任编辑 丁 伟
封面设计 李海波

出版发行 哈尔滨工程大学出版社
社 址 哈尔滨市南岗区南通大街 145 号
邮政编码 150001
发行电话 0451-82519328
传 真 0451-82519699
经 销 新华书店
印 刷 哈尔滨市海德利商务印刷有限公司
开 本 787 mm×1 092 mm 1/16
印 张 16.75
字 数 440 千字
版 次 2024 年 3 月第 2 版
印 次 2024 年 3 月第 1 次印刷
书 号 ISBN 978-7-5661-4326-6
定 价 48.00 元

http://www.hrbeupress.com
E-mail:heupress@ hrbeu.edu.cn

第2版前言

本书第 1 版在出版发行后,经过十几年的教学使用,效果良好。根据读者反馈的意见和建议,结合编著者多年教学经验,本次修订对第 1 版内容进行了部分修改和补充,减少了原书中的错误。与第 1 版相比,第 2 版在第 1 章第 3 节增加了对福岛核电站事故的介绍,使核安全事故分析部分的内容更加全面;在第 3 章第 5 节增加了对"华龙一号"非能动安全壳热量导出系统的介绍,更新了自然循环流动传热在新一代核反应堆安全系统中的应用;在第 5 章第 1 节增加了沸腾临界传热机理模型,加深了对沸腾临界传热机制的理解,使理论部分更加完整。

在本书部分内容补充的过程中,编著者参考或引用了国内外有关学者的论著,在此表示感谢!

由于编著者水平有限,书中难免存在错误和不足之处,敬请读者和同行专家批评指正。

编著者
2024 年 1 月

第1版前言

在我国积极发展核电政策的推动下,近年来核电开发的速度不断加快,核反应堆安全和设计专业的人才需求量也在日益增多。由于核反应堆安全传热问题是反应堆设计中需要解决的一个重要问题,因此要求学生对核反应堆安全传热有一个全面系统的了解。虽然目前国内有些院校已经开设了这方面的课程,但是却没有一本正式出版的教材,授课所使用的基本都是从各种资料上摘录整理的讲义,缺少系统性和全面性,为此我们根据多年的教学和科研经验,编写了这本系统、全面介绍核反应堆安全传热的教材。本书是从反应堆安全入手,将反应堆运行瞬变、冷却剂丧失以及严重事故过程中的热工水力现象有机地结合在一起,可以使学生在较短的时间里对几种典型工况下的反应堆安全传热问题有一个全面的了解。本书的特点是将原理和工程应用有机结合,力求能比较全面地覆盖有关反应堆安全传热方面的内容。本书在内容选取上力求反映现代反应堆安全传热领域研究的最新进展,介绍一些先进反应堆的非能动安全方案,以及安全传热的新理论和新方法;在内容安排上注意与工程实际相结合,这样既可以扩大学生的知识面,也可以使学生了解目前先进反应堆的发展趋势。

本书内容涵盖了有关反应堆瞬态运行及事故过程的堆芯传热,介绍了严重事故发生后燃料及其冷却剂的传热特性,阐述了严重事故过程中一些特殊情况下的传热机理,并对反应堆的安全传热过程做了分析。同时,本书考虑到尽可能广的读者适用面,内容安排由浅入深,循序渐进,使其也适合从事核工程领域工作的技术人员培训使用。

全书共分7章,第1章为核反应堆安全,介绍了反应堆事故类型以及目前世界上一些先进核反应堆的安全系统等。第2章为核反应堆瞬态热工分析,介绍了瞬态工况下冷却剂流动的质量、动量和能量守恒方程的介绍,燃料元件的热工水力特性和停堆后剩余功率的衰减等内容。第3章介绍了自然循环流动,从自然循环的概念和原理入手,详细介绍了各种因素对自然循环能力的影响,并针对目前固有安全性反应堆的设计和运行介绍了自然循环在非能动余热排出系统中的应用。第4章为核反应堆事故分析及传热,介绍了失水事故的类型、失水事故时的两相临界流动以及失水事故过程的传热问题。第5章为沸腾临界后传热,介绍了流动沸腾临界、沸腾临界后传热和计算模型,以及具有代表性的定位格架对干涸后传热的影响等。第6章为再淹没传热和再湿传热,详细描述了在堆芯再淹没初期骤冷现象和骤冷过程中的传热现象,同时还介绍了再湿过程中包壳内的传热特性及温度变化等。第

7章为核反应堆严重事故后的传热,介绍了严重事故后堆芯的熔化、压力容器的熔穿以及安全壳直接加热过程的传热等。

本书由哈尔滨工程大学阎昌琪教授和曹夏昕副教授编著,其中阎昌琪教授负责第1、5、6章,曹夏昕副教授负责第2、3、7章。本书可作为高等院校核能科学与工程专业的研究生教材,也可作为核动力工程专业技术人员的培训教材和参考书。

在本书编著过程中,参考或引用了国内外有关学者的论著,在此表示感谢!由于编著者水平有限,书中如有不妥和错误之处,敬请读者批评指正。

编著者

2009 年 8 月

目 录

第1章 核反应堆安全

1.1 概　　述

1942 年 12 月 2 日,由著名科学家费米领导建设的,放置在芝加哥大学橄榄球场看台下的世界第一座反应堆(芝加哥 1 号 CP1)达到了临界,这标志着人类已经掌控了开启核能利用新纪元大门的钥匙。1954 年 6 月,苏联在奥布宁斯克建成了世界上第一座试验性核电站,它标志着核电时代的到来。

20 世纪六七十年代是世界核电发展的高潮期。1962—1963 年第一批商用核电厂建成,其发电成本可与常规火电相竞争。1966—1980 年全球核电装机容量的年增长率达到 26%,核电的发展进入历史上的黄金时代。在这一时期核电站的各方面技术都得到了迅速发展,核电的大规模应用使核电在整个世界能源供应方面发挥了重要作用。

1979 年 3 月 28 日,美国三哩岛核电站发生了重大事故,由于操作人员判断失误以及反应堆系统本身存在的潜在问题,事故中反应堆堆芯由于冷却不当发生熔化,部分放射性物质外泄,事故造成电站周围 8 km 范围内 5 万人搬迁,给周围居民造成了巨大恐慌。三哩岛事故后一些人开始对核电的安全性有所怀疑,核电的发展遇到了困难。时隔 7 年,人们还没有走出三哩岛核事故的阴影,1986 年 4 月 26 日,苏联的切尔诺贝利核电站发生了人类历史上最严重的核事故,造成反应堆解体,大量放射性物质外泄。事故造成核电站周围 30 km 范围内的 13 万多居民全部搬迁,直接人员死亡 31 人。由于放射性烟云扩散,事故波及差不多整个欧洲,震惊了整个世界。2011 年 3 月 11 日,日本本州岛东海岸附近海域发生里氏 9.0 级地震,地震和海啸的叠加导致日本福岛第一核电站发生超设计基准核事故,造成了放射性物质的外泄。福岛核泄漏不仅对生态环境产生了恶劣影响,也给人们的生命健康带来了严重危害。这三起核事故的后果非常严重,特别是切尔诺贝利核事故,它对整个社会的环境、健康、经济和社会公众心理都带来了危害,同时对核电事业的发展也造成了不良影响,一段时间内核电发展出现了停滞。

在经历了几起大的核事故后,世界各国核电营运者越来越认识到,核电安全所具有的重大意义——不仅制约核电事业的发展,更重要的是将会对人类和平与安全及社会的进步产生深远影响。核事故使人们认识到:核事故不但会影响其本身,而且会波及周围环境和社会安全,甚至会越出国界。因此,为了可靠地保证核电站周围居民的健康与安全,必须采取切实可靠的措施,以确保反应堆的安全。

对已发生的核电站严重事故进行全面的分析,并从中吸取教训是十分必要的,这将使核电站的安全管理更加成熟与完善。自三起严重核事故后,各国的研究工作者对核电站的安全问题十分重视,并开始重新考虑核电的安全技术和安全对策等问题,在核电站安全运行方面开展了大量的研究工作,并对反应堆及其系统的设计进行了多种改进。

反应堆堆芯是核电站的核心和要害部位,在任何情况下保证堆芯产生的热量及时有效地输出是核电站安全需要解决的重要问题。只有堆芯内的燃料元件处于适当的冷却状态,热量能被及时带出,就不会产生放射性物质大量泄漏的事故,就能保证反应堆及核电站的安全。从这一意义上讲,核反应堆的安全传热对保证反应堆的安全运行具有十分重要的意义。近年来在核电站安全方面,特别是在保证反应堆堆芯安全方面开展了大量的基础研究工作,已经采取了一系列的方法和措施,例如非能动堆芯热量排出方法等,这些方法都与保证反应堆的安全传热有很大关系。在安全传热方面,新技术的应用大大提高了反应堆的安全性。

客观地讲,尽管出现了核事故,但不能否认核能的和平利用是21世纪人类最伟大的成就之一,经过几十年的努力,核能利用技术已取得了巨大成就。从世界范围来看,目前核能发电占世界总发电量的16%,这其中法国为13.3%,美国为30.9%,我国为13.5%。毋庸置疑,核能已成为人类能源需求的一个重要组成部分。

近年来,由于我国国民经济持续快速增长,迫切需要寻找一种经济、高效、环保的新能源,而目前能够大规模生产电力的方式唯有核电,因此加快发展核电已成为解决我国电力供应问题的必然选择。目前我国核电占全国总发电装机容量的5%左右。为实现我国现代化建设宏伟目标,满足能源的庞大需求,确保能源安全和生态环境的可持续发展,核电是目前唯一能以一定规模发展逐步替代常规矿物燃料的优质能源,因此核电在我国面临着前所未有的发展需求和发展机遇。

目前投入商业运行的核电站所用的反应堆有压水堆、沸水堆、重水堆和气冷堆等。由于这些核反应堆运行过程中会产生大量的放射性,停堆后还会产生很大的剩余功率,具有潜在的放射性泄漏、堆芯熔毁等事故危险,一旦发生事故将对周边环境和人员造成严重危害,因此自核反应堆问世以来,反应堆的安全问题就受到人们的广泛关注。为了保证操作人员和周围环境的安全,在核反应堆的设计、建造和运行过程中要始终坚持安全第一的原则。在保证反应堆安全运行方面有两个大的问题是必须要考虑的:一是采用有效的方法(如多道屏蔽),防止放射性物质外漏;二是保证反应堆产生的热量与输出的热量相平衡,如果反应堆产生的热量大于排出的热量,堆芯就会过热,严重时还会导致堆芯烧毁。

为了保证放射性物质不向外扩散,轻水堆核电厂在设计上采用的安全措施之一是在放射源与人所处的环境之间设置多道屏障,尽可能减少放射性物质向周围环境的释放,一般采用以下三道屏障:

第一道屏障是燃料元件包壳。水冷反应堆核燃料一般采用低富集度二氧化铀,将其烧结成芯块,叠装在锆合金包壳管内,包壳两端用端塞封焊住。核燃料裂变反应后产生大约250种裂变产物,这些裂变产物有固态的,也有气态的,它们中的绝大部分容纳在二氧化铀芯块内,只有气态的裂变产物能部分扩散出芯块,进入芯块与包壳的间隙内。燃料元件包壳的工作条件是十分苛刻的,它既受到中子流的强烈辐射、高温高速冷却剂的腐蚀和侵蚀,又受热应力和机械应力的作用。反应堆正常运行时,仅有少量气态裂变产物有可能穿过包壳扩散到冷却剂中;当燃料包壳出现缺陷或破裂时,则会有较多的裂变产物进入冷却剂中。设计时,假定允许有1%的包壳破裂和1%的裂变产物会从包壳逸出。

第二道屏障是将反应堆冷却剂全部包容在内的压力边界。压力边界的形式与反应堆类型、冷却剂特性以及反应堆的具体设计有关。压水堆一回路压力边界由反应堆容器、蒸汽发生器传热管、堆外冷却剂环路以及泵和连接管道等组成。第二道屏障也是反应堆安全的一道很重要的保障,它除了防止放射性物质外泄外,还起到保证冷却剂正常工作的作用。为了确保第二道屏障的严密性和完整性,防止带有放射性的冷却剂漏出,设计时除了在结构强度上留有足够的裕量外,还必须对屏障的材料选择、制造和运行给予极大的关注。

第三道屏障是安全壳,也称反应堆大厅。它将反应堆、冷却剂系统的主要设备和主管道包容在内。当事故(如失水事故、地震)发生时,它能阻止从一回路系统外逸的裂变产物泄漏到环境中去,是确保核电厂周围居民安全的最后一道防线。安全壳还可以保护重要设备免遭外来袭击(如飞机坠落)的破坏。对安全壳的密封有严格要求,如果在失水事故后24 h内安全壳总的泄漏率小于0.1%安全壳内所含气体质量,则认为达到要求。为此,在结构强度上应留有足够的裕量,使其能经受住冷却剂管道大破口时压力和温度的变化,阻止放射性物质的大量外逸。它在设计上还要保证能够定期地进行泄漏检查,以方便检查和验证安全壳及其贯穿件的密封性。

1.2　核反应堆安全的发展历史

应该说在反应堆发展的初期人们对其安全问题就十分重视,人类第一个核反应堆——芝加哥1号堆在设计初期就考虑了安全问题。为了防止发生不可控的链式裂变反应,当时设计了两套保证反应堆安全停堆的方案:一是在反应堆的上方用绳子吊装了一根强中子吸收材料制成的安全棒,一旦出现事故,由专人负责用斧头砍断绳子,安全棒靠重力插入堆芯;二是由专人负责准备一桶硫酸镉溶液,当需要时可以从堆芯顶部倒入堆芯,使裂变反应停止。

20世纪四五十年代建造的实验反应堆功率都比较小,产生的放射性物质相对较少,一般都建在远离人口密集区域,因此都没有设置特殊的安全壳防止放射性物质外泄。20世纪50年代,原子能委员会下设的美国反应堆安全委员会规定:对于没有安全壳的反应堆应设置周围隔离区,即周围没有居民的地区,无居民区的半径为

$$R = 0.016\sqrt{P_{th}} \quad (km)$$

式中,P_{th}是反应堆的热功率,kW。

这一规定对于早期小型的实验反应堆是可以达到的,但随着动力反应堆功率的增加,所需要的无居民区的半径也越来越大。例如一个3 000 MW的反应堆,按这个标准计算就需要有30 km半径的无居民区,这在人口密集度不大的美国也是做不到的。因此后来人们考虑采用在反应堆周围加安全壳的方法来防止放射性物质泄漏。最早使用安全壳的反应堆是美国20世纪50年代建造的军用反应堆SR1。安全壳的设计理念是保证反应堆在事故情况下放射性物质不能泄漏到外界,不能影响周围的居民,即使在反应堆冷却系统管路全部断裂的情况下,安全壳也能达到密封的目的。在核电发展的早期,这种在反应堆周围加装安全壳的方法并没有在世界范围内推广应用,苏联等国家早期建造的反应堆就没有加装安全壳,包括后来发生事故的切尔诺贝利核电站。

尽管在这一时期世界各国采取的反应堆安全保护方法不同,但是在使用和发展过程中这些拥有反应堆的国家都在反应堆上加装了事故情况下冷却反应堆的系统,以便减轻事故的后果。由于对安全问题的不断深入了解和运行经验的不断积累,人们逐渐认识到堆芯正常冷却是保证反应堆完整性的重要手段,只要保证堆芯产生的热量被及时排出,燃料包壳

就不会损坏,放射性物质就不会外泄。

20世纪六七十年代是核电发展的黄金时期,在能源需求和经济快速发展的拉动下,世界发达国家建造了大量的商用核电站。在这一过程中,核反应堆的安全技术在不断地完善,由于对安全问题有一个认识的过程,当时的安全技术还主要以被动式的安全技术为主,例如当事故发生后,为了包容放射性,通过建造高强度的安全壳来防止放射性物质泄漏到环境中去。在这一时期人们对反应堆安全所持的观点也有很大不同,一种偏于保守的观点认为,反应堆安全措施要保证在最不利的情况下也能保证反应堆的安全。这些最不利的情况包括最严重的事故发生,例如反应堆主冷却剂管路完全断裂,同时出现执行事故安全的某个系统出现故障。这种观点偏于保守,但是一些学者、社会团体和人权保护组织成员等都支持这种观点,因此反应堆安全技术向纵深防御的方向发展。

三哩岛核事故和切尔诺贝利核事故后,人们逐渐认识到当时的安全理念和安全措施还存在某种缺陷和不足,反对建设核电站的呼声较高。在这一过程中,世界核能发展速度趋于缓慢,一方面是因为一些国家的能源需求增长趋势变得缓慢,另一方面的重要因素是公众对核电的态度发生了变化,几次核事故的发生、核电的潜在危险以及核电厂系统和技术的复杂性,增加了人们对核电的不信任感。

三起重大核事故的发生,引起了核能界和公众的巨大震动。虽然事故的起因和结果不同,但是它给人们留下的教训却是相同的,即必须重视核电站运行安全性的研究,寻求更加可靠和安全的发展核电的途径。面对核电站运行过程中各种纷繁复杂的问题,必须搞清楚怎样才能避免核电站严重事故的发生,怎样来识别事故的起因及必须采取的纠正操作或应急措施,怎样保护放射性屏障的完整性,怎样处理继发的事故危机。

为了满足人们日益提高的安全目标要求,人们开始反思核电站安全方法的指导思想。通过事故的经验教训,人们逐渐认识到:核电站的安全基准必须建立在核动力系统本身的固有安全基础上,例如切尔诺贝利核事故之所以造成那样严重的后果,就是其本身的固有安全性差(包括它的正反应性空泡系数、冷却剂自然循环能力差、石墨慢化剂在高温下会燃烧等)造成的。切尔诺贝利核电站的这些缺点都是该种类型核电站本身固有的,事故教训提醒人们,核动力的设计必须尽量减少本身的安全性缺陷,增加抵御事故的能力。世界各国的核科学家们经过不断地研究和探讨以后,提出了下一代核电站安全的关键设计原则:

(1)设计必须把核反应堆的安全放在第一位,在各种事故情况下保证堆芯冷却,保证堆芯产生的热量能够及时排出,同时以事故的预防为重点,采用多道屏障和纵深防御,强调人员的安全和对设备的保护;

(2)简化设计,要求采用固有安全性高的非能动方式代替现有复杂的、由外来动力驱动的安全系统,以简化以前所必需的复杂的运行操作,减少或消除依靠重新连接切换才能完成安全功能的操作,减少对操作人员干预的要求,增强整个机组的固有安全性能;

(3)增加设计裕量,即要求有足够的安全裕量和内在的承受预期应变的能力,事故后可以有较长的处理事故的时间裕量,提高事故遏制能力,例如增加蒸汽发生器的换热面积和体积、减少堆芯燃料的功率密度、加大稳压器的容积(例如美国的 system 80$^+$核动力装置);

(4)重视人因工程学的研究成果,强调在实现核电站安全功能的过程中人(操作人员)与机组的关系,创造良好的运行和操作环境,提高操作人员的素质。

依据上述原则,核科学家们提出了一种新颖而足以有效确保核反应堆安全的思想,即所谓的固有安全思想,用这种思想设计出的核动力抵抗事故能力大大提高,可以从根本上杜绝严重事故的发生。

近年来很多国家将核电站的研究重点不约而同地放在了如何获得最大的可靠性、经济性和固有安全性上面。在核电站固有安全性方面,各国开展了比较广泛的研究工作,不断有新的成果报道。有关国家的核安全管理部门对于将这种固有安全性用于新一代核电站的设计中也是持积极、肯定的态度。

1.3 核反应堆事故

核反应堆正常运行时,冷却剂流过堆芯不断将核燃料产生的热量带走,保持核燃料及包壳的温度在允许的使用参数范围内。如果冷却剂不能及时地将燃料产生的热量带走,燃料就会过热,严重时将被烧毁,因此保证冷却剂及时有效地带走热量对反应堆安全是非常重要的。核反应堆事故都是由燃料产生的热量和冷却剂带走的热量不匹配造成的。当冷却剂带走的热量小于燃料产生的热量时,燃料和包壳的温度就会升高,从而造成反应堆事故的发生。

核反应堆典型事故分析对于深入了解反应堆事故的原因、事故的发展过程以及事故的后果有很重要的意义。在介绍反应堆典型事故之前,首先介绍一下核反应堆的运行工况和事故分类。根据核反应堆事故出现的概率和对周围居民可能带来的放射性后果,一般把核电站运行工况分为以下四类。

(1) I 类工况,正常运行和运行瞬变。该类工况主要包括:核电厂的正常启动、停闭和稳态运行;带有允许偏差的极限运行,如发生燃料元件包壳泄漏、一回路冷却剂放射性水平升高和蒸发器传热管泄漏等,但未超过最大的允许值;运行瞬变,包括核电厂的升温、升压或冷却卸压,以及在允许范围内的负荷变化等。这类工况在核电厂运行时出现较频繁,所以在整个运行过程中无须停堆,只要依靠控制系统在反应堆设计裕量范围内进行调节,就可以把反应堆调节到所要求的状态,从而使其重新稳定运行。

(2) II 类工况,中等频率事件,或预期运行事件。该类工况指在核电厂运行寿期内预计出现一次或数次偏离正常运行工况的所有运行过程。由于设计时已采取了适当措施,它只可能迫使反应堆停闭,不会造成燃料元件损坏或一回路、二回路系统超压,不会导致较严重的事故发生。

(3) III 类工况,稀有事故。该类工况指在核电厂寿期内,极少出现的事故。对于第二代反应堆,它的发生频率一般为 $10^{-4} \sim 3 \times 10^{-2}$ 次/(堆·年)。处理这类事故时,为了防止或限制对环境的辐照危害,需要有专设的安全设施投入工作,以保证反应堆的安全。

(4) IV 类工况,极限事故。对于第二代反应堆,这类事故发生的频率一般为 $10^{-6} \sim 10^{-4}$ 次/(堆·年),因此也被称作假想事故。这类事故一旦发生会造成大量的放射性物质释放,造成较严重的后果,在核电站的设计中对这类事故要加以考虑。

下面根据具体的事故说明反应堆典型事故的发生与发展过程,进而对反应堆典型事故的进程及造成的后果有较详细的了解。

1.3.1 反应性引入事故

反应性引入事故是指向堆内突然引入一个意外的反应性,导致反应堆功率急剧上升而发生的事故。这一事故可能引发严重的后果,当发生在反应堆启动过程时,可能会出现瞬发临界,反应堆有失去控制的危险;如果发生在功率运行工况下,堆内会产生严重过热,可能造成燃料包壳破损或者一回路系统压力边界的破坏。

由反应堆物理的知识可知,反应堆本身存在着各种反应性反馈效应,如温度效应、空泡效应、康普顿效应等,核反应堆事故都与堆芯反应性的变化有关,而反应性的变化又是各种因素综合影响的结果。下面主要讨论由于反应性调节方式的不正确而引起的反应性引入事故。

1. 反应性引入的原因

(1)控制棒意外抽出。由于反应堆控制系统或控制棒驱动机构失灵,控制棒不受控地抽出,由此向堆内持续引入反应性,引起功率不断上升的现象称为控制棒失控抽出事故。控制棒失控抽出事故可以根据不同情况分别属于Ⅱ类事故工况和Ⅲ类事故工况。

(2)控制棒弹出。在压水堆运行过程中,由于控制棒驱动机构密封罩壳破裂,全部压差作用到控制棒驱动轴上,从而引起控制棒迅速弹出堆芯的事故,简称为弹棒事故。这种机械故障的后果是冷却剂丧失和向堆内阶跃引入反应性两个效应的综合。阶跃引入反应性的大小是弹出棒原先插在堆内的那一部分的反应性积分价值,从破口流失的冷却剂流量相当于一回路管发生了小破口事故。这类弹棒事故属于Ⅳ类极限事故工况。

(3)冷却剂硼意外稀释。压水堆在换料、启动和功率运行期间,由于误操作、设备故障或控制系统失灵等原因,使无硼纯水流入一回路系统,引起冷却剂硼浓度失控稀释,造成反应性逐渐上升。但是,反应性引入速率受到泵的容量、管道大小以及纯水系统流量的限制。

2. 超功率瞬变

在反应性引入事故工况下,点堆动态方程的求解按反应性引入速率和大小可分为准稳态瞬变、超缓发临界瞬变和超瞬发临界瞬变三类;按反应性引入方式则有阶跃变化和线性变化的差别。

准稳态瞬变是指在功率运行工况下,向堆内引入的反应性比较缓慢,以致这个反应性被温度反馈效应和控制棒的自动调节所补偿的瞬变。如满功率时,控制棒组件慢速抽出的瞬变反应性($\rho = 2 \times 10^{-5}/s$),在这种情况下有

$$\rho(t) = \rho_i(t) + \rho_{fb}(t) + \rho_c(t) = 0 \tag{1.1}$$

式中,$\rho(t)$表示瞬变过程中的反应性;$\rho_i(t)$表示事故引入的反应性;$\rho_{fb}(t)$表示热工水力反馈引入的反应性;$\rho_c(t)$表示反应堆控制系统动作引入的反应性。

这里假设反应堆保护系统尚未动作,即$\rho_{sd}(t) = 0$。由于功率变化十分缓慢,小于堆芯时间常数,堆内温度可以近似地用稳态分布来描述。这时,反应性反馈变化量 $d\rho_{fb}$ 将由燃料温度效应和冷却剂温度效应两部分组成,即

$$d\rho_{fb} = \alpha_{fe} d\overline{T}_{fe} + \alpha_c d\overline{T}_c \tag{1.2}$$

式中,α_{fe} 和 α_c 分别为燃料和冷却剂的温度系数;$d\overline{T}_{fe}$ 和 $d\overline{T}_c$ 分别为燃料和冷却剂的平均温度变化量。

因为反应性引入速度 ρ 比较小,所以冷却剂温度和功率上升得都不太快,冷却剂平均温度过高保护使反应堆紧急停闭。此时的功率峰值还不到超功率保护整定值。稳压器压力和冷却剂平均温度的上升幅度较大,最小偏离泡核沸腾比(MDNBR)下降比较显著,因此偏

离泡核沸腾的裕量变小了。

超缓发临界瞬变是指引入堆内的正反应性较快,以致反应性反馈效应和控制系统已不能完全补偿,使总的反应性大于零,但又不超过 $\bar{\beta}$ 的瞬变。如满功率运行工况下,两组控制棒失控抽出($\rho = 8 \times 10^{-4}/s$),这时

$$0 < \rho(t)\big|_{\max} < \bar{\beta} \tag{1.3}$$

式中,$\bar{\beta}$ 表示缓发中子份额。

在这种情况下,反应堆虽然超临界,但不处于或不超过瞬发临界状态。因此,瞬变中缓发中子起着相当重要的作用。

由于瞬发中子的寿期非常短,可以令它等于零后解反应堆动态方程,以确定瞬变过程中的功率变化,这种方法称为零瞬发中子寿期近似,也称为瞬时跳变近似。

与准稳态瞬变相比,超缓发临界瞬变功率增长曲线向上弯曲,增长速率由于受到燃料反应性反馈的影响而逐渐减弱,最后达到118%额定功率,超功率保护紧急停堆。因为功率增长十分迅速,所以在瞬变期间稳压器压力和冷却剂平均温度的变化较小,压力变化不到1 MPa,温度上升约 2 K,这些情况恰恰与准稳态瞬变相反。分析指出,这种事故尚不足以损坏燃料元件。

超瞬发临界瞬变是指引入的反应性很大,超过了瞬发临界的程度所引起的堆内瞬变,如弹棒事故,即

$$\rho(t)\big|_{\max} > \beta \tag{1.4}$$

由于功率增长时间常数小于反应堆周期(反应堆时间常数)τ,可以认为堆内传热是一个绝热过程。此过程是由于某种原因向堆内阶跃引入一个很大的反应性,阶跃时间短于先驱核寿期,故在瞬变中可略去缓发中子的影响,动态方程简化为

$$\frac{\mathrm{d}P(t)}{\mathrm{d}t} = \frac{\rho(t) - \beta}{\Lambda} P(t) \tag{1.5}$$

式中,Λ 表示中子每代时间。

$$\rho(t) = \rho_i(t) + \rho_{fb}(t) = \rho_0 + \rho_{fb}(t) \tag{1.6}$$

式中,ρ_0 表示超瞬发临界瞬变事故引入的反应性。

3. 弹棒事故分析

插在堆芯内的控制棒的弹出,使堆芯有一个快速的反应性引入,造成堆内核功率激增,同时堆芯内也形成很大程度的功率不均匀分布,因而会出现一个大的局部功率峰值。弹棒事故同时也造成一个小破口失水事故。由于破口面积很小,因此从失水事故角度来看,弹棒事故后果不严重。

弹棒事故中,功率的激增受到燃料多普勒(Doppler)反应性反馈和慢化剂温度反应性反馈的限制,此后由于保护系统动作,控制棒下插,反应堆停闭。在事故开始 10 s 以内,可出现芯块温度、包壳温度和系统压力三个峰值,从这三个方面影响反应堆的安全性。

发生弹棒事故后,堆芯内局部功率的激增使燃料元件发生很大变化。在事故开始的短时间内,功率激增产生的大部分能量储存在二氧化铀燃料芯块内部,然后逐渐释放到系统的其他部分。燃料中积聚很大的能量,将使最热的芯块熔化,释放出的气体在燃料棒内部形成高压,使燃料棒瞬时破裂,热量可迅速地从散落到冷却剂中的二氧化铀碎粒传送到冷却剂中,部分冷却剂中过量的能量积聚和热能转变为机械能形成很强的冲击波,可能损坏

堆芯和一回路系统,从而破坏堆芯的可冷却性。

热量传送至元件包壳,可造成部分包壳发生偏离泡核沸腾(DNB),并继而有可能使包壳达到脆化温度,从而影响堆芯完整性。

热量传送至冷却剂,使冷却剂系统温度和压力上升,形成一个一回路压力高峰,造成对冷却剂压力边界的冲击。

弹棒事故属于极限事故,是反应性引入合并小破口失水的事故,但堆芯功率分布畸变比失水事故发生得更迅速、剧烈,是事故后果的主导因素。由于弹棒事故造成堆芯功率分布的严重畸变,严格说来必须做三维中子时空动力学分析,并考虑中子学、热工水力系统响应程序与燃料元件分析程序协同分析。

图 1.1 给出了发生弹棒事故后热通道燃料温度变化。从图中可看出,发生弹棒事故后,燃料中心温度(T_{core})、表面温度(T_{fc})及包壳温度($T_{cladding}$)急剧升高。

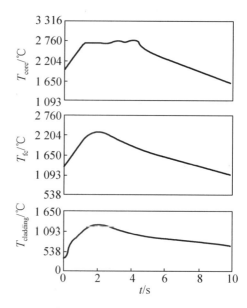

图 1.1 发生弹棒事故后热通道燃料温度变化

1.3.2 失流事故

1. 失流事故

核电厂反应堆都是借助主冷却剂泵传送冷却剂实现强迫循环来冷却的。失流事故是指当反应堆带功率运行时,由于某些原因(如主泵因动力电源故障或机械故障被迫停转)引起的主冷却剂系统流量降低、堆芯流量变小,冷却剂流量与堆功率不匹配,导致堆芯燃料包壳温度迅速上升的事故。典型的失流事故有两种:一种是主泵的供电系统故障,例如电网频度下降、主泵断电等;另一种是主泵卡轴事故,事故原因可能是主泵轴断裂、联轴器断裂和轴承润滑丧失等。

失流事故会导致主冷却剂系统强迫循环的流量急剧下降,使堆芯的传热急剧恶化,由于此时蒸汽发生器不能及时排走一回路热量,因此会使主冷却剂的温度升高,系统的压力快速增加。产生的后果是稳压器自动喷淋系统启动,也可能是安全阀打开。由于这时冷却剂流量与堆芯燃料释热量不相符,可能会使部分燃料元件周围的冷却剂产生偏离泡核沸腾。在出现失流事故时,主泵的惰转特性和快速停堆是十分关键的。失流事故的过程非常短,只有几秒至十几秒的时间,因此必须依靠冷却剂系统的固有承受能力,依靠主泵的惰转特性来减小这一事故的危害。

下面考虑出现主泵断电时的两种极端情况。

(1)水泵无惯性。即水泵断电后没有惯性压头,这相当于所有水泵同时卡住的情况,此时流量 W 的变化为

$$W = \frac{W_0}{1 + t/t_{0,\frac{1}{2}}} \tag{1.7}$$

式中，W_0 表示冷却剂系统初始流量；t 表示水泵断电后的时间。

这时停泵后流量下降速率取决于主回路流体的流动惯性，其下降速率与 $t_{0,\frac{1}{2}}$ 有关，当 $t = t_{0,\frac{1}{2}}$ 时，堆芯惯性流量为初始流量的一半，因此一般把 $t_{0,\frac{1}{2}}$ 称为系统的半流量时间。$t_{0,\frac{1}{2}}$ 与流体在通道内的流速、截面积、流道长度等因素有关。在水泵无惯性的情况下，$t_{0,\frac{1}{2}}$ 越大则堆芯内惯性流量下降越慢；$t_{0,\frac{1}{2}}$ 越小则说明流量衰减越快。

（2）水泵有很大的惯性。一般情况下，核电厂主回路泵上装有惯性很大的飞轮，用以维持失流事故后堆芯惯性流量，减轻事故后果。如果泵的惯性很大，以致水泵半流量时间 t_p 远远大于系统半流量时间，即 $t_p \gg t_{0,\frac{1}{2}}$，则此时流量为

$$W = \frac{W_0}{1 + t/t_p} \tag{1.8}$$

此时泵的特性决定了惯性流量的衰减速率。

2. 冷却剂温度瞬变

失流事故下如果反应堆功率保持不变，则冷却剂温度线性上升，其上升的速率与水泵半流量时间 t_p 成反比，冷却剂温升将在 t_p 时间内提高一倍。显然这种情况异常危险，通常是不允许的。一般反应堆发生失流事故后应立即紧急停堆。失流事故后如果立即停堆，冷却剂温升变化取决于水泵半流量时间 t_p 和堆芯时间常数的大小。当堆芯时间常数 τ 大于水泵半流量时间 t_p 时，即使流量开始下降时堆功率已降为零，冷却剂温度仍然上升，其温升峰值大于初始值。这是由于燃料元件储存的大量热量在流量下降后不能及时传到冷却剂中去。因此，从安全角度看，选择小的堆芯常数和大的水泵半流量时间是相当重要的。

3. 自然循环冷却

在发生失流事故后，反应堆必须紧急停堆，以防止冷却剂温度线性上升，造成堆芯损坏。停堆后，当水泵的惯性流量降为零后，冷却剂通过堆芯的动力只是依靠主回路系统内流体的重力压头，堆芯的发热也只是停堆后的衰变热。此时的中心问题是平衡态的自然循环是否有足够流量带走衰变热，从而避免堆芯过热。

在主回路系统失去循环水泵驱动流体的作用后，产生自然循环能力的大小同主回路系统冷热段流体的温度差和蒸汽发生器中心标高 $\bar{z}_{sg}$ 与堆芯中心标高 $\bar{z}_c$ 的高度差 $(\bar{z}_{sg} - \bar{z}_c)$ 有关，温度差和高度差越大，则自然循环流量 W_∞ 越大，冷却剂温升 ΔT_c 越小。因此，为保证失流事故后期堆芯不过热，主回路系统中必须有足够大的蒸汽发生器与堆芯的位差，以及足够小的阻力系数。

1.3.3　热阱丧失事故

热阱丧失事故是由于二回路故障造成堆芯入口处一回路冷却剂温度过高而引起堆芯冷却能力不足的事故。对于反应堆主回路系统，要能按额定功率将燃料裂变释热传出去，

必须有一个热阱,即正常工作的二回路及三回路(循环水)冷却系统。如果二回路或三回路某个环节发生故障,不能按正常情况及时带走一回路产生的热量,其结果必然是使一回路堆芯入口冷却剂温度过高。这同堆芯流量减少一样,也将使堆芯冷却能力不足而最终导致堆芯过热,甚至造成裂变产物屏障破坏。我们统称这类事故为热阱丧失事故。

从压水堆来看,热阱丧失事故的始发事件可以归结为以下两个方面。

(1)部分或全部给水中断。这是典型的也是发生概率较大的热阱丧失事故。给水泵机械故障或失去电源、阀门意外关闭、给水加热器破坏,甚至凝结水泵等设备或管路破坏,均能引起给水减少或中断。一旦给水流量减少,蒸汽发生器水位下降,甚至蒸汽发生器内充满蒸汽,将使蒸汽发生器侧传热系数大大下降,堆芯一侧将呈现近似绝热加热的状态。此时反应堆必须紧急停堆,同时开启应急给水系统去除衰变热,以保护堆芯不损坏。

美国三哩岛核事故就是从给水中断开始的。停堆后本应打开辅助给水系统,但由于检修时阀门被关闭,于是主回路升温、升压。再加上操纵中的一系列失误,致使堆芯严重损坏,带有放射性的主回路冷却剂通过卸压阀泄漏到安全壳,酿成核动力反应堆历史上最严重的事故之一。

(2)汽轮机跳闸,同时旁路阀门未打开。无论是紧急停堆、汽轮发电机组本身故障,或是电网故障,为了保护汽轮机,都要求主蒸汽管道阀门立即关闭,通往凝汽器的旁路阀门必须立即打开,否则将发生热阱丧失事故。如果跳闸后旁路阀未打开,二回路将被蒸汽充满,堆芯主回路内储存的能量无法排出,则主回路冷却剂将在近似绝热的状态下迅速升温、升压。

1.3.4　典型的核反应堆事故介绍

1. 三哩岛核事故

三哩岛核电站二号机组(TMI-2)是由巴布科克和威尔科克斯(Babcock & Wilcox)公司设计的961 MW电功率(880 MW净电功率)压水反应堆。1978年3月28日该反应堆达到临界,刚好在其后一年,1979年3月28日发生了美国商用核电厂历史上最严重的事故。这次事故由给水丧失引起瞬变开始,经过一系列事件造成了堆芯部分熔化,大量裂变产物释放到安全壳内。尽管对环境的放射性释放以及对操作人员和公众造成的辐射后果是很微小的,但该事故对世界核工业的发展造成了深远的影响。

(1)电厂概述

堆芯由177盒燃料组件组成,堆芯直径3.27 m、高3.65 m,放在直径4.35 m、高12.4 m的碳钢压力容器内。每个燃料组件内有208根燃料元件,按15×15栅格排列。燃料是富集度为2.57%的二氧化铀,包壳为Zr-4。

反应堆有A、B两个环路,每个环路上有两个主循环泵和一台直流式蒸汽发生器。一次侧冷却剂运行压力为14.8 MPa,出口温度为319.4 ℃。反应堆压力由一个稳压器维持。稳压器通过一个电动泄压阀(PORV)与反应堆冷却剂排放箱相连。反应堆及其相关系统如图1.2所示。

(2)事故过程

1979年3月28日凌晨4时,反应堆运行在97%额定功率下。三个操作人员正在维修净化给水的离子交换系统,事故是由凝结水流量丧失触发给水总量的丧失信号开始的。几乎与此同时,凌晨4时零分37秒主汽轮机跳闸。所有辅助给水泵全部按设计要求启动,但实际上流量因隔离阀关闭而受阻。这时,反应堆继续在满功率下运行,反应堆一回路温度和压力上升。根据该动力装置的设计,这时蒸汽释放阀应打开将蒸汽排放至冷凝器,同时辅助给水泵启动。但由于蒸汽

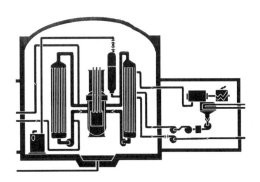

图1.2 三哩岛核电站二号机组系统图

发生器的给水没有及时供应,造成了反应堆冷却剂系统的对外热量输出减少。由于蒸汽发生器内输出的热量降低,反应堆冷却剂系统压力不断升高,3秒钟后达到稳压器电动泄压阀整定值15.55 MPa,稳压器上的蒸汽释放阀起跳。由于系统压力升高较快,因此释放阀打开后没有马上使系统降压,系统的压力继续上升。在事故后8秒钟时,系统压力达到16.2 MPa。在这个压力点上,由自动控制信号使控制棒插入堆芯,从而使裂变反应停止。在这一早期阶段装置的所有自动运行功能都按设计运行,此时反应堆已停堆,但仍有衰变热产生。

随着反应堆的紧急停闭,反应堆冷却剂系统经历预期的冷却剂收缩、水装量损失,一回路系统压力下降。大约在13秒时,稳压器卸压阀接到关闭信号却未能回座,这是造成事故后来不断扩大的最重要原因。控制室内没有该阀状态的直接指示,操作人员误认为该阀门已被关闭。这样,一回路冷却剂就以大约45 m³/h的初始速率向外泄漏。二回路系统中3台给水泵全部投入运行,但蒸汽发生器的水位还在继续下降,最后蒸汽发生器干锅。这是由于辅助给水泵与蒸汽发生器之间的阀门没有打开,因此实际上没有水打入蒸汽发生器。这个阀门是在事故前某时被关闭的,例行检查时检查人员因疏忽没有发现。

在这一关键过程中反应堆冷却剂系统失去了热量排出的热阱。在事故后1分钟时,反应堆冷却剂系统中冷、热管段的温差降为零,这表明蒸汽发生器已经干锅了。这时反应堆内的压力不断降低,稳压器内的液位开始迅速上升。在事故后2分40秒时,反应堆冷却剂系统压力降至11 MPa,应急堆芯冷却系统自动投入,将加硼水注入堆芯。这时稳压器的液位在继续升高。当时认为是高压注射系统增加了反应堆冷却剂系统的水装量,但后来的分析表明这一现象是由于反应堆冷却剂中产生了沸腾,使水膨胀进入稳压器,造成稳压器水位增加。由于操作人员认为高压安注系统将反应堆冷却剂系统注满了水,因此在事故后4分38秒时将一台高压注射泵关闭,另一台泵继续运行。

在事故后6分钟时,稳压器全部充满水,反应堆的卸放水箱开始迅速升压。在事故后7分43秒时,安全壳大厅内的排水泵启动,将水从地坑排往辅助厂房的各废水箱,这样使得带有放射性的水从安全壳排出进入辅助厂房。

在事故后8分钟时,操作人员发现蒸汽发生器已经干锅了,检查发现辅助给水泵仍在运行,但阀门没有打开。操作人员打开了阀门,使给水进入蒸汽发生器,从而使反应堆冷却剂系统的温度开始降低,此时听到了蒸汽发生器内的"噼啪"响声,从而确定辅助给水泵已将水注入了蒸汽发生器。

在事故后10分24秒时,另一台高压安注泵跳闸,重新启动后又跳闸,最后在11分24

秒时启动,但处于节流状态。这时安全注入的水流量小于反应堆冷却剂系统从释放阀排出的流量。在事故后大约11分钟时,稳压器水位开始回落,在事故后大约15分钟时,泄放水箱上的爆破膜破裂,热水流入安全壳大厅,使大厅内压力升高。此时冷却剂从系统排放进入安全壳,通过地坑排水泵,将水排往辅助厂房。

在事故后18分钟时,通风系统监测器监测到放射性明显增加。此时的放射性增加是由冷却剂泄漏,而非燃料破损所造成的。这时反应堆冷却剂系统的压力只有8.3 MPa,并且还在降低。

在事故后20分钟至1小时,反应堆冷却剂系统处于稳定的饱和状态,系统压力7 MPa,温度290 ℃。在事故后38分钟时,安全壳地坑排水泵关闭,此时已有30 m³的水排往辅助厂房,但放射性的剂量并不是很大,因为此时没有产生大量的燃料破损。

在事故后1小时14分钟时,B回路中的主冷却剂泵关闭,因为此时发现主泵有很大的振动,一回路系统压力较低,流量也较低。操作人员进行这样的处理是由于担心主泵因振动产生严重事故,并可能危害主管路。然而泵关闭后,该回路的汽和水发生分离,阻碍了回路中自然循环的建立。

在事故后1小时40分钟时,由于同样的原因,另一回路的主泵也被关闭。操作人员期望一回路系统会建立起自然循环,但由于系统中产生了汽-水分离,因此没有建立起自然循环。后来的分析表明这时系统中约三分之二的水已经漏掉了,反应堆内的水位在堆芯上部30 cm处。堆芯的衰变热使水继续蒸发,使水位降至堆芯顶部以下,活性区开始升温,从而威胁到了堆芯的安全。

在事故后2小时18分钟时,稳压器上的释放阀(图1.3中①)被操作人员关闭,在控制台上没有这一阀门位置的直接显示,这也是较长时间没能发现这个阀门没有回座的主要原因。直到这时高压安注系统才使主冷却剂系统的压力重新回升。

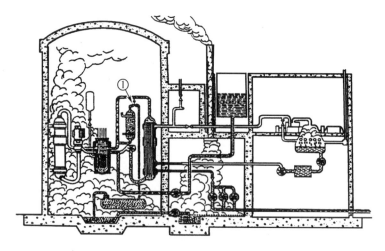

图1.3 事故后20分钟至6小时

在事故后2小时55分钟时,在主冷却剂系统连接到净化系统的管路上有高放射性的报警。这时堆芯的一部分已经开始裸露,堆芯维持在高温状态下,这种情况威胁到了燃料包壳的完整性,裂变产物泄漏出包壳,锆合金包壳与水蒸气反应后生成氢气。

这时操作人员又试图启动冷却剂泵,B回路上的一个泵被启动,但由于气蚀和振动又被关闭。在事故后 3 小时时,燃料达到峰值温度(大约 2 000 ℃)。在事故后 3 小时 20 分时,高压安注系统重新投入,使燃料再湿和堆芯再淹没,有效地终止了燃料温度的继续上升。

在事故后 3 小时 30 分时报警系统显示,在安全壳大厅、辅助厂房放射性水平迅速增加。安全壳内的监视显示出非常高的放射性。

在随后的 4 小时 30 分至 7 小时,操作人员维持高压安注系统运行增加一回路系统压力,以便消除反应堆冷却剂系统中的空泡,试图通过蒸汽发生器将热量输出,但由于消除气泡的过程需要使用释放阀,而释放阀不能正常工作,因此这种方法没有成功,最后被放弃。

随后操作人员试图启动安注箱和应急冷却系统的低压补偿使反应堆冷却剂系统压力降低。这一操作从事故后 7 小时 38 分开始,操作人员打开了释放阀(图 1.4 中②)。在事故后 8 小时 41 分时,反应堆冷却剂系统的压力降到 4.1 MPa,安注箱(图 1.4 中③)启动,然而只有少量的含硼水注入堆芯。

在减压过程中,大量的氢气从反应堆冷却剂系统释放至安全壳内。在事故后 9 小时 50 分时,安全壳内产生巨大的压力脉冲,这一压力脉冲是由于安全壳内氢气和空气混合物爆燃造成的。随后大厅的喷淋系统(图 1.4 中④)启动,6 分钟后关闭。

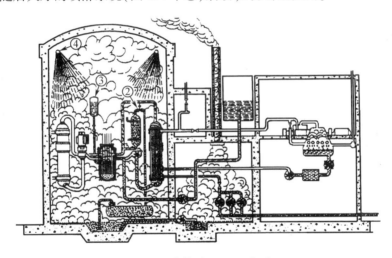

图 1.4　事故后 6 至 11 小时

压力最后降至 3 MPa,随后操作人员试图进一步降压没有成功,这时反应堆冷却剂系统压力维持在低压安注系统的注入压力。

由于操作人员不能使反应堆冷却剂系统的压力进一步降低,因此在事故后 11 小时 8 分时释放阀被关闭。在随后的两小时内,没能施行有效的方法输出衰变热。这时释放阀有时打开,有时关闭,而高压安注系统在低速下工作,其流量差不多与从净化系统流出的水相平衡,这时两台蒸汽发生器没有热量输出。

在事故后 13 小时 30 分时,释放阀被重新关闭,高压安注系统使反应堆冷却剂压力重新回升,并重新启动主循环泵。在事故后 15 小时 51 分时环路 A 的主循环泵启动,冷却剂开始流动,通过蒸汽发生器,建立起了热量输出。

(3)事故的后果

对堆芯进行不断的分析和验证后,对三哩岛核电站事故后果进行比较完整的描述如下。

在开始 100 分钟左右的时间里,反应堆冷却剂泵还在运行,虽然回路里是两相流动,但堆芯还是被较好地冷却了。第一次将泵关闭,使蒸汽和水产生了分离,这妨碍了回路中的流体循环。后来反应堆压力容器内的水不断被蒸干,使燃料裸露,被蒸汽带走的衰变热通过开启的释放阀被排走。在事故后大约140分钟时,操作人员关闭了释放阀,终止了这一冷却。活性区温度很快升高至1 800 K,这时燃料包壳开始氧化,当温度进一步升高时,锆合金与蒸汽反应形成氢气。由于堆内锆合金产生了化学反应,因此燃料芯块失去了支撑。根据事故后氢气的排量可估计到大约三分之一的锆都参与了反应,大部分燃料棒破损。

锆合金与蒸汽之间的放热反应进一步使燃料元件温度增加,使温度达到2 400 K。在这个温度下,锆合金熔化,开始与二氧化铀燃料相互作用。在事故后174分钟时,B回路上的一个反应堆冷却剂泵启动并短期运行。大量的水进入反应堆压力容器,使原来很热的包壳和燃料棒破裂成碎片,然后坍落使堆芯上部形成空腔,水使堆芯上部冷却,但底部的温度仍然在升高。这些再凝固的金属形成了一个金属壳,使熔化的燃料黏在一起。

在事故后200分钟时,高压安注系统启动,使堆芯再淹没,水充满了反应堆压力容器。在事故后大约224分钟时,大部分燃料材料重新再分布。上部熔化的燃料再次出现了坍落,一部分熔化的燃料落入堆芯的下封头,估计大约有20 t的熔化材料,如图1.5所示。高压安注系统的连续运行使堆芯冷却下米。燃料材料的坍塌增加了通过堆芯流休的流动阻力,毁坏后的堆芯流动阻力是正常值的200~400倍,大约有70%的燃料毁坏,有30%~40%的燃料熔化。

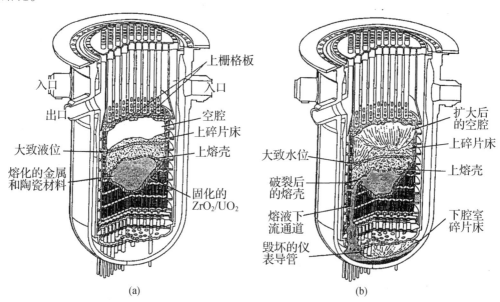

图1.5 事故后的堆芯状态

三哩岛核事故后,世界各国专家对反应堆压力容器的破损情况进行了广泛的研究,其结果表明,在压水堆中,利用水对坍塌燃料碎片进行冷却是有效的,熔化燃料对反应堆容器壁的损坏并不严重。

事故后安全壳内比较高的放射性水平,主要是氪和氙。除了^{85}Kr(半衰期10年)外,大部分氪和氙的放射性同位素半衰期都很短。除了大约10 000 Ci[①]的^{85}Kr是1年后从安全壳

注:①1 Ci = 3.7×10^{10} Bq。

内排出的外,其他所有的放射性气体在几天后就释放到大气中,因此在电站的周围测量出比本底高很多的放射性水平。然而只有很少量的碘(只有 6 Ci)从安全壳释放到大气中去。事故后两天,周围的居民搬离电站周围,涉及大约 50 000 名居民搬迁。实际上周围环境受到放射性的危害并不大。

从上述的分析可知,在三个不同的时期里,堆芯曾有一部分或全部裸露过。第一时期开始于事故后大约 100 分钟,堆芯至少有 1.5 m 裸露大约 1 h。这是堆芯受到主要损坏的时期,此时发生强烈的锆-汽反应,产生大量氢气,同时有大量气体裂变产物从燃料释放到反应堆冷却剂系统中。堆芯裸露的第二个时期出现在事故后大约 7.5 小时,堆芯大约有 1.5 m 裸露了很短一段时间,与第一时期相比,燃料温度可能低得多。第三个时期出现在事故后大约 11 小时,此时堆芯水位降低到 2.1~2.3 m,此段时间长 1~3 小时,在此期间燃料温度再次达到很高的数值。

事故中操作人员受到了较高的辐射,但总剂量仍十分有限。对主冷却剂抽样的人员可能受到 30~40 mSv 辐照,事故中无人受伤或死亡。厂外 80 km 半径范围内 200 万人群集体剂量估计为 33 人·Sv,平均的个体剂量为 0.015 mSv。

三哩岛核事故中释放出的放射性物质如此之少,说明安全壳十分重要。虽然安全壳并不能保证绝对不泄漏,但泄漏量很有限。由于安全壳喷淋液中添加了 NaOH,使绝大多数碘和铯被捕集在安全壳内。从安全壳泄漏出的气体经过辅助厂房,因而大部分放射性物质被过滤器所捕集。

2. 切尔诺贝利核事故

切尔诺贝利核电站位于乌克兰境内基辅市以北 130 km,离普里皮亚特(Pripyat)小镇 3 km。1986 年 4 月 26 日星期六的凌晨,切尔诺贝利 4 号机组发生了核电历史上最严重的核事故。该事故是在反应堆安全系统试验过程中发生功率瞬变引起瞬发临界而造成的。反应堆堆芯、反应堆厂房和汽轮机厂房被摧毁,大量放射性物质释放到大气中,其扩散范围波及欧洲大部分国家。

(1)反应堆描述

事故发生在切尔诺贝利核电站的 4 号机组。该机组于 1983 年 12 月投入运行,使用 1 000 MW 的 RBMK 型反应堆,这是一种石墨慢化、轻水冷却的压力管式反应堆。反应堆堆芯是由石墨块(7 m×0.25 m×0.25 m)组成直径 12 m、高 7 m 的圆柱体。总共有 1 700 根装有燃料的垂直管道。在反应堆运行时能够实现不停堆装卸料。反应堆燃料是二氧化铀。燃料的富集度为 2.0 %,用锆合金作包壳,每一组件内含有 18 根燃料棒。采用沸腾轻水作冷却剂,堆芯产生的蒸汽通过强迫循环直接供给汽轮机。

RBMK1000 反应堆输出热功率为 3 200 MW,主冷却剂系统有两个环路,每个环路上有 4 台主循环泵(3 台运行,1 台备用)和 2 个蒸汽汽鼓/分离器。冷却剂在压力管内被加热到沸腾并产生蒸汽,平均质量含气量 14%,汽水混合物在汽鼓内分离然后送给两台 500 MW 电功率的汽轮机。RBMK1000 反应堆系统简图如图 1.6 所示。

上述设计决定了该反应堆的特性和核电站的优缺点。它的优点是没有笨重的压力容器,没有既复杂又昂贵的蒸汽发生器,又可实现连续装卸料,有良好的中子平衡等。但在物理上也存在着明显的缺陷:一方面,在冷却剂出现相变时,特别是在低功率下具有正的反应性系数;另一方面,直径 12 m、高 7 m 的大型堆芯可能会出现氙空间振荡,而使反应堆的控制变得复杂。

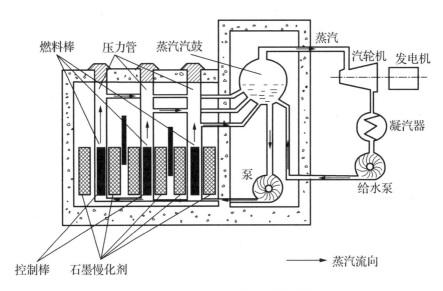

图 1.6　RBMK1000 反应堆系统简图

(2)事故过程

事故是在进行 8 号汽轮发电机组试验时引发的。试验的目的是探讨厂内外全部断电情况下汽轮机中断蒸汽供应时,利用汽轮机转子惰转动能来满足该机组本身电力需要的可能性。

1986 年 4 月 25 日凌晨 1 时,反应堆功率开始从满功率下降。13 时 5 分,热功率水平降至 1 600 MW,按计划关闭了 7 号汽轮机。反应堆运转的 4 台主冷却剂泵、2 台给水泵和其他设备所需的电源切换到 8 号发电机组母线上。根据试验大纲,14 时把反应堆应急堆芯冷却系统与强迫循环回路断开,以防止试验过程中应急堆芯冷却系统动作。23 时 10 分,继续降功率,按试验大纲,试验应在堆热功率 700~1 000 MW 下进行。26 日零时 28 分,操纵 12 根控制棒的局部自动控制系统被解除。这时操作人员没能及时设定自动调节系统的设定点,此时反应堆不能采用手动和整个自动控制系统相结合的控制方式控制反应堆。在功率下降过程中出现了过调,结果使功率降到 30 MW 以下。

在 24 小时前反应堆功率开始减少时起,就开始出现了氙中毒效应,裂变过程产生的 ^{135}Xe 具有很高的中子俘获截面,开始时它俘获大约所有中子的 2%,当反应堆功率降低时,氙的浓度会相对升高。图 1.7 表示了反应堆功率变化和氙中毒效应的影响。从图中可以看出,氙的峰值出现在停堆后 12~24 小时。但是当功率不可控地降低到 30 MW 时,氙毒的份额迅速升高。由于氙毒效应的影响,操作人员很难将反应堆的功率提高。

4 月 26 日 1 时,操作人员将反应堆热功率稳定在 200 MW。由于在功率骤减期间氙毒的积累,这已是他们能够得到的最大功率。这时操作人员将大部分手动控制棒提升,所提升的控制棒数已经超出了运行规程的限制。中心区域内的堆芯中子通量分布已被氙严重毒化。尽管如此,操作人员仍决定继续做试验。为了保证试验后有足够冷却,所有 8 台主循环水泵都投入了运行。为了抑制沸腾的程度,堆芯流速很高,堆芯冷却剂入口温度接近饱和温度。这时反应堆的功率只有总功率的 7% 左右,而通过堆芯的冷却剂流量是正常值的 115%~120%,堆芯的焓升只有 6%,温升大约是 4 ℃。整个冷却剂系统接近饱和温度,堆芯产生的蒸汽量很少。这时堆芯内的空泡份额大大减少,水吸收了较多的中子,因此控制棒相应进一步提升。随着蒸汽压力下降,蒸汽分离器内的水位也下降到紧急状态标志以下。此时操作人员试图手动控制蒸汽压力和汽鼓(图1.8的②)内的水位,但没有成功。在这种情况下,为了避免停堆,操作人员切除了与这些参数有关的事故保护系统。

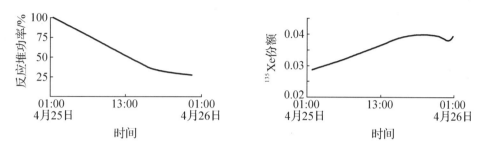

图 1.7 事故后 ^{135}Xe 份额的变化

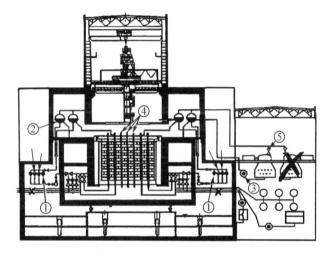

图 1.8 切尔诺贝利核事故简图

在 26 日 1 时 19 分,为了恢复蒸汽分离器汽鼓内的水位,操作人员打开主给水阀(图 1.8 的③),给水流量增加到 400%,30 秒后汽鼓内的水位达到了期望值,然而操作人员继续往汽鼓内加水,但冷水从汽鼓进入堆芯时,蒸发量几乎降为零,堆芯内空泡份额也进一步减少,为了补偿,12 根自动控制棒(图 1.8 的④)全部提出堆芯。为了使反应堆功率维持在 200 MW,操作人员还将三组手动控制棒向上提出。冷水和蒸汽量的减少导致系统压力降低,在 1 时 19 分 58 秒,蒸汽至冷凝器的旁通管路关闭,但在随后的几分钟时间里蒸汽压力继续降低。在 1 时 21 分 50 秒,操作人员突然减少了给水流量,这样一来堆芯的进口水温度升高。

1 时 22 分 30 秒,反应堆参数的指示显示出运行反应性裕量已经跌到要求立即停堆的水平,但是操作人员为了继续进行试验,没有停堆。这时堆内测量仪器显示径向中子通量分布处于正常状态,但在轴向出现双倍的中子峰值,其最高值在堆芯偏上部位。这是由中间部位氙水平高和上部空泡份额高所致。

1 时 23 分 04 秒,为了继续进行试验,操作人员关闭了汽轮机入口截止阀(图 1.8 的⑤),同时解除了当汽轮发电机脱扣而触发反应堆停堆的自动控制,使反应堆继续运行。这并不是原来的试验计划安排,这样做的目的是当第一次试验不成功时可以重复试验。随着汽轮机的隔离,8号汽轮发电机组、4台循环水泵和2台给水泵开始惰转。随着主蒸汽阀和旁通阀的关闭,蒸汽压力有所升高,堆芯内产生的蒸气相应减少。然而主冷却剂流量减少和给水流量减少造成堆芯入口温度升高,从而使蒸汽产生量升高。试验开始后不久,反应堆功率开始急剧上升。冷却剂的大部分已经非常接近很容易闪蒸成蒸汽的饱和点。具有正空泡系数的RBMK反应堆对此类蒸汽形成的响应是,当反应性与功率增长时,温度与蒸汽产量进一步增大,从而达到一种失控的状态。当时操作人员试图用12根自动控制棒来补偿反应性,但没有效果。1时23分40秒,操作人员按下紧急停堆按钮,要把所有控制棒和紧急停堆棒全部插入堆芯。但由于控制棒处于全部抽出的位置,使反应堆停堆延迟了大约10秒。

由于这时主循环泵的转数不断降低,堆芯冷却剂流量不断减少,蒸汽的产量不断增加,在很强的正空泡系数的影响下,堆芯内中子通量暴涨。随后控制室感觉到了若干次震动,操作人员看到控制棒已经不能到达较低的位置,于是手动切除了控制棒的电源,使其靠自重下降。然而在此期间,反应堆功率在4秒后就增大到满功率的100倍左右。在这一阶段,估计堆芯已经达到了瞬发临界,堆芯内大量的空泡使中子增殖系数增加了3%左右,大于缓发中子份额。功率的突然暴涨,使得燃料碎裂成热的颗粒,这些热的颗粒使得冷却剂急剧地蒸发,从而引起了蒸汽爆炸。

大约在凌晨1时24分,接连两声爆炸声后,燃烧的石墨块和燃料向反应堆厂房的上空直喷,一部分落到汽轮机大厅的房顶上,并引发了火灾。大约有25%的石墨块和燃料管道中的材料被抛出堆外,其中3%~4%的燃料以碎片或以1~10 μm直径的颗粒形式抛出。

两次爆炸发生后,浓烟烈火直冲天空,高达1 000多米。火花溅落在反应堆厂房、发电机厂房等建筑物屋顶,引起屋顶起火。同时由于油管损坏、电缆短路以及来自反应堆的强烈热辐射,引起反应堆厂房内、7号汽轮机房内及其临近区域多处起火,总共有30多处大火。1时30分,值勤消防人员从附近城镇赶往事故现场,经过消防人员、现场值班运行和检修人员以及附近5号、6机组施工人员共同努力,于5时左右,大火被全部扑灭。

(3)事故后果处理

事故后的首要任务是尽最大可能减少放射性物质扩散和对人的辐射影响。为防止熔化元件掉入下部水池,操作人员关闭了有关阀门,将抑压池水排空,消防人员控制火势防止蔓延至3号机组。

事故时反应堆虽停止了链式反应,但加上锆水反应热、石墨燃烧热、核能和化学能同时释放,仍有大量余热释放。为防止事故扩大,工程师们考虑如何灭火,如何降低堆芯温度,并限制裂变产物释放。他们首先试图用应急和辅助给水泵为堆芯供水,但没有成功。然后决定用硼化物、黏土、白云石、石灰石和铅等覆盖反应堆。硼用来抑制反应性,白云石加热后产生CO_2可起灭火作用,铅融化后可进入堆的缝隙内起屏蔽作用,而砂子是作为过滤器用的。在4月27日至5月10日有5 000多吨的材料用军用直升机投下,使反应堆被上述材料覆盖,堆芯逸出的气溶胶裂变产物得到了很好的过滤。5月1日左右,裂变产物衰变热使燃料的温度开始升高,为了降温,采取向堆底强制注入液氮或氮气的方式冷却。这一过程使燃料温度保持2 000 ℃ 4~5天,最后温度降低。

事故后在核电站周围修筑了带冷却装置的混凝土壳,以便最终掩埋反应堆。离堆165 m处开挖隧洞,在堆下部构筑带有冷却系统的厚混凝土层,防止放射性物质从地下泄漏,周围打防渗墙至基岩为止。据报道,这些工作于当年7月底完成。

核电厂30 km内,居民全部被临时迁移到外地,事故后16小时开始撤离,先后共撤出

13.5 万人。

清除厂内的放射性,在厂区筑上围堤,防止雨水冲刷造成放射性污染水系。为减少事故处理过程的辐射,采取分班轮流作业进行时间控制,还使用机器人进行了大量工作。

(4)事故对环境的影响

从切尔诺贝利核事故释放出的放射性物质可以分为几个阶段。在事故当天,爆炸能量和大火产生的气体和可挥发裂变产物的烟云有 1 000～2 000 m 高,其释放量占总释放量的 25%。

4 月 27 日该烟云移到波兰的东北部,该烟云在东欧上空上升到 9 000 m 高。在事故后的 2~6 天烟云扩散到东欧、中欧和南欧,以及亚洲的 10 000 m 高空。事故中释放出的源项超过了 $3.7×10^{18}$ Bq,其中惰性气体释放了 100%,碘为 40%,铯为 25%,碲大于 10%。

核电厂周围 30 km 以外地区所受的影响主要是放射性沉降导致的地面外照射和饮食的内照射。估计欧洲各国的积累总剂量为 $5.8×10^5$ 人·Sv。苏联国内所受的相应剂量为 $6.0×10^5$ 人·Sv。欧洲经济合作与发展组织(OECD)核能机构评价了切尔诺贝利核事故对欧洲其他国家的影响,指出西欧各国个人剂量不大可能超过一年的自然本底照射剂量,由社会集体剂量推算出的潜在健康效应也没有明显的变化。据估计,晚期癌症致死率只增加了 0.03%。

参加事故抢险工作的电站和事故处理的部分人员受到了大剂量照射,一些人在扑救火灾时被烧伤。总计大约有 500 人住进了医院,事故共造成了 31 人死亡。

(5)事故原因与经验教训

从本质上说,切尔诺贝利核事故是由过剩反应性引入而造成的严重事故。管理混乱、严重违章是这次严重事故发生的主要原因。操作人员在操作过程中严重违反了运行规程,表 1.1 列出了主要的违章事例。其次,反应堆在设计上存在严重缺陷,固有安全性差。

表 1.1 切尔诺贝利核事故过程中的违章事例

违章内容	动 机	后 果
1.将运行反应性裕量降低到容许限值以下	试图克服氙中毒	应急保护系统不起作用
2.功率水平低于试验计划中规定的水平	避免局部自动控制系统的错误	反应堆难以控制
3.所有循环泵投入运转,有些泵流量超过了规定值	满足试验要求	冷却剂温度接近饱和值
4.闭锁了来自两台汽轮发电机的停堆信号	必要时可以重复试验	失去了自动停堆的可能性
5.闭锁了汽水分离器的水位和蒸汽压力事故停堆信号	为了完成试验,任凭反应堆不稳定运行	失去了与热工参数有关的保护系统
6.切除了应急堆芯冷却系统	避免试验时应急堆芯冷却系统误投入	失去了减轻事故后果的能力

反应堆具有正的空泡反应性系数。在平衡燃耗和额定功率下空泡反应性系数是正值,为 $2×10^{-6}$/(1%蒸汽容积);慢化剂(石墨)的温度反应性系数也是正值,为 $6×10^{-5}$/℃。虽然在正常工作点上,综合的功率反应性系数是负值,为 $-5×10^{-7}$/MW,但是在堆功率低于 20% 额定功率时,这个综合效应却是正值。因而,在 20% 额定功率以下运行时,反应堆易于出现极大的不稳定性。在操作人员多次严重违反操作规程等一系列外在条件下,正是这个内在

的正的空泡反应性系数导致反应堆瞬发临界,造成了堆芯碎裂事故。

此外,该核电站没有安全壳,也是该事故对环境造成严重影响的一个原因。当放射性物质大量泄漏时,没有任何防护设施能阻止其进入大气。

3. 福岛核事故

2011 年 3 月 11 日,日本东北太平洋地区发生里氏 9.0 级地震,地震引发了超过 17 m 高的海啸。地震叠加海啸导致日本东北部海岸的福岛第一核电站、福岛第二核电站、女川核电站和东海第二核电站受到影响,其中福岛第一核电站受到的影响最大。这次自然灾害导致福岛第一核电站丧失站外交流电源并使应急柴油发电机和蓄电池直流供电系统失效,进而引发电厂丧失最终热阱,使福岛第一核电站第 1、2、3 号机组的燃料受损,氢气泄漏导致反应堆厂房发生爆炸。爆炸使放射性物质释放到环境中,对环境造成了严重的影响。

(1)福岛第一核电站堆型

福岛第一核电站位于日本福岛县,是日本东京电力公司(TEPCO)建设并运营的第一座核电站,共有 6 台运行机组,总发电装机容量为 4 696 MW,是全世界装机容量最大的核电站之一。福岛第一核电站 1~5 号机组采用配置 MARK-Ⅰ型安全壳的 BWR-3&4 沸水堆(见图 1.9);6 号机组采用配置 MARK-Ⅱ型安全壳的 BWR-5 沸水堆。BWR-3&4 沸水堆的专设安全系统包括安全壳系统、反应堆厂房系统、高压应急堆芯冷却系统、低压应急堆芯冷却系统、反应堆堆芯隔离冷却系统、余热排出系统、自动降压系统、安全壳内氢惰化系统和堆芯喷淋系统等。

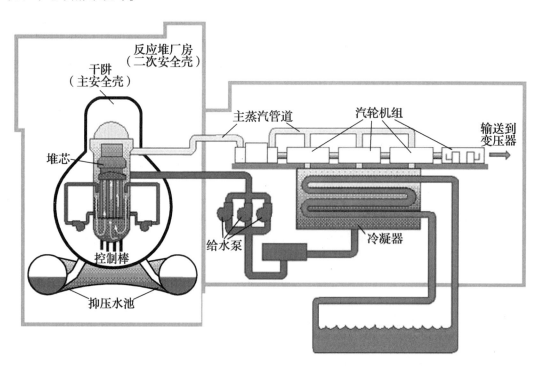

图 1.9　BWR-3&4 型核电站主要系统示意图

地震发生当天,1、2、3 号机组以额定功率运行;4 号机组处于定期停役检查阶段,所有燃料组件已从堆芯转移到乏燃料水池;5、6 号机组也处于定期停役检查中,所有燃料组件已装入堆芯,其中 5 号机组反应堆压力容器正在进行压力泄漏测试,6 号机组处于冷停堆状态。

(2)福岛第一核电站 1 号机组事故进程

地震发生后,在海啸的袭击下福岛第一核电站 1~4 号机组应急柴油发电机失效,1~3 号机组堆芯严重损坏。为分析事故产生的原因及引发的后果,本节以福岛第一核电站 1 号机组为例,分析其事故进程。

2011 年 3 月 11 日,日本当地时间 14:46,地震造成站外电源丧失和反应堆紧急停堆,所有控制棒插入堆芯。由于站外交流电源的丧失,应急柴油发电机启动,给安全系统供电。

地震 3 分钟后(14:49,$t = 3$ min),日本气象协会发布海啸预警;紧急停堆 6 分钟后(14:52,$t = 6$ min),反应堆压力容器的压力越来越高,隔离冷凝器(IC)自动启动,从隔离冷凝器循环流过反应堆堆芯的冷却水使反应堆压力下降。

15:27($t = 41$ min),第一波海啸抵达核电站。随后的海啸淹没并破坏了取水口。

15:37($t = 51$ min),海水已经开始流入汽轮机厂房地下室。海水浸湿、淹没了应急柴油发电机组以及交流和直流配电系统,导致所有交流和直流电源逐渐丧失。在这种状态下,隔离冷凝器是唯一可用的冷却反应堆的系统。为了维持冷凝器的功能,隔离冷凝器运行 8 小时后还需要进行水源补给,在失电情况下,补给水必须使用柴油机驱动的消防泵来提供。然而,操作人员却没有能够立即将隔离冷凝器投运。因此,1 号机组已没有注水或堆芯冷却。

16:36,东京电力公司又紧急宣布无法确定反应堆堆芯水位以及安注状态。因仪表电力供应失效,电池和电缆被送往控制室,工作人员试图恢复控制盘的仪表,目的是恢复反应堆水位指示。

20:49($t = 6.1$ h),工作人员安装了一个小型的便携式发电机,恢复了 1、2 号机组内的一些临时照明。

21:19($t = 6.5$ h),控制室恢复了水位指示,此时反应堆水位高于堆芯燃料顶部(TAF)约 200 mm。

21:30($t = 6.7$ h),显示仪表重新开始工作,操作人员将 A 列隔离冷凝器重新投运。到这时为止,在近 6 个小时内反应堆一直没有冷却或注水,堆芯很有可能发生损坏。虽然有蒸汽从隔离冷凝器排气口排出,但尚不清楚隔离冷凝器是否按预期正常运行。后续进行的检查表明,A 列隔离冷凝器阀门没有打开,二次侧的水位保持在 65%,表明该系统可能没有按设计功能动作。

21:51($t = 7.1$ h),反应堆厂房的剂量率显著提高,进入厂房已经受限。

23:00($t = 8.2$ h),反应堆厂房北面人员气闸门外的剂量率已高达 1.2 mSv/h。控制室内的剂量率也有所增加。

23:50($t = 9.1$ h),安全壳绝对压力达到 0.6 MPa,超过了 0.528 MPa 的设计压力。

3 月 12 日午夜刚过($t = 9.3$ h),现场负责人指示操作人员准备为安全壳卸压排放。

在 01:48($t = 11$ h),处于运行待命状态、准备对堆芯注水的柴油机驱动消防泵停止运转。为了重新启动消防泵,工作人员重新将柴油充入油箱,但启动发动机的尝试耗尽了电池。工作人员找到了存放在办公室的备用电池,但装上后发动机仍无法启动。

应急人员也考虑了通过消防管线注水的备用方案,包括额外的消防车和日本自卫队运输水。

02:30($t = 11.7$ h),安全壳压力已增至 0.84 MPa,这大约是安全壳设计压力的两倍。反应堆绝对压力下降到 0.9 MPa,并显示反应堆水位最低在燃料活性区顶部 500 mm 上。安全壳压力与反应堆压力基本相等,但仍高于用于反应堆注水的柴油机驱动消防泵的出口压力。此时,既没有冷却燃料的蒸汽从反应堆流出,也没有冷源注入反应堆。

东京电力公司不知道如何使 1 号机组反应堆降压。反应堆和安全壳的压力相同,说明反应堆降压的原因或是释放阀卡开,或是反应堆冷却剂系统或反应堆压力容器破口。

03:00,东京电力公司举行记者招待会宣布实施安全壳排放。然而,核电站工作人员没有接到执行方案的指导,安全壳的绝对压力依然远高于设计压力 0.528 MPa。安全壳压力超过设计压力可能造成了安全壳贯穿件和密封的降级与泄漏。在没有排放的情况下,安全壳压力意外地开始下降,绝对压力稳定在 0.78 MPa 左右。

04:50($t = 14.1$ h)进行的第一次场外探测表明,厂区边界剂量率达到 1 μSv/h。这次释放的源项还没有得到确认,但东京电力公司认为一定与安全壳在没有排放情况下原因不明的缓慢压力降低相关。

05:00($t = 14.2$ h),工作人员接到指示,在控制室和现场佩戴使用活性炭过滤器的面具和辐射防护服。1 号机组控制室不断增加的剂量率迫使操作人员定期移动到剂量率较低的 2 号机组的控制室。

05:14($t = 14.5$ h),工作人员注意到在安全壳压力降低的同时,厂区中的辐射剂量率增加。工作人员认为,这说明安全壳可能存在泄漏。东京电力公司就此情况向政府进行了汇报。在接下来的 30 分钟,厂区边界的辐射水平增加。随着反应堆和安全壳压力的缓慢下降,消防车开始通过堆芯喷淋系统将淡水从一个消防储水箱注入反应堆,如图 1.10 所示。消防泵的注入压力只比反应堆压力稍高,因此,注入流量较低。而且复杂的注入管线配置,进一步降低了注入速率。

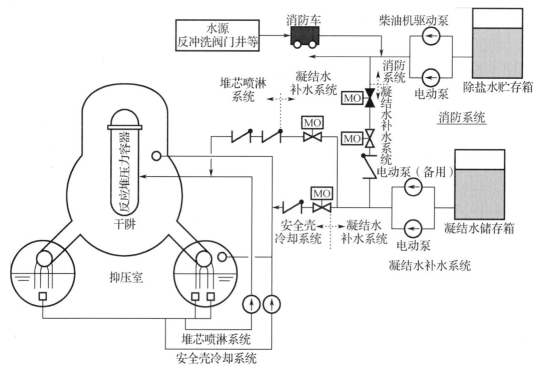

图 1.10 使用消防车注水示意图

在经历一些试验和失误后,工作人员建立了从消防车的连续注水。

06:50($t=16.1$ h),日本经济产业省(METI)下令东京电力公司对1号机组进行安全壳排放。但是,东京电力公司的工作人员了解到,撤离区域内的一些居民因不知道往哪个方向撤离而没有离开。

07:11,日本首相抵达核电站。经过一番商讨,核电站表示在撤离完成后,东京电力公司将于9:00进行安全壳排放。

08:04,日本首相离开了核电站。此时,反应堆水位的最低读数已低于燃料活性区顶部。东京电力公司通报当地政府,排放大约将在9:00开始。

09:03($t=18.2$ h),核电站以南的撤离确认即将完成,同时派出第一组操作人员打开安全壳电动排放阀(MO-210)(见图1.11)。

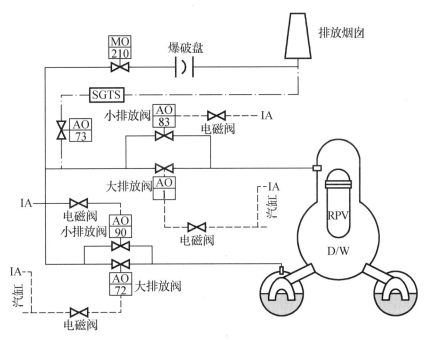

图1.11　安全壳泄压系统简图

09:30,派出第二组操作人员打开环形空间的湿阱气动排放阀(AO-90)。要打开此阀门,该组需要从房间的一侧进入,然后到环形空间另一侧来操纵阀门。因为在环形空间的剂量率迅速超过其限值,该小组没有成功,操作人员撤回。其中一个操作人员受到的辐射剂量为106 mSv,超过100 mSv的应急剂量限值。考虑到辐射剂量较大,控制室操作人员决定不派遣第三组操作人员。他们通知应急响应中心(ERC)无法打开气动排放阀(AO-90)。因此,东京电力公司人员不得不制定一个新的方案来打开气动阀。ERC开始想办法打开大的湿阱气动排放阀(AO-72)。这将需要直流电源和一个临时气源。

10:17($t=19.5$ h),工作人员为小型湿阱气动排放阀(AO-90)安装了临时电池来提供直流电源。操作人员试图在控制室依靠仪表空气系统中残留的气压打开阀门。此后,操作人员三次尝试打开小气动阀(10:17,10:23和10:24)。

10:40($t=19.9$ h),正门辐射水平增加,监控失效。工作人员最初认为辐射水平小幅增加,说明小的湿阱气动排放阀(AO-90)已经打开。然而,到11:15辐射水平下降,安全壳内压力仍然很高,表明排放没有完全生效。虽然尚未得到证实,但辐射水平的趋势表明,小的气动排放阀可能曾间歇性地打开,从而导致一些下游系统增压,使气体从系统中泄漏。然而,阀门打开时间可能不够长,不足以使气压冲破爆破膜让安全壳内气体通过通风管排放。

ERC 得知承包商的办公室里有一个小型空气压缩机。工作人员检索图纸并拍摄了连接点的照片,计划安装压缩机,以便从控制室远程操作大湿阱气动排放阀(AO-72)。找到临时空气压缩机后,将其运到反应堆厂房设备舱。

14:00(t=23.2 h),压缩机安装好并启动。

14:30,几乎在事件发生后 24 小时之后,爆破膜打开,并开始安全壳排放卸压。安全壳压力开始下降,随后进入反应堆的注水速率增加。根据注入反应堆的总水量计算,注水速率约 681.48 m^3/h。

14:53,1 号机组消防水箱的水逐渐耗尽,现场负责人指示向反应堆注入海水。

由于锆和蒸汽高温相互作用产生的氢气从反应堆释放到安全壳,且因压力过高,这些气体可能通过安全壳壳体贯穿件泄漏而进入反应堆厂房。

随着反应堆厂房中气体的积累,逐渐达到氢气爆炸极限浓度,导致 3 月 12 日 15:36 发生爆炸。爆炸破坏了反应堆厂房,并使放射性物质释放到环境当中。

在爆炸发生后不到一个小时,在沿厂区边界的监测点处辐射剂量率已经达到 1 015 μSv/h。工作人员准备了一辆消防车用于通过堆芯喷淋系统向反应堆注入海水,并在 3 月 12 日 19:04 开始注入海水。随后水中加入了硼,用以控制反应性。在现场工作人员试图恢复机组电力供应的数天当中一直持续这种状况。1 号机组厂外电在事故发生后第 9 天,也就是 3 月 20 日恢复。

(3)事故后果及原因分析

①环境污染问题

福岛核事故发生后,1、3、4 号机组因发生氢气爆炸导致放射性物质泄漏到周围环境中。为了评估和掌握福岛核事故对环境和周围居住人员的影响,日本广泛开展了对水域、土壤、大气、食品等放射性物质情况的监测。监测结果显示,事故后 1 年近海海域海水中人工放射性核素的浓度仍比事故前的水平高,且浓度下降速率逐渐趋缓。

②堆芯冷却问题

海啸导致福岛第一核电站所有的海水冷却泵(包括所有余热排出海水泵和应急柴油发电机海水冷却泵)水淹失效,同时导致位于核岛辅助厂房内的 10 台应急柴油发电机水淹失效,第 1、2 号机组的蓄电池直流供电系统失效,整个核电站的通信系统几乎完全丧失。

③氢气爆炸导致的放射性物质外泄问题

在东京电力公司福岛核事故调查委员会发布的关于东京电力公司福岛核事故的最终报告中,详细描述了当时日本对福岛第一核电站爆炸调研的情况。1 号机组发生爆炸发生在 R/B 厂房内部,主要由氢气爆炸引起。氢气产生原因:一方面可能是由于堆芯受损,冷却不足,燃料包壳表面温度上升超过 900 ℃后,燃料包壳中的锆会与水反应产生大量氢气;另一方面,冷却剂受放射性物质辐照也会分解生成氢气等。在氢气的泄漏途径方面,调研人员认为当时 PCV 顶盖暴露在高温高压环境中,使 PCV 顶部法兰的密封硅胶发生了降级;另外,氢气也有可能通过安全壳的电气贯穿件管线发生泄漏。因为电气贯穿件上的密封材料(环氧树脂、密封硅胶)在高温高压高湿条件下也可能发生降级,这些都有可能使氢气通过失效的密封部位泄漏到外部厂房空气中。

④事故产生原因分析

高强度地震叠加海啸引发的自然灾害已超出了核电站的设计基准,同时,地震和海啸使反应堆应急冷却系统失效,导致福岛第一核电站1~3号机组堆芯严重损坏。事故产生的原因主要有:

一是地震和海啸导致交流电源丧失、备用柴油发电机组电源被海啸淹没;

二是站外电源供应和应急柴油发电机没有及时恢复;

三是海啸导致非能动安全系统向海水排热功能失效;

四是没有其他有效方法体现 PCV 衰变热的排出功能。

因此,可发现在完全丧失交流电源和海水冷却功能的情况下,必须保障运行安全冷却系统所需的应急电源。同时,基于对福岛核事故的调研,发现现行的核安全系统、程序和标准存在一定的缺陷和问题,缺乏有效的严重事故管理措施。因此,需要在总结福岛核事故经验教训的基础上,制定针对超设计基准外部事故的安全法规、标准和要求。

1.4　核反应堆安全系统

1.4.1　概述

为了保证核反应堆的安全,在反应堆设计时就要考虑以下安全问题:

(1)事故情况下能使裂变反应快速停止;

(2)实现停堆后的反应堆快速冷却;

(3)当放射性产物从反应堆漏出后能包容放射性。

快速停堆是靠控制棒快速插入完成的,反应堆控制系统具有在各种事故下使控制棒快速插入的功能,在有些事故情况下还可以采用加硼毒的方法使反应堆快速停堆。反应堆停堆后一个很重要的问题是保持燃料元件的不断冷却,如果反应堆冷却不及时或有中断的情况,燃料元件就有烧毁的可能。以下的简单例子可以说明保持加热面冷却的必要性。如图1.12 所示的水壶加热过程,图中(b)和 (c)表示水壶通电加热的情况,其中:(b)表示水没有达到饱和温度,水与加热面处于单相对流传热过程; (c)表示水处于饱和沸腾过程;(d)表示水烧开后断电并向外倒水的过程。图 1.13 表示了这些过程各部分温度变化的情况,从图中可以看出:在(b)和 (c)两个阶段,由于壶内始终有水覆盖加热面,因此加热面的温度不高;而在(d)的情况下, 由于部分加热面裸露,此时加热元件内的温度较高而传热面的换热能力降低,造成传热受阻,因此壁温升高。在(d)这种情况下,由于水壶已切断了电源,内部不再有热量产生,因此加热面的温度升得不是很高。

反应堆里的正常工作情况有些类似于以上所说的水壶加热情况,只要燃料元件表面有水覆盖,加热面上的温度就可以维持在一个相对恒定的水平上。但是与以上情况不同的是,反应堆的燃料元件不会像水壶那样可以完全切断热源。因为在反应堆停止裂变反应后,裂变产物和中子俘获产物还会释放出大量的衰变热,因此停堆后燃料元件表面还要保持不断地冷却,否则燃料元件就可能烧毁。

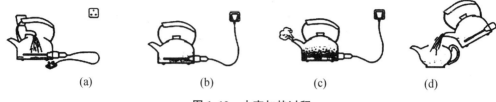

图 1.12 水壶加热过程

反应堆停堆后需要应急冷却,这是由于在反应堆工作过程中燃料内积累了大量的裂变产物,裂变反应停止后,这些裂变产物还要衰变,放出衰变热,一个2 775 MW 的反应堆衰变热的产生量及其随时间的变化如图 1.14 所示。图中还表示了在相应的衰变功率下能产生的蒸汽量,以及产生这些热量所对应的消耗的燃油量。从图中还可以看出衰变热衰减得很快,几个小时后,很少的流量就可以冷却堆芯(大约 10 L/s,由 50 mm 直径的管子就可以输送这些冷却剂)。

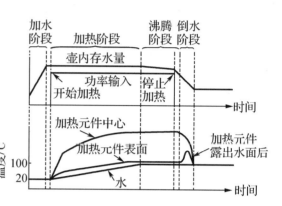

图 1.13 水壶加热过程各部分温度变化情况

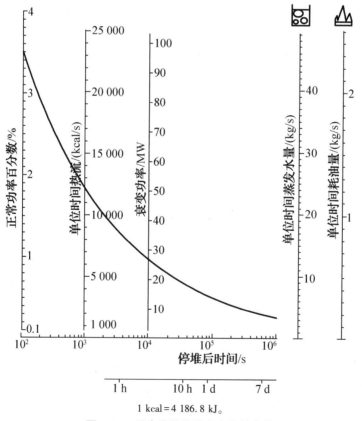

1 kcal = 4 186. 8 kJ。

图 1.14 反应堆停堆后衰变热的变化

在反应堆出现大破口事故的情况下,反应堆内的冷却剂会很快排空,这时需要反应堆很快充满水,否则堆芯裸露很短时间燃料就可能烧毁。图 1.15 给出了反应堆停堆后累积的释热量,从图中可以看出,停堆后如果堆内的热量不能及时排出,其累积的热量值还是很大的。特别是出现破口的短时间内,需要应急堆芯冷却系统提供很大的水流量使堆芯被快速淹没,因此应急堆芯冷却系统必须有很大的流量(几千升每秒)。如果堆芯裸露的时间过长,首先出现的问题是燃料包壳的龟裂,当燃料包壳的温度达到 1 200 ℃时就会与水发生强烈的反应,生成热量和氢气。

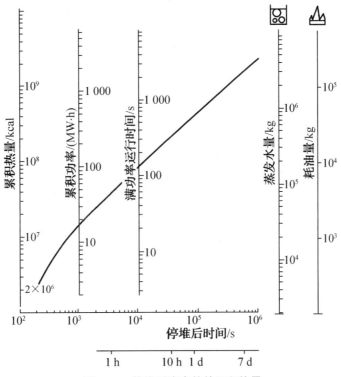

图 1.15 停堆后衰变热的累积热量

在反应堆运行过程中,由于不断有裂变气体的积累,包壳管内的压力会不断地升高,内部可达到几兆帕的压力,因此一旦包壳破裂,内部所有的放射性物质就会全部释放,同时高温下包壳与水或水蒸气发生反应而生成氢气。一个普通的反应堆可能释放出 700~800 kg 的氢气,这是一个相当大的量,这些氢气可能会很快释放出来,也可能慢慢地释放。氢气进入安全壳内可能会引发爆炸,也可能会引发燃烧。安全壳的压力因此升高,严重时安全壳的完整性会遭到破坏。

为了确保在事故工况下反应堆的安全,保持反应堆及安全壳的完整性,避免在任何情况下放射性物质的失控排放,减少设备损失,保护公众和核电站工作人员的安全,核电站设置了一些专设安全系统。这些系统包括安全注入系统、安全壳喷淋系统、安全壳隔离系统、安全壳消氢系统和辅助给水系统。这些系统在核电站发生事故时,向堆芯注入应急冷却水,防止堆芯熔化;对安全壳气空间冷却降压,防止放射性物质向大气释放;限制安全壳内氢气浓集;向蒸汽发生器应急供水。安全系统的这些功能得以保证,就能限制事故的发展,减轻事故的后果。

因此,安全系统的设计应遵循的主要原则如下:

(1)系统和设备高度可靠。即使在发生地震的情况下,专设安全系统仍能发挥其应有的功能。

(2)系统具有多重性、相互独立性。一般设置两套或两套以上执行同一功能的系统,并且最好两套系统采用不同的设计原理,这样即使单个设备出现故障也不影响系统正常功能的发挥。各系统间原则上不希望共用其他设备或设施。重要的能动设备必须进行实体隔离,以防止同一台设备故障导致其他设备失效。

(3)系统能定期检验。能对系统及设备的性能进行试验,使其始终保持应有的功能。

(4)系统具备可靠动力源和足够的水源。在发生断电事故时,柴油发电机应在规定时间内达到其额定功率。柴油发电机应具有多重性、独立性和试验可用性的特点,在发生断电事故后,始终都能满足堆芯冷却和安全壳冷却所需的水量,蒸汽发生器的辅助给水系统还应设有备用水源。

(5)安全系统的冷却性能需满足燃料包壳最高温度保持低于1 204 ℃;最大包壳氧化程度不超过包壳总厚度的17%;最大产氢量不超过包壳-水化学反应产氢量的1%;安全壳内压力保持在设计压力以下。

下面主要介绍与反应堆运行有关的几个主要安全系统。

1.4.2 安全注入系统

安全注入系统简称安注系统,也称应急堆芯冷却系统,它由高压安注系统、蓄压箱注入系统和低压安注系统三个子系统组成。它们根据事故引起的反应堆冷却剂的降压情况,分别在不同的压力下投入运行。该系统的主要功能如下:

(1)当一回路系统破裂引起失水事故时,安注系统向堆芯注水,保证淹没和冷却堆芯,防止堆芯熔化,保持堆芯的完整性;

(2)当发生主蒸汽管道破裂时,反应堆冷却剂由于受到过度冷却而收缩,稳压器水位下降,安注系统向一回路注入高含硼水,重新建立稳压器水位,迅速停堆并防止反应堆由于过冷而重返临界。

1. 系统描述

为了实现安全注入的功能,安注系统必须能够根据事故引起一回路系统压力下降的情况,在不同的压力水平下介入。图1.16给出了大亚湾核电站高压安注和低压安注系统示意图。该系统由高压安注系统、蓄压箱注入系统和低压安注系统三个子系统组成。

(1)高压安注系统

一回路小的泄漏或发生主蒸汽管道破裂事故引起一回路温度和压力下降到一定值时(例如11.9 MPa),高压安注系统投入运行,向一回路注入含硼水,以达到快速冷却和淹没堆芯的目的。由于注入的水含有高浓度的硼,它可以抵消因温度效应引起的反应性增加,使反应堆维持在次临界。

高压安注系统由换料水箱、高压安注泵、浓硼酸再循环回路和通往一回路的注入管线及相关阀门的管道组成。高压安注系统由A和B两个系列组成,每个系列提供百分之百的应急冷却水。每个系列由高压安注泵和一台低压安注泵组成。在正常运行时,一台高压安注泵作为化容系统的上充泵运行,另一台高压安注泵处于备用状态,一旦接到安注信号即可启动。此外,第三台高压安注泵是正常运行时作为上充泵运行的那台泵的备用,它在电气上通常是断开的。当低压安注泵的排出压力低于一回路压力时,低压安注泵就作为高压安注泵的前置增压泵。

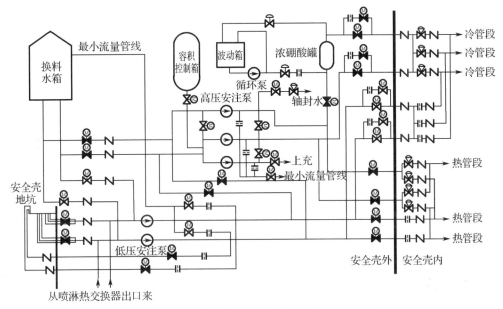

图 1.16 大亚湾核电站高压安注和低压安注系统示意图

高压安注系统的工作分为直接注入阶段和再循环注入阶段。在直接注入阶段,高压安注泵优先从低压安注泵的排水管吸水,水经高压安注泵升压后注入一回路。在低压安注泵故障时,高压安注泵也可从换料水箱吸水。当换料水箱达到低水位时,低压安注泵改从安全壳地坑吸水,而通往换料水箱的管线被隔离,水经低压安注泵升压后再经高压安注泵注入一回路,这就是再循环注入阶段。在再循环注入阶段,当需要对安全壳地坑水进行冷却时,安全壳地坑的水需经过安全壳喷淋系统的热交换器冷却后再注入一回路,因此安全壳地坑、低压安注泵、安全壳喷淋热交换器也是高压安注系统的一部分。

硼注入罐容纳硼的质量分数为 2.1% 的浓硼酸溶液,在发生主蒸汽管道破裂事故时向堆芯引入负反应性。浓硼酸溶液的结晶温度为 63 ℃,为了防止硼酸结晶,硼注入罐敷以隔热层并由电加热器加热,温度保持在 77~82 ℃。为了保证硼注入罐内硼的质量分数均匀,系统设置了浓硼酸的循环回路,循环回路由两台硼酸循环泵、缓冲箱、硼注入罐及相应的阀门管道组成。两台硼酸循环泵都是全密封的离心泵,每台泵安装在一个隔间内。为使泵保持在高于硼溶解度限值的温度下工作,隔间环境用冗余的电加热器加热。核电站正常运行时,一台硼酸循环泵连续运行,另一台备用泵充满除盐水并连续加热,可以随时迅速启动。一旦接到安注信号,硼注入罐与循环回路相连的隔离阀关闭,同时与注入管线相连的隔离阀自动开启,高压安注泵的排水将浓硼酸注入一回路冷管段。硼注入罐两侧的隔离阀为并联布置,并由不同的母线供电,以便在发生故障的情况下,每对阀中只要有一个打开就能保证系统的运行。

除了经硼注入罐的注入线路外,系统还设置了另一条与硼注入罐并联的通往一回路冷管段的高压注入管线。这条线路进入安全壳经逆止阀后与硼注入线路汇集到一起,再重新分成三条管线,通往每条环路冷管段。这条并联的冷段注入支路,在硼注入罐所在管线失效时,可以向一回路注入质量分数为0.21%的含硼水。

(2)蓄压箱注入系统

蓄压箱注入系统如图1.17所示。该系统由安装在安全壳内的三个蓄压箱及其与一回路冷管段相连的管道和阀门组成。蓄压箱两端带有半球形筒状压力容器,每个蓄压箱盛有来自换料水箱的含硼水,上部空间充有一定压力的氮气。在蓄压箱与一回路冷管段连管上有一只电动隔离阀和两只逆止阀。一台水压试验泵与三个蓄压箱相连,此水压试验泵可以从换料水箱向蓄压箱充水并调节蓄压箱水位。

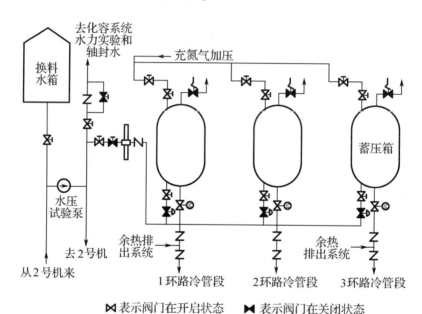

☒ 表示阀门在开启状态　　■ 表示阀门在关闭状态

图1.17　蓄压箱注入系统图

蓄压箱注入系统为非能动系统,不用安注信号启动任何电气设备。在失水事故情况下,一旦一回路系统的压力低于蓄压箱的注入压力时,蓄压箱内压力使逆止阀打开,蓄压箱内的含硼水迅速注入堆芯,每个蓄压箱的水量可淹没半个堆芯。启动高压安注泵和低压安注泵有时间延迟,且流量也受限制,蓄压箱注入系统可靠,可以迅速地向堆芯注入大量含硼水,保证堆芯得到及时冷却。

(3)低压安注系统

低压安注系统包括两个独立的系列。每个系列由一台低压安注泵,通往换料水箱和安全壳地坑的吸水管道,与一回路冷、热段相连的管道和阀门组成。低压安注泵在直接注入阶段从换料水箱吸水,在再循环注入阶段从安全壳地坑吸水,排出的水送到高压安注泵入口,或当泵出口压力高于一回路压力时直接注入一回路。

两台低压安注泵是带诱导轮的立式圆筒形离心泵。每台泵安装在一个竖井内。这些泵都装有机械密封和球形止推轴承。两台低压安注泵都设有通往换料水箱和安全壳地坑的最小流量管线,以便有一定流量通过使水泵得到冷却。

安全壳地坑位于反应堆厂房环廊区域内,它收集泄漏和喷淋下来的含硼水,供安注系统和安全壳喷淋系统再循环期间使用。两台低压安注泵从安全壳地坑吸水口吸水,每台泵的吸水口有一台长方体地坑过滤器,这两台过滤器与安全壳喷淋系统的过滤器一起被一个大碎片拦污栅包容。安全壳地坑的飞射物防护装置由铺板和环形防护罩构成。

2. 系统的运行

核电站正常功率运行时,高压安注系统除了一台高压安注泵作为上充泵运行,一台硼酸循环泵连续运行外,其他设备处于备用状态。在一回路压力高于 7.0 MPa 后,蓄压箱与一回路之间的电动隔离阀处于打开状态,下游的逆止阀由于一回路压力高于蓄压箱侧压力而关闭。

安注系统可以自动投入运行和手动投入运行,自动投入运行的启动信号包括:稳压器低压(达 11.9 MPa);安全壳高压(达 0.14 MPa);一台蒸汽发生器压力比其他两台的压力低(压差高达 0.7 MPa);两台蒸汽发生器蒸汽流量高,同时发生一回路平均温度低到 284 ℃;两台蒸汽发生器蒸汽流量高,同时发生蒸汽低压力(低达 3.55 MPa)。安注过程主要分为以下三个阶段。

(1)直接注入阶段

直接注入阶段是向一回路冷管段注水,水源是换料水箱。图 1.16 即处于直接注入阶段高压、低压安注系统的状态。当出现安注信号时,安注系统同时启动高压安注泵和低压安注泵,打开相应的电动阀,即进入直接注入阶段。对于中、小破口失水事故,一回路压力缓慢下降,低压安注泵出口压力低于一回路系统压力时,作为高压安注的前置增压泵运行;当一回路压力下降到蓄压箱注入压力以下时,加压氮气将含硼水迅速注入堆芯;当一回路压力下降到低于低压安注泵的出口压力时,低压安注泵直接将含硼水注入一回路冷管段。

(2)再循环注入阶段

当换料水箱水位达到低水位(为 3.12 m,高出换料水箱底 2.1 m)且安注信号仍然存在时,开始再循环注入。低压安注泵通往安全壳地坑的隔离阀打开至全开位置时,通入换料水箱的隔离阀关闭,这时低压安注泵从安全壳地坑吸水,水升压后被送往高压安注泵入口或直接注入一回路冷管段。

对于冷管段破口,为了防止硼酸在堆内结晶,要在事故后 12.5 小时从冷管段注入改为冷热管段同时注入,以热管段注入为主,以便使热管段注入的水对堆芯起到反冲洗作用,使反应堆压力容器内硼的质量分数大致上与安全壳地坑内水一致。以后每隔 24 小时,冷管段注入与冷热管段同时注入交替一次,交替操作由操作人员在主控制室进行。

在冷热管段同时注入时,冷管段注入管线上装有节流孔板的并联支路上的阀门打开,节流装置用来减小冷管段注入流量,以便使大部分应急冷却水经热管段注入管线注入堆芯。

在发生失水事故后,为了去除余热,由安全壳喷淋系统的热交换器将地坑的积水冷却后再注入一回路。这时安全壳喷淋系统的泵从安全壳地坑吸水,经喷淋热交换器冷却后的水输送到低压安注泵入口,这就是安注系统与安全壳喷淋系统的联合运行方式。

(3)安注的停运

安注信号出现 5 分钟后,操作人员可以根据核电站具体情况和操作规程,在进行安注信号的手动复位后,停运或改变安注系统的设备运行状态;在安注信号出现的前 5 分钟内,手动复位是被锁定的,这种"锁定"可以保证在操作人员明确知道不需要安注投入之前不得中断安全设施的任何功能。

应该指出,不同的核电站所设计的安注系统是有所差别的,许多压水堆核电站的设计中,余热排出系统又兼作低压安注系统,化容系统的上充泵同时兼作高压安注泵,这种一个设备多用途的方式显然减少了设备,简化了设计,降低了投资,但带来了运行中不同运行方式切换的问题。例如,对用上充泵兼作高压安注泵的高压安注系统故障分析表明,从正常上充模式到安注模式的切换失效是高压安注失败的重要因素之一。因而,有将安全相关系统与一般系统分开的趋势,我国秦山核电站使化容系统上充泵在事故时起安注作用,同时还专设了两台高压安注泵,将高压安注泵的扬程适当降低了,连同蓄压箱注入和低压安注,实际上是四个压力水平下介入。大亚湾核电站的余热排出系统只起排出余热的作用,与低压安注系统分开了,这样便于根据不同系统功能,规定物项安全级别,同时减少运行模式转换带来的故障,提高了专设安全系统的可靠性。

1.4.3 安全壳系统

1. 安全壳的结构形式与功能

安全壳有多种结构形式,按结构材料分,有钢结构的、钢筋混凝土或预应力混凝土的,也有既用钢又用钢筋混凝土或预应力混凝土的复合结构;按性能分,有干式的和冰冷凝式的;从几何形状上看,有圆柱形和圆形的。目前压水反应堆使用最多的是带密封钢衬的预应力混凝土安全壳。它是由 6 mm 厚的碳钢作衬里,壁厚近 1 m 的预应力混凝土圆柱形构筑物,上部冠以半球或椭圆形穹顶,其中的预应力钢索使安全壳混凝土墙在失水事故下允许承受一定的内压。衬里与混凝土墙贴紧,锚固在混凝土墙上,仅用作防漏膜。安全壳的尺寸取决于堆功率,百万千瓦级的压水堆核电站安全壳的直径约40 m,高约60 m,自由容积约 50 000 m^3,安全壳尺寸是由满足能量释放所需的净自由容积决定的,最小内部高度通常由设备装卸的空间决定,而高度、直径也取决于经济性。安全壳是包容反应堆冷却剂系统的气密承压构筑物,其主要功能如下:

(1)在发生失水事故和主蒸汽管道破裂事故时承受内压,容纳喷射出的汽水混合物,防止或减少放射性物质向环境释放,作为放射性物质与环境之间的第三道屏障;

(2)对反应堆冷却剂系统的放射性辐射提供生物屏蔽,并限制污染气体的泄漏;

(3)作为非能动安全设施,能够在全寿命期内保持其功能,必须考虑对外部事件(如飞机撞击、龙卷风)进行防护和内部飞射物甩击的影响。

2. 安全壳喷淋系统

(1)系统的功能

安全壳喷淋系统的主要作用是在发生失水事故或导致安全壳内温度、压力升高的主蒸汽管道破裂事故时从安全壳顶部空间喷淋冷却水,为安全壳气空间降温降压,限制事故后安全壳内的峰值压力,以保证安全壳的完整性。此外,在必要时向喷淋水中加入 NaOH,以去除安全壳大气中悬浮的碘和碘蒸气。

法国设计的 900 MW 电功率压水堆核电站应急堆芯冷却系统中没有配置热交换器,因而在再循环安注模式下,安全壳地坑的水须冷却时,由安全壳喷淋系统的热交换器冷却后再注入堆芯。安全壳喷淋系统是在设计基准事故下可以排除安全壳内热量的唯一系统。

安全壳喷淋系统如图 1.18 所示。该系统由容量相同的两个系列组成，每个系列都能单独满足系统要求。每一系列由一台喷淋泵、一台热交换器、一台喷射器、喷淋管线和阀门组成。换料水箱和 NaOH 循环系统是共用的。喷淋泵安装在竖井中，泵和电机由设备冷却水冷却。热交换器为卧放、管壳式，热流体走管内，设备冷却水流过壳侧。四条环形喷淋管（每个系列两条）以安全壳中心线为中心固定在安全壳拱顶上，共计 506 只喷头，喷出水滴平均直径 0.27 mm，喷头的定位和配置保证每一系列喷淋的冷却水都能覆盖安全壳整个空间。喷射器连接在喷淋泵的旁路管线上。系统运行时，从喷淋泵旁路经过的喷淋水通过喷射器时，将 NaOH 溶液吸入并与喷淋水混合后送入喷淋泵入口，含有 NaOH 的喷淋液经泵升压后喷出。表 1.2 给出了安全壳喷淋系统的主要参数。

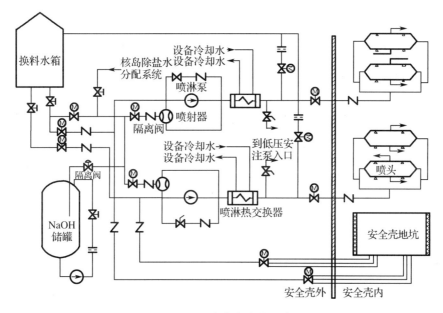

图 1.18　安全壳喷淋系统

为了去除安全壳大气中悬浮的碘和碘蒸气，设置了 NaOH 添加回路。它由一个化学添加罐、一台化学添加剂循环泵和两台位于喷淋泵旁路管线上的喷射器及相应的阀门和管道组成。喷射器以喷淋泵的部分输出作为动力流体，从 NaOH 添加罐吸入 NaOH 溶液与主流混合。每台喷射器进水管上装有一只电动阀可使化学添加罐与喷淋系统隔离。化学添加罐内装有质量分数为 30% 的 NaOH 溶液，为使化学添加罐内溶液均匀，一台循环泵间歇运行，搅拌溶液。

表 1.2　安全壳喷淋系统参数

喷淋水	加硼水（0.2%）
化学添加剂	NaOH 溶液（30%）
直接喷淋流量（一个系列）	236 L/s
再循环喷淋流量（一个系列）	292 L/s
化学添加剂注射量	4 L/s
一个系列排热能力	46.8 MW
安全壳地坑水温（最大）	116 ℃
设备冷却水温（最高）	45 ℃

喷淋液的 pH 值维持在 9.9~10.5，低限是为了保证除碘效果，高限是考虑到喷淋液与其所接触材料的化学相容性。为了防止空气进入化学添加罐生成 Na_2CO_3 堵塞喷头，化学添加罐用 N_2 覆盖。

注入 NaOH 除碘的原理如下:

$$3I_2+3H_2O \Longleftrightarrow IO_3^-+5I^-+6H^+$$

加入 NaOH 后,上述化学平衡向右移动:

$$2H^++2NaOH+IO_3^-+I^- \longrightarrow Na^+I^-+Na^+IO_3^-+2H_2O$$

NaI 和 NaIO$_3$ 都溶于水,因此加入 NaOH 可使游离的单质碘溶于水,从而限制碘的释放。

（2）系统运行

核电站正常运行时,安全壳喷淋系统处于备用状态,NaOH 再循环回路的循环泵每8小时运行20分钟,以保证箱内溶液均匀。

安全壳内四个压力测量元件中有两个达到 0.24 MPa 时,喷淋系统自动启动。安全壳喷淋系统可在控制室手动启动。出现喷淋信号时,两台喷淋泵自动启动,同时自动打开通往换料水箱的隔离阀及安全壳喷淋热交换器的设备冷却水供水阀,进入直接喷淋阶段。喷淋系统启动后延时5分钟注入 NaOH,5分钟的延时供操作员考虑是否需要添加 NaOH,操作员可以关闭 NaOH 添加管线上的隔离阀以避免 NaOH 误加入。

需要指出的是,由于喷淋系统启动的安全壳压力阈值比安注系统高,所以喷淋系统启动时可能安注系统已运行了一段时间,如果喷淋系统启动时换料水箱水位已经低于阈值,在这种情况下,安全壳喷淋系统以再循环喷淋方式启动。对于大破口事故,安注和喷淋可能几乎同时启动的情况下,直接喷淋阶段大约持续20分钟。

1.5　反应堆安全性的发展

1.5.1　AP-1000 先进核动力

AP-1000 的设计源自 AP-600,是美国西屋电气公司在美国能源部和美国电力研究所的共同资助下设计完成的先进压水堆。它采用成熟的设计建造工艺,重点强调核电站的固有安全特性。与 AP-600 一样,AP-1000 采用两条环路,电功率 1 150 MW,采用固有安全性的理念,主要体现在采用非能动的安全系统,从而有助于减轻设计基准事故和严重事故的后果,其可行性在完成概念设计计划中经分析和验证得到了证实。

1. AP-1000 的设计特点

AP-1000 既保留了以往核电站设计的优点,又增加了提高可操作性及安全性的新特性。就达到设计目标而论,下述特点是至关重要的:反应堆冷却系统采用倒置的全密封电机泵,并与蒸汽发生器紧密连接。蒸汽发生器的主要改进是改变了底部管道封头结构,使之可直接与两个密封电机泵连接。泵抽吸管嘴与竖直管道顶部出口管嘴焊接,有效地将蒸汽发生器与反应堆冷却剂泵(RCP)组合成单一结构,而不需要单独的泵支撑装置。

（1）堆芯设计

AP-1000 反应堆的热功率为 3 400 MW, 低功率密度堆芯由 157 组燃料棒组件构成,燃料组件为标准的 17×17 排列,燃料棒的活性段长度为 4.3 m。这些燃料组件由不锈钢反射体包围,以减少中子泄漏。这种减少中子泄漏的方法,能增进反应堆效率,可以使用低浓缩燃料,并可降低燃料循环成本。反应堆容器和内部结构基本上为常用的设计,因此不必进行新的制造研制。

反应堆压力容器和堆内构件基本上与现今轻水堆类似,因此制造上没有困难,不需要做进一步的开发工作。只是压力容器内径为3.99 m,尺寸较大。由于堆芯有较厚的不锈钢-水层,一方面减少了中子泄漏,降低了燃料富集度和燃料循环成本,另一方面也大大降低了压力容器壁面处的快中子积分通量,克服了压力容器钢辐照带来的脆化问题。

(2)主冷却剂系统及设备

主冷却剂系统布置如图1.19所示,系统采用两个环路,每个环路上有一台U形管蒸汽发生器,主冷却剂系统(RCS)的回路布置包括了几个重要的特点,即采用了显著的简化及安全设计,反应堆冷却剂泵直接安放在每个蒸汽发生器下封头上,这样就可使泵与蒸汽发生器使用同一个支撑,大大简化了支撑系统,并且为泵和蒸汽发生器的检修提供了更多的空间。蒸汽发生器下封头是一体锻造的,经检查它的性能优于多块焊接组成的结构。泵整体安装于蒸汽发生器底部,取代了冷端的U形跨越管段,这样避免了由在小破口失水事故后水封的消失引起堆芯裸露。

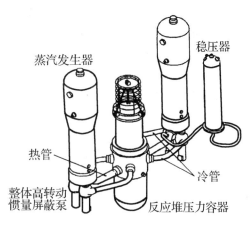

图1.19 AP-1000主冷却剂系统布置

反应堆冷却剂系统的简单、紧凑布置也提供了另一些好处,RCS的管路是整体锻造后经热感应工艺弯曲成型的,这样可消除焊缝以降低费用和满足对在役检查的要求。管路结构和材料的选择还显著地降低了管子的应力,以至于主管路和大的辅助管路满足显示破口前泄漏的要求。因此,省略管道的断裂约束要求大大地简化了设计,并为维修提供了较好的环境,简化的RCS回路布置也显著地减少了阻尼器约束件和支撑的数目。

U形管蒸汽发生器换热面积为11 600 m²,蒸汽压力为5.76 MPa,蒸汽发生器采用标准的西屋电气公司F型技术,现有84台F型蒸汽发生器在25座核电站中很好地运行,已经收集了每年450台蒸汽发生器的运行数据,这是世界范围内蒸汽发生器的最高可靠性水平。这些可靠性是基于设计上的保证,包括全深度的水力膨胀、不锈钢开孔支撑板和因科镍-690合金热处理管材的采用。所有F型蒸汽发生器全部进行二次侧水化学挥发性处理。

反应堆冷却剂泵为全密封泵,它的设计结合了近年来的商业核电站和潜艇全密封泵技术。这种高可靠性的全密封泵已广泛应用于核电站和常规电站中,已有超过50年的历史,近1 300台。由于它没有密封,不需密封水系统,因此不要求连续改变泵的运行,并且简化了化学和容积控制系统。由于泵没有轴封,这样就不会引起密封失效的LOCA事故,显然加强了固有安全性,因为密封失效的LOCA事故是主要的泄漏因素;由于不需要更换密封,维修性也得到加强;主泵被倒置安装(电动机在泵体下面),倒置的密封电动机在化石燃料电站回路系统中已有超过30年的运行历史,因为电动机腔室可将气体自动排入泵壳,避免了在轴承和水区存在气穴的潜在危害,因此这种泵相比正立安装的泵有较好的运行可靠性。

稳压器采用了西屋电气公司的成熟设计,目前世界上有超过70台这样的稳压器在使用。稳压器容积59.5 m³,比通常同等容量电站的大30%左右。较大的稳压器增加了瞬态运行裕量,减少了事故保护停堆,避免了对电站和操作人员在瞬态阶段的挑战,使电站运行更为可靠。它也取消了快速动作的电动释放阀,简化了维修,减少了主冷却剂系统泄漏的可能性,增加了核电站的固有安全性。

2. AP-1000 的安全特性

该项设计的完成集合了许多美国国内和国外的设计单位、公司的多项研究成果。它的固有安全系统包括非能动应急堆芯冷却系统、非能动余热排出系统和非能动安全壳冷却系统(PCS)。

(1)非能动应急堆芯冷却系统

非能动应急堆芯冷却系统、非能动余热排出系统结构示意图如图 1.20 和图 1.21 所示。该系统用于在反应堆冷却系统破裂时,提供堆芯余热的排出、安全注入和卸压。PXS 利用了三种非能动水源,即堆芯补水箱(CMT)、蓄压箱和安全壳内换料水储存箱(IRWST)。

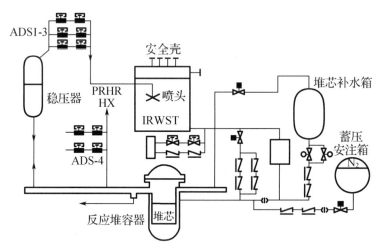

图 1.20　AP-1000 非能动应急堆芯冷却系统

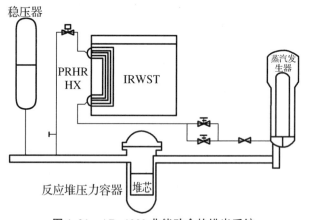

图 1.21　AP-1000 非能动余热排出系统

非能动应急堆芯冷却系统设有一个100%容量的非能动余热排出热交换器(PRHR HX),非能动余热排出热交换器放在安全壳内换料水储存箱(IRWST)里,其底部位置在回路上方2.43 m处。它通过入口和出口接管与反应堆冷却系统的一个环路相连。在主泵失效时,可以靠自然循环由余热排出系统的热交换器将堆芯衰变热带走。安全壳内换料水储存箱为非能动余热排出热交换器提供了热阱。水箱内的水吸收衰变热达饱和温度需几个小时,如全部水沸腾带走热量,其水量足够数天冷却之用。一旦安全壳内换料水储存箱内的水开始沸腾,产生的蒸汽就会通向安全壳,并且会在安全壳上凝结,凝结的水会靠重力返回收集于安全壳内换料水储存箱中,这样水就可以重新回收利用。非能动余热排出热交换器及非能动安全壳冷却系统提供了无限制的衰变热排出能力。

AP-1000的非能动安全注射功能是由一系列的水箱完成的,包括两个与传统设计相似的蓄压式安注箱、两个新增加的堆芯补水箱(CMT),以及位于安全壳内的换料储存水箱。

每个堆芯补水箱容积为54 m³。它能够在一回路系统出现少量泄漏的情况下进行补水和在小LOCA事故下实现安注功能。这些水箱中的水是靠重力压头注入堆芯的。水箱放在反应堆冷却剂回路的上方,在每个堆芯补水箱顶部有两根压力平衡管线,一根接到稳压器,另一根接到反应堆冷却系统冷管段。在瞬变事件或正常补水失效时,可以通过与稳压器相连的管道实现补水,其设计流量为6.8 kg/s。该管道尺寸比接到反应堆冷却系统冷管段的管线尺寸要小,通常该管线是畅通的,但有一个止回阀,用以防止可能的倒流或者在反应堆冷却剂泵运行出现较高压力时造成从冷管段泄漏。

排空换料水箱大约需要10个小时,这时安全壳内水将淹没到反应堆冷却剂回路标高以上,安全壳内水靠重力返回反应堆冷却剂回路,因此可以建立稳定的、长期的堆芯冷却,非能动安全壳冷却系统将从安全壳排出热量而支持这种运行方式。从反应堆冷却剂系统释放出来的蒸汽冷凝下来,再循环返回反应堆冷却剂系统。非能动的安注系统不需要高、低压安注泵,也不需要多余的安全系统,如柴油机、冷却水系统和通风系统的支持。这就大大减少了安注系统的管线和阀门的数目,也大大减少了支持系统中泵、阀门、仪表和管道的数目。

(2)非能动安全壳冷却系统

非能动安全壳冷却系统结构示意图如图1.22所示,为机组提供了最终的热阱。该安全壳采用双层结构,内层钢壳承压并保证其密封性;外层混凝土壳用以承受外来飞行物的袭击,两壳之间形成环形间隙,空气可经抽吸流经环形区以冷却钢壳。

正常运行时安全壳靠风冷器排热,事故发生后首先由蓄压推动喷淋系统动作,排热并除去安全壳内以气体为载体的放射性物质。提供喷淋水的蓄压箱容量可以维持运行30分钟。此后,钢壳外部的大喷淋水箱靠重力向钢壳顶部喷淋水,形成水套,以蒸发方式冷却钢壳。3天之后,喷淋水用完,空气经风机或自然循环抽吸流经环形

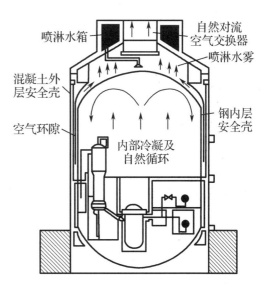

图1.22 AP-1000非能动安全壳冷却系统

区,这样足以使安全壳冷却了。在事故工况下,非能动安全壳冷却系统与应急堆芯冷却系统一样,不再需要任何其他机械装置的自动动作和操作人员的干预。

1.5.2 PIUS 固有安全性核电站

PIUS 是英文 process inherent ultimate safety(工艺过程固有最终安全)的首字母缩写。瑞典 ABB Atom 公司开发的电功率为 640 MW 的 PIUS-600 型核电站,其反应堆是世界上公认的固有安全性最好的固有安全反应堆之一,其结构如图 1.23 所示。

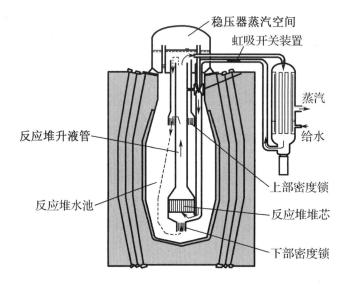

图 1.23 PIUS 反应堆及系统布置

该反应堆的堆芯位于充满硼酸水的预应力混凝土制成的特大水池的底部。堆芯内无控制棒,利用主循环系统冷却水中硼含量和温度变化控制反应性。正常运行时,主循环系统冷却水依靠主循环泵维持强迫循环,带出堆芯发出的裂变热。发生事故时,大水池里的高浓度含硼水可以靠自然循环压头通过蜂窝状的密度锁自动进入堆芯,使反应堆停堆。停堆后,可以依靠自然循环导出堆芯内的衰变余热。

PIUS-600 是在成熟的压水堆技术基础上,沿用研制成功的硼水加压控制池式堆的固有安全原理设计而成,它在瑞典已经开发和论证了十余年,研究重点是与固有安全有关的关键技术和设备。这些关键技术中的大部分在 SECURE-H 供热堆的开发过程中已经取得了令人满意的研究成果。它的关键技术和设备有密度锁、虹吸断路器、湿隔热层等。

在 PIUS 反应堆中设计了一种专用部件,称为"密度锁",密度锁系统是实现 PIUS 原理的关键非能动设施。它由上部密度锁、下部密度锁和气塞组成。上、下密度锁由平行的两端敞口的垂直管束组成,由于有了两个常开的与高含硼水池相连的密度锁,因而从结构上保证了一个常开的再循环路径。这样在主冷却剂泵停转时,含硼水将靠自然循环,从水池下部出发穿过下密度锁,经入口段送入堆芯,通过堆芯本身和升液管后,再顺着从上部升液管联腔到达上密度锁后返回水池。

密度锁系统的功能是:反应堆启动时,借助密度锁把通过堆芯的含硼量低的主循环冷却水与堆池中的高硼水分开;反应堆运行期间,通过控制主冷却泵的转速,使下密度锁中出现稳定的热/冷界面,再结合一回路中水量的控制,使上密度锁中也出现稳定的热/冷界面,从而使这条自然循环路线保持非工作状态。在上密度锁中测得的与界面层有关的温度值,被用来控制一回路水量。冷却剂的流量取决于堆芯出口处相对于反应堆水池的热工条件。冷却剂在穿过堆芯并通过升液管上升过程中产生的压降,必须与上、下密度锁中两个界面之间的静压差相等。在正常的稳态运行和负荷跟踪运行期间,开动主冷却剂泵来建立这两个密度锁之间的压力平衡。一旦发生恶性的瞬变或事故,这种压力平衡就会突然消失,从而使水池中的加硼水依靠自然循环穿过堆芯,使反应堆停堆并不间断导出堆芯衰变余热。两个密度锁的上半部分,即热、冷水界面以上的空间,平时充满着起缓冲作用的一回路热水,以便在出现很小的运行扰动时阻止池水进入,避免引起误停堆。当主循环系统冷却水管道(蒸汽发生器的冷段)断裂时,为阻止堆池中的池水由于虹吸作用而外流,在主循环系统冷却水入口管段中设置了虹吸断路器,使堆池中的水位始终保持在一定的高度,保证堆芯得到充分的冷却。

PIUS-600 的钢制堆芯容器及主循环冷却水的平均温度为 275 ℃,堆芯容器及上升管外池水温度在正常运行时为 50 ℃。为防止热量损失,堆芯容器及上升管周围设置有湿隔热层。它是关系反应堆稳定、安全、经济运行的重要措施。湿隔热层置于含硼量高的水中,特殊的工作环境要求它与含硼水及其他结构材料具有较好的物理和化学相容性,能经受温度循环的冲击,并具有良好的耐辐照性能。

1. 设计描述

PIUS 反应堆堆芯为一开式堆芯,它位于高浓硼反应堆池底附近,被包容在一预应力混凝土容器空腔内。无论在停堆或功率运行时,PIUS 反应堆都不使用控制棒。反应性控制是由反应堆冷却剂硼浓度控制(化学补偿)以及冷却剂(慢化剂)温度控制来实现的。与现有的压水堆实际情况相比,堆芯的平均线性热负荷、温度、流量及相应的压降等数据明显地放宽。一个运行周期的初始功率形成和对燃耗的反应性补偿是由燃料棒中可燃毒物(钆)来实现的。这就意味着硼浓度在整个运行周期保持在相当低的水平,且在运行条件下,慢化剂的温度反应性系数会呈强烈的负反应性。

从堆芯开始,被加热的冷却剂向上流过上升管,通过反应堆容器上部钢部分的管接头之后离开反应堆容器,并继续流经热管段进入四台直管式直流蒸汽发生器。一回路冷却剂泵位于蒸汽发生器下面,并与蒸汽发生器在结构上连成整体。冷管段以与热管段同样的高度位置进入反应堆容器,通过下降段将返回的流体向下导向反应堆入口。在流体下降的过程中,流速在开式的与稳压器相连的一个虹吸开关装置中得以提高。在正常运行时,虹吸开关对水的循环不起作用,但是在假想的冷管破裂情况下,它有助于减小反应堆池水存量的损失。在环状下降段的底部,返回流体进入反应堆堆芯入口腔室。

在 PIUS 核电站中,堆芯冷却剂流量是由堆芯出口的热工条件确定的。流经堆芯及上升管管段的最终压降必须与上、下密度锁装置冷热界面处的静压差一致。在电站正常运行期间,控制一回路冷却剂泵的转速,可使通过底部密度锁装置的流体存在一个压力平衡。这样,底部密度锁装置的冷热界面保持在某一高度,因而使自然循环回路保持关闭状态。在严重瞬变或事故情况下,压力平衡被打破,建立起自然循环流动回路,以备停堆和连续地冷却堆芯。

从一回路系统的水下高温部分散出的热量不断地加热反应堆池内的水。为使散热保持在一个容许的水平,在高温部分装有一个湿式金属型隔离体,它由许多平行的薄不锈钢板组成,在不锈钢板之间是静止的水。有两套系统用来冷却反应堆池内的水:一套是将池内的水强迫循环通过压力容器之外的热交换器和泵,来实现池内水的冷却;另一套是一完整的非能动系统,该系统利用了浸没在反应堆池内的冷却器和自然冷却水循环回路,以及位于反应堆厂房顶部的干式自然通风冷却塔。非能动系统确保在事故和核电站失去站外电源情况下能够冷却反应堆水池,并阻止反应堆水池内存水发生沸腾。在假设所有水池冷却系统均失效的情况下,存水量确保长时间内(7 天)对堆芯进行冷却。

2. PIUS 核电站的控制

反应堆的功率是靠调节反应堆冷却剂的硼浓度和温度进行控制的。在核电站正常运行期间,只是利用很大的冷却剂负温度反应性系数,反应堆功率就能得到控制,而不必调节反应堆冷却剂的硼含量。功率变化只要简单地调节流向蒸汽发生器的给水流量或蒸汽流量即可完成。例如,增加二次侧给水流量,使得流回反应堆的冷却剂的冷却程度提高,平均慢化剂温度降低,从而导致了反应堆功率增加。

除了反应性控制外,PIUS 的化学和容积控制系统(CVCS)为一次侧回路提供过滤过的干净补给水,并提供用于水化学控制的化学物质。反应堆冷却系统也用于净化和控制反应堆池水,通过不断撤换一定数量的池水,使其在净化系统中得到处理,并重新注入池内,如有必要可与化学附加物同时注入。

1.5.3 欧洲压水堆 EPR

EPR(European pressurized water reactor)是法国法马通公司与德国西门子公司共办的国际核动力公司(NPI)的设计。EPR 电站以下几个系统都有很好的固有安全性能:电站过程控制系统,自动安全系统,功率瞬态事故保护系统,保证反应堆堆芯完整性的系统,自动停堆系统,正常排热系统,应急排热系统。这些系统安全性的提高,将整个电站的安全性水平提高到一个新的层次。

EPR 的设计是一种改进型的方案。其性能目标基于或高于法国与德国现有大型压水堆核电站所达到的最高水平。在这个改进型方案中,目前电站大量可信赖的经验基础使得这个目标可以得到满足。就价格而言,在总电价上 EPR 电站与其他电站(包括核电站及常规电站)相比具有竞争力。由于电站固有安全性提高,电站的可利用率和维修目标也有改进,如电站的可利用率从原来的 82% 提高到 92%,正常换料停堆时间减少到 16 天,电站寿命 60 年。

1. 整体安全设计方案

EPR 整体安全方案遵从法国 GPR 和德国 RSK 所发布的"未来压水堆核电站通用安全方案的建议",这个方案的建立借助概率论的确定性分析基础。与现存核电站相比,EPR 采用了双重策略:首先,改进了事故的预防措施;其次,即使发生严重事故,堆芯熔化的概率也会进一步降低。同时,也考虑了安全壳性能的进一步改善,以缓解这种事故的后果,提高电站本身抵御事故的能力。

除了确定性设计基准外,EPR 还考虑了多重失效和完全失去安全系统同时发生的事件,以限制剩余风险。严重事故情况下的外部放射性释放被限制住,在发生严重事故时,在电站附近不需采取应急响应措施(如撤离或移民)。

EPR 已经建立了两个安全目标,即堆熔概率小于 10^{-5}/(堆·年)和放射性大量释放概率小于 10^{-6}/(堆·年)。EPR 目标的重要革新是在设计阶段对严重事故的考虑。在严重事故序列情况下,限制外部放射性释放的所有方案的目的具体如下:

(1)避免早期安全壳失效或旁路;

(2)在安全壳中对堆熔物进行冷却,用水淹没裂变产物;

(3)安全壳功能的保护,可靠地对安全壳进行隔离,向环境的低泄漏,堆芯完全熔化的预防,基本的耐压强度以抵抗破坏性事故;

(4)利用余热导出对安全壳进行卸压。

2. 基本设计与运行数据

EPR 反应堆的热功率为 4 450 MW,额定发电功率为 1 600 MW,电站热效率约 36%,其效率的提高主要得益于蒸汽发生器和汽轮机的改进设计。堆芯的燃料组件采用传统的 17×17 标准组件,堆芯燃料组件数 241 组,燃料棒高度 4.6 m,平均线功率密度 16.3 kW/m(小于 N4 的 19.8 kW/m)。反应堆设计中对燃料循环进行了优化,使用的 MOX 燃料可在堆芯内使用 72 个月,燃耗可达 55~60 GWd/t。

相比于现在正在运行的其他核电站,反应堆冷却剂系统主要部件体积要大,较大的反应堆压力容器可容纳较大的堆芯,加大稳压器和蒸汽发生器(二次侧)的体积以改善核电站对瞬态的响应。

3. 安全系统的结构

重要安全系统及其支持功能(安全注入、应急给水、部件冷却、应急电源)以四通道布置,分别安装在四个独立的区域。简单、明确的设计方法有助于操作人员理解电站的响应情况,并尽量减少布局的变化。

安全注入系统使用安全壳内换料水储存箱,并依靠反应堆冷却剂系统的冷、热管段双端注入,这样避免了回流的重新结合和热管段的长时间注入。在低压安注管路上接有热交换器,这一原理确保了在设计基准事故情况下,应急堆芯冷却不需要喷淋系统。

安排在两个通路中的余热排出系统被安置于安全壳内,同时最大限度地降低了安全壳旁路的风险。在衰变热导出上,增加足够的冗余度和多样性,以低压安注通路四取二的方式予以保证。在反应堆冷却剂系统温度降低时,它能以余热排出的方式运行。

高压堆芯熔化的预防意味着二次侧排热系统有较高的可靠性,这是 EPR 设计的一个重要特点。通过对可靠运行及造价进行详细的研究,从而完成了能动系统和非能动系统的比较;通过具有多种电源泵的能动应急给水系统达到非常高的可靠性;通过运行在闭合回路上的非能动二次侧冷却系统达到非常高的可靠性。在这个基础上进行评价,能动应急给水系统被选择用于 EPR。它们由四个相互隔离并独立的通道组成,每一个应急给水泵向四台蒸汽发生器中的一台提供给水。

这种系统结构,实现了系统简化和多样化。事实上,任何一个安全级系统功能都能由备用系统(或系统组)来保证,其具体情况示于表 1.3。

表 1.3 安全系统的多样化

安全级系统功能	备用系统功能
中压安注系统	快速二次侧压力释放+安注箱注入系统+低压安注系统
低压安注系统	中压安注系统+余热排出系统或二次侧余热排出系统(小破口)
余热排出系统	二次侧余热排出系统或低压安注系统
燃料水池冷却系统	燃料水池加热(沸腾)+冷却剂加注
二回路排热系统	二次侧补水

4. 严重事故特性

正如前面提到的,EPR 的设计目的在于消除严重事故后果和将放射性释放限制在容许的限值之内,EPR 的设计特性主要包括以下几个方面:

(1)预防高压堆芯熔化,首先依靠衰变热排出系统的高可靠性,并以卸压措施为补充(稳压器释放阀)。卸压的同时排除了堆芯熔化直接安全壳加热的危险。但是,设计中要考虑到反应堆压力容器截面有突然破裂的危险。

(2)在早期阶段利用接触反应的氢化合器,必要时可有选择地安排燃氢器,以减少氢在安全壳内的聚积,以防高载荷的氢爆。预防熔化的堆芯与混凝土相互作用,以减少氢的产生量。在设计安全壳和堆内构件时,应考虑导致爆燃现象的潜在影响。

(3)通过将堆熔物喷淋的水量减为最小来预防容器外蒸汽爆裂而危及安全壳的完整性。

(4)预防熔化的堆芯与混凝土相互作用,是通过在专用扩散腔室中(图 1.24)将堆芯熔融物扩散来实现的。EPR 独创的特点包括在反应堆坑外设计了约 150 m² 的一大块面积,反应堆坑和扩散分隔间由熔化排放通道相连接。这个通道倾斜于扩散区,并由钢板封闭。为了在扩散后淹没扩散物,扩散分隔间与安全壳内换料水储存箱用泵相连,这些管子在正常运行和事故下由塞子封死,必要时由熔融物扩散后熔化。由喷淋系统组成的专用安全壳排热系统可限制安全壳压力的增加,它尽可能、长时间地用过冷水将安全壳压力降为大气压。

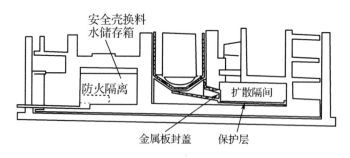

图 1.24 熔融物扩散通道

(5)即使所有其他的系统都无法利用,安全壳的设计压力(0.75 MPa)允许在事故后12~24 小时开始使用喷淋系统。

(6)收集所有的泄漏物,防止任何密封的旁通,这由双层安全壳来实现,泄漏物可能从内墙中放出,然后被收集到环形空间中,这里保持负压,泄漏物经适当地过滤后排入烟囱。与安全壳环境或反应堆冷却剂系统相连的所有系统应保持密封。另外,空气闸和排气阀也装有泄漏收集系统。最后所有贯穿件(除了蒸汽管和补给水管外)被围于建筑物内,能确保所有可能剩余的泄漏物被有效地保留。

5. 安全壳的总体布置

EPR 采用双层安全壳,利用特殊的设计原理,加强了放射性的屏蔽。内层安全壳采用与法国现在运行的四回路 1 300 MW 和 1 450 MW 核电站相同的预应力混凝土技术,在没有安全壳衬里的情况下,可确保泄漏率少于 1%容积/天的密封要求。第二层墙采用钢筋混凝土结构。

与现存法国核电站相比,EPR 安全壳有更为严格的设计条件,也使得设计参数扩展。在这方面,最重要的因素是增加了设计压力,已确定设计压力为 0.75 MPa 绝对压力,并能确保在 0.75 MPa 条件下进行整体泄漏率试验。安全壳也具有对所有严重事故压力区域的密封能力。通过总体布置,四个完全分离的通道的安全系统结构使得每一个通路安排在一个专用的区域。用这种方法可防止内部灾害的扩散(如火灾、高能量管线的破裂或在另一个通路发生淹没)。各通路为放射形分布,分别归属于一次侧回路,并尽量减少它们与反应堆冷却剂系统连接的长度。

复习思考题

1-1 核电站运行工况分为几类,各是什么?

1-2 什么是反应性引入事故?

1-3 单根控制棒的反应性当量是如何定义的?

1-4 反应性控制通常分为哪几类?

1-5 在三哩岛核事故中一回路系统为什么没有建立起自然循环?

1-6 在三哩岛核事故中有哪些操作人员的人为操作失误?

1-7 切尔诺贝利核电站的反应堆与压水反应堆有什么不同?

1-8 切尔诺贝利核事故中出现的反应堆功率突然急剧上升的主要诱因是什么?

1-9 安注系统的主要功能是什么?

1-10 什么是反应堆的固有安全性?

1-11 什么是失流事故?

1-12 核电站的反应堆有几道安全屏障,都是什么?

1-13 PIUS 反应堆采取了哪些非能动安全方法?

第2章 核反应堆瞬态热工分析

核反应堆瞬态是指反应堆倍增因子或反应性变化时,中子通量或功率随时间的变化特性。

在反应堆运行的各种工况中,反应堆倍增因子和反应性会发生变化。属于反应堆正常工况的有反应堆启动、提升功率、停闭、中毒和燃耗;属于事故工况的有控制棒误操作、冷却剂流量丧失等。

在核电站正常运行期间所出现的一些运行瞬态是指核电站的升温暖机和降温冷却、负荷阶跃变化和负荷突然变化等。由于核电站有可能运行在设计规定以外的参数下,对于这类瞬态应给予一定的限制。这类瞬态主要是指核电站的升温暖机和降温冷却,它们应使反应堆一回路冷却系统的温度变化率不大于规定值,一般为±10%/min;核电站负荷的突然变化也应限制在规定的范围内,一般小于5%/min。

对这些状态中的每一工况都应仔细地加以分析,对运行瞬态要做适当的限制,因为它们构成了更严重事故状态的初始条件。这类更严重事故的初始条件,是由正常运行状态和正常运行瞬态中的最严重工况引起的。对于这一类状态必须作精确的分析计算,以保证给出其他所有事故状态的合适的初始条件。

2.1 表征冷却剂热工水力状态的基本方程

燃料元件表面放热是否达到"烧毁"状态,一方面取决于元件表面的热流密度,另一方面取决于冷却剂的热工状态,这些状态包括冷却剂的温度(或焓)、压力、流量和密度等。流体状态参数的变化以及影响它们的各个因素之间的关系遵守质量守恒、动量守恒和能量守恒三大定律。利用描述这三个守恒定律的方程,再加上流体的状态方程,就可以解出冷却剂各状态参数随时间的变化。因此,分析燃料元件通道内的冷却剂的热工水力状态是瞬态分析的主要内容之一。

在大多数情况下,可以认为冷却剂在通道中的流动是一维的流动。例如,冷却剂在燃料元件之间的流动就可以简单地认为是只有一维向上的流动。至于各子通道之间的流动交混,由于交混流量较小,在处理时可以看作是在一维流动基础上的一个附加量,而不必做三维处理,这样可以使方程简化。下面我们将用欧拉法研究通道内流体状态的一维流动情况。

2.1.1 质量守恒方程

在流体流动通道内取一个微元控制体,如图2.1所示,流体自下而上沿轴向流动。该控

制体长度为 dz，与水平面夹角为 θ，入口处的流通截面积为 A，流体速度为 w。

在一个小的时间间隔 Δt 内，流入控制体的流体质量可以表示为

$$\left(\int_A \rho w dA \right) \Delta t$$

流出控制体的流体质量为

$$\left[\int_A \rho w dA + \frac{\partial}{\partial z} \left(\int_A \rho w dA \right) dz \right] \Delta t$$

在 Δt 时间内，控制体内流体质量的变化量可以表示为

$$-\left[\frac{\partial}{\partial t} \left(\int_A \rho dA \right) dz \right] \Delta t$$

如果控制体内无外加流体源，根据质量守恒定律，通过控制体表面转移（流入或流出）的净质量必将引起该控制体内流体质量的变化（增加或减少），即有

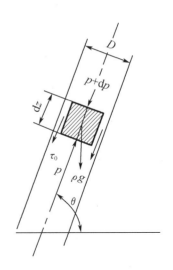

图 2.1　流体微元受力图

$$\left[\int_A \rho w dA + \frac{\partial}{\partial z} \left(\int_A \rho w dA \right) dz \right] \Delta t - \left(\int_A \rho w dA \right) \Delta t = -\left[\frac{\partial}{\partial t} \left(\int_A \rho dA \right) dz \right] \Delta t \qquad (2.1)$$

或者

$$\frac{\partial}{\partial t} \left(\int_A \rho dA \right) + \frac{\partial}{\partial z} \left(\int_A \rho w dA \right) = 0 \qquad (2.2)$$

这就是一维质量守恒方程的一般形式。

2.1.2　动量守恒方程

为了研究流体在流动过程中的压力损失，或根据作用力的大小计算流体速度的变化，将动量定理应用于图 2.1 所示的控制体中。

根据动量定理，控制体动量随时间的变化率等于作用在该控制体上力的合力。以向上的流动方向为正方向，分析图 2.1 所示的单元控制体，作用在它上面的外力有以下几个：

(1)入口截面和出口截面的正压力，它们分别为

$$pA \text{ 和 } -\left[pA + \frac{\partial(pA)}{\partial z} dz \right]$$

(2)控制体所受的重力为

$$-\left(\int_A \rho g \sin \theta dA \right) dz$$

(3)控制体与流道壁面的摩擦力为

$$-\left(\int_{p_h} \tau_0 dl \right) dz$$

式中，p_h 为湿周，m；τ_0 为壁面切应力，N/m²；dl 为单位湿周长度，m。

控制体动量的变化率包括以下两个方面：

(1)通过控制体表面转移的动量的净变化率为

$$\left[\int_A \rho w^2 dA + \frac{\partial}{\partial z} \left(\int_A \rho w^2 dA \right) dz \right] - \int_A \rho w^2 dA = \frac{\partial}{\partial z} \left(\int_A \rho w^2 dA \right) dz$$

(2)控制体内各点流体的动量随时间的变化率为

$$\frac{\partial}{\partial t}\left(\int_V \rho w \mathrm{d}V\right) \approx \frac{\partial}{\partial t}\left(\int_A \rho w \mathrm{d}A\right)\mathrm{d}z$$

根据动量守恒定律,综合上述各表达式可得动量守恒方程为

$$\frac{\partial}{\partial t}\left(\int_A \rho w \mathrm{d}A\right) + \frac{\partial}{\partial z}\left(\int_A \rho w^2 \mathrm{d}A\right) = -A\frac{\partial p}{\partial z} - \int_{p_h} \tau_0 \mathrm{d}l - \int_A \rho g \sin\theta \mathrm{d}A \tag{2.3}$$

2.1.3 能量守恒方程

为了确定控制体内流体的热工状态,必须进一步研究控制体内流体的能量平衡。加到控制体中的能量主要有如下三个来源:

(1)通过控制体表面传给流体的热量,若传热周界长度为 p_{he},通过传热表面的热流密度为 q,则单位时间内传给控制体内流体的热量为

$$\left(\int_{p_{he}} q \mathrm{d}l\right)\mathrm{d}z$$

(2)控制体内流体的释热,如其体积释热率为 q_V,则单位时间内控制体中释热率为

$$\int_V q_V \mathrm{d}V \approx \left(\int_A q_V \mathrm{d}A\right)\mathrm{d}z$$

(3)外力对流体所做的功,其中上、下横截面的压力在单位时间内所做的功为

$$\left(\int_A wp\mathrm{d}A\right) - \left[\int_A wp\mathrm{d}A + \frac{\partial}{\partial z}\left(\int_A wp\mathrm{d}A\right)\mathrm{d}z\right] = -\frac{\partial}{\partial z}\left(\int_A wp\mathrm{d}A\right)\mathrm{d}z$$

单位时间内重力做的功为

$$-\left(\int_A \rho gw\sin\theta \mathrm{d}A\right)\mathrm{d}z$$

综合以上各项,单位时间内加到控制体中的能量为

$$\left[\int_{p_{he}} q\mathrm{d}l + \int_A q_V \mathrm{d}A - \frac{\partial}{\partial z}\left(\int_A wp\mathrm{d}A\right) - \int_A \rho gw\sin\theta \mathrm{d}A\right]\mathrm{d}z \tag{2.4}$$

在瞬态过程中,加到控制体中的能量应与流经控制体的流体净带出的能量和控制体内流体本身的能量的变化相平衡。设单位质量流体的内能为 u,动能为 $\frac{1}{2}w^2$,则在单位时间内流入控制体的流体所带入的能量为

$$\int_A \rho\left(u + \frac{w^2}{2}\right)w\mathrm{d}A$$

流出流体所带出的能量为

$$\int_A \rho\left(u + \frac{w^2}{2}\right)w\mathrm{d}A + \frac{\partial}{\partial z}\left[\int_A \rho\left(u + \frac{w^2}{2}\right)w\mathrm{d}A\right]\mathrm{d}z$$

净带出的能量为

$$\frac{\partial}{\partial z}\left[\int_A \rho\left(u + \frac{w^2}{2}\right)w\mathrm{d}A\right]\mathrm{d}z$$

控制体内流体本身能量的变化率为

$$\frac{\partial}{\partial t}\left[\int_A \rho\left(u + \frac{w^2}{2}\right)\mathrm{d}A\right]\mathrm{d}z$$

根据能量守恒定律,加到控制体中的能量应与被流体带出的能量和控制体内能量的变化相平衡,由此可以得到下列能量守恒方程:

$$\frac{\partial}{\partial t}\left[\int_A \rho\left(u + \frac{w^2}{2}\right)dA\right] + \frac{\partial}{\partial z}\left[\int_A \rho\left(u + \frac{w^2}{2}\right)w dA\right] = \int_{p_{he}} q dl + \int_A q_V dA - \frac{\partial}{\partial z}\int_A wp dA - \int_A \rho gw\sin\theta dA$$

(2.5)

内能 u 和焓 H 有如下关系:

$$H = u + \frac{p}{\rho}$$

(2.6)

将式(2.6)代入式(2.5)中,经整理后可以得到

$$\frac{\partial}{\partial t}\left(\int_A \rho H dA\right) + \frac{\partial}{\partial z}\int_A \rho Hw dA = \int_{p_{he}} q dl + \int_A q_V dA - \int_A \rho gw\sin\theta dA +$$

$$\frac{\partial(pA)}{\partial t} - \left[\frac{\partial}{\partial t}\left(\int_A \frac{1}{2}\rho w^2 dA\right) + \frac{\partial}{\partial z}\left(\int_A \frac{1}{2}\rho w^3 dA\right)\right]$$

(2.7)

在讨论热力的过程时,重力、压力所做的功,以及动能的变化对冷却剂能量平衡所做的贡献往往不大,在计算的时候可以忽略不计。这时能量方程可以简化为

$$\frac{\partial}{\partial t}\left(\int_A \rho H dA\right) + \frac{\partial}{\partial z}\int_A \rho Hw dA = \int_{p_{he}} q dl + \int_A q_V dA$$

(2.8)

在上述列出的各个方程中,流体的参数都是在通道截面上的分布量。但是在实际的工程计算中,由于问题复杂,往往只能计算各参数在通道截面上的平均值,因而可以采用平均参数来表示,这里我们定义以下平均参数。

平均密度

$$\bar{\rho} = \frac{1}{A}\int_A \rho dA$$

(2.9)

平均质量流速

$$G = \frac{1}{A}\int_A \rho w dA$$

(2.10)

按质量流速平方权重的平均比体积

$$\bar{v} = \frac{1}{G^2}\left(\frac{1}{A}\int_A \rho w^2 dA\right)$$

(2.11)

按密度权重的平均焓

$$\overline{H} = \frac{1}{\bar{\rho}}\left(\frac{1}{A}\int_A \rho H dA\right)$$

(2.12)

按质量流速权重的平均焓

$$H' = \frac{1}{G}\left(\frac{1}{A}\int_A \rho wH dA\right)$$

(2.13)

平均表面热流量

$$\bar{q} = \frac{1}{p_{he}}\int_{p_{he}} q dl$$

(2.14)

与体积释热率等效的平均表面热流量

$$\bar{q}_e = \frac{1}{p_{he}}\int_A q_V dA$$

(2.15)

在动量守恒方程中的摩擦力项可以通过下式用平均参数来表示：

$$\int_{p_h} \tau_0 \mathrm{d}l = \frac{f}{2} \frac{\bar{v}AG^2}{D_e} \tag{2.16}$$

式中，f 为摩擦阻力系数；D_e 为当量直径；$\bar{v}$ 为平均比体积。

将上述平均参数代入式(2.2)、式(2.3)和式(2.8)中，如果流体是在等截面通道中做一维流动，则整理后得到按平均参数写出的质量、动量和能量守恒方程为

$$\frac{\partial \bar{\rho}}{\partial t} + \frac{\partial G}{\partial z} = 0 \tag{2.17}$$

$$\frac{\partial G}{\partial t} + \frac{\partial (\bar{v}G^2)}{\partial z} = -\frac{\partial p}{\partial z} - \frac{f\bar{v}G^2}{2D_e} - \bar{\rho}g\sin\theta \tag{2.18}$$

$$\frac{\partial (\bar{\rho}\bar{H})}{\partial t} + \frac{\partial (GH')}{\partial z} = \frac{(\bar{q} + \bar{q}_e)p_{he}}{A} \tag{2.19}$$

2.1.4　两相流方程与计算模型

单相流体的质量守恒、动量守恒和能量守恒方程，以及相应的结构关系式是建立反应堆安全分析数学模型的基本内容。然而，在轻水堆瞬态和事故过程中，冷却剂可能处于两相状态。当流体作两相流动时，同一通道截面上既有液体又有气体，这就使问题变得复杂化。尽管如此，原则上仍可以应用流体力学的基本分析方法建立分析两相流动的计算关系式。从现有的两相流计算方法看，可以大致分为两大类：一类为简化模型分析法；另一类为数学解析模型分析法。

简化模型分析法是一种工程上比较实用的模型分析法，与实验或经验值有密切关系，根据实验观察或试验结果分析，提出两相流动体系的简化物理模型。下面介绍两种最常见的两相流动模型与计算方法。

1. 分相流模型

分相流模型是考虑了实际流动体系中两相具有不同的物性和速度这一现象发展起来的一种工程模型计算方法。

把两相流看成是分开的两股流体流动，把两相分别按单相流处理并计入相间作用，然后将各相的方程加以合并，这种处理两相流的方法通常称为分相流模型。

(1)连续性方程

根据图 2.2，若系统与外界没有质量交换，根据质量守恒方程，对于气相，单位时间内控制体进、出口质量分别为

$$\rho''w''A\alpha \text{ 和 } \rho''w''A\alpha + \frac{\partial \rho''w''A\alpha}{\partial z}\mathrm{d}z$$

式中，α 为空泡份额。

当两相流体处于蒸发状态时，气相和液相界面会有质量的传递，设控制体内单位长度的界面质量交换率为 δ_m，根据质量守恒原理，以进入控制体为正，则

$$-\frac{\partial (\rho''A\alpha)}{\partial t} + \frac{\partial (\rho''w''A\alpha)}{\partial z} = \delta_m \tag{2.20}$$

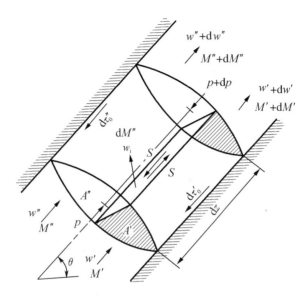

图 2.2 微元段内两相流简化模型

同理,对于液相控制体,有

$$-\frac{\partial[\rho'A(1-\alpha)]}{\partial t}+\frac{\partial[\rho'w'A(1-\alpha)]}{\partial z}=-\delta_{m} \tag{2.21}$$

当没有相变发生时,气液界面的质量交换率 $\delta_{m}=0$。将式(2.20)和式(2.21)相加,即可得到两相混合物的连续性方程,即

$$\frac{\partial\rho_0 A}{\partial t}+\frac{\partial GA}{\partial z}=0 \tag{2.22}$$

如果控制体内各相的密度是均匀的,则两相混合物的真实密度为

$$\rho_0=\rho''\alpha+\rho'(1-\alpha)$$

稳定流动时,$\frac{\partial}{\partial t}=0$,故

$$M=GA=常数 \tag{2.23}$$

(2)动量方程

根据动量守恒方程,单位时间内,作用于控制体每一相上外力的合力等于该相的动量变化量,因此以向上的流动方向为正,分析图 2.2 可知作用于控制体液相上的力有如下几个:

进口和出口截面作用力

$$pA(1-\alpha)\ 和\ -\left(p+\frac{\partial p}{\partial z}dz\right)(1-\alpha)A$$

液相与壁面的摩擦力

$$-\tau_0' p_h' dz$$

重力沿流向的分力

$$-g\rho'(1-\alpha)Adz\cdot\sin\theta$$

气液界面摩擦力

$$- \tau_i p_{hi} dz$$

液相进口和出口动量的变化率分别为

$$\rho'(1 - \alpha) A w'^2 \text{ 和 } \rho'(1 - \alpha) A w'^2 + \frac{\partial [\rho'(1 - \alpha) A w'^2]}{\partial z} dz$$

气液界面动量交换量为

$$w_i \delta_m dz$$

以上各式中,w_i 为气液界面上液相速度,m/s;τ_i 为气液界面摩擦切应力,N/m²;τ_0' 为液相部分与壁面的摩擦切应力,N/m²;p_h' 为液相部分与壁面的有效湿周,m;p_{hi} 为气液界面湿周,m。

根据动量守恒方程,综合上述关系式,可以得到单位时间内液相的动量方程为

$$(1 - \alpha) \frac{\partial p}{\partial z} + \frac{\tau_0' p_h'}{A} - \frac{\tau_i p_{hi}}{A} + \rho' g (1 - \alpha) \sin \theta + \frac{\partial}{\partial t} [\rho'(1 - \alpha) w'] +$$

$$\frac{1}{A} \frac{\partial}{\partial z} [\rho' A (- \alpha) w'^2] + w_i \frac{\delta_m}{A} = 0 \tag{2.24}$$

同理,可以得到气相动量方程为

$$\alpha \frac{\partial p}{\partial z} + \frac{\tau_0'' p_h''}{A} + \frac{\tau_i p_{hi}}{A} + \rho'' g \alpha \sin \theta + \frac{\partial}{\partial t} (\rho'' \alpha w'') + \frac{1}{A} \frac{\partial}{\partial z} (\rho'' A \alpha w''^2) - w_i \frac{\delta_m}{A} = 0 \tag{2.25}$$

将式(2.24)和式(2.25)相加,经过整理后,即得分相流模型的两相混合物动量方程

$$- \frac{\partial p}{\partial z} = \frac{\tau_0 p_h}{A} + \rho_0 g \sin \theta + \frac{\partial G}{\partial t} + \frac{1}{A} \frac{\partial}{\partial z} (A G^2 v_M) \tag{2.26}$$

式中,τ_0 为两相混合物的摩擦切应力,N/m²;v_M 为动量平均比体积,$v_M = \frac{(1-x)^2}{1-\alpha} v' + \frac{x^2}{\alpha} v''$,其中 x 为质量含汽率。

设两相混合物与壁面的摩擦力为

$$\tau_0 p_h = \tau_0' p_h' + \tau_0'' p_h'' \tag{2.27}$$

当两相混合物在等直径管道中稳定流动时,$\frac{\partial G}{\partial t} = 0$,$dA = 0$,则动量方程为

$$- \frac{dp}{dz} = \frac{\tau_0 p_h}{A} + \rho_0 g \sin \theta + G^2 \frac{d}{dz} \left[\frac{(1 - x)^2}{\rho'(1 - \alpha)} + \frac{x^2}{\rho'' \alpha} \right] \tag{2.28}$$

从式(2.28)可以看出,总的压降梯度由三部分组成:摩擦压降梯度、重位压降梯度和加速压降梯度,即

$$- \frac{dp}{dz} = \frac{dp_f}{dz} + \frac{dp_g}{dz} + \frac{dp_a}{dz} \tag{2.29}$$

(3)能量方程

考虑到两相间的作用,当控制体对外不做功时,进入控制体的热量为

$$dQ = dQ' + dQ'' \tag{2.30}$$

对于两相流体中的液相,根据热力学第一定律有

$$dQ' = dE' + dL' \tag{2.31}$$

式中,dQ' 为进入控制体液相部分的热量;dE' 由两部分组成:控制体液相部分进出口的能量差和控制体中积存能量的增量;dL' 为控制体液相部分对外输出的功。其中,控制体液相部分进出口能量之差为

$$\frac{\partial}{\partial z}[\rho'A(1-\alpha)w'e']dz$$

其中,e' 为单位质量液相的能量,且

$$e' = u' + \frac{w'^2}{2} + gz\sin\theta + pv'$$

式中,u' 为液相部分的内能;pv' 为比流动功。

控制体液相部分积存能量的变化率为

$$\frac{\partial}{\partial t}(e'\rho'A'dz) = \frac{\partial}{\partial t}\left[\rho'A(1-\alpha)\left(u' + \frac{w'^2}{2} + gz\sin\theta + pv'\right)\right]dz \quad (2.32)$$

界面能量交换由以下三部分组成:

①界面摩阻耗功

$$w_i\tau_i p_{hi}dz$$

②相变引起的能量传递

$$\frac{w_i^2}{2}\delta_m dz$$

③气相通过界面传给液相的能量

$$q_i p_{hi}dz$$

式中,q_i 为气液界面热流密度。

当控制体对外不做功时,$dL'=0$,则控制体液相部分能量方程为

$$dQ' = \frac{\partial}{\partial t}\left[\rho'A(1-\alpha)\left(u' + \frac{w'^2}{2} + gz\sin\theta + pv'\right)\right]dz + \frac{\partial}{\partial z}\left[\rho'A(1-\alpha)w'\left(u' + \frac{w'^2}{2}\right)\right]dz +$$

$$\frac{\partial}{\partial z}[pA(1-\alpha)w']dz + \rho'A(1-\alpha)w'g\sin\theta dz - w_i\tau_i p_{hi}dz + \frac{w_i^2}{2}\delta_m dz - q_i p_{hi}dz \quad (2.33)$$

同理,可以得到控制体气相部分能量方程为

$$dQ'' = \frac{\partial}{\partial t}\left[\rho''A\alpha\left(u'' + \frac{w''^2}{2} + gz\sin\theta + pv''\right)\right]dz + \frac{\partial}{\partial z}\left[\rho''A\alpha w''\left(u'' + \frac{w''^2}{2}\right)\right]dz +$$

$$\frac{\partial}{\partial z}(pA\alpha w'')dz + \rho''A\alpha w''g\sin\theta dz + w_i\tau_i p_{hi}dz - \frac{w_i^2}{2}\delta_m dz - q_i p_{hi}dz \quad (2.34)$$

根据式(2.30)得两相混合物的能量方程为

$$dQ = dQ' + dQ''$$

$$= \frac{\partial}{\partial t}\left[\rho'A(1-\alpha)\left(u' + \frac{w'^2}{2} + gz\sin\theta + pv'\right) + \rho''A\alpha\left(u'' + \frac{w''^2}{2} + gz\sin\theta + pv''\right)\right]dz +$$

$$\frac{\partial}{\partial z}\left\{GA\left[(1-x)\left(u' + \frac{w'^2}{2}\right) + x\left(u'' + \frac{w''^2}{2}\right)\right]\right\}dz + GA\frac{\partial(pv_m)}{\partial z}dz + GAg\sin\theta dz \quad (2.35)$$

式中,v_m 为两相混合物的平均比体积,$v_m = xv'' + (1-x)v'$。

稳定流动且管径不变时,$dA=0$,两边同除以 GA 得

$$dq_0 = d[xv'' + (1-x)v'] + d\left[x\frac{w''^2}{2} + (1-x)\frac{w'^2}{2}\right] + \alpha(pv_m) + g\sin\theta dz \quad (2.36)$$

由热力学知识可知,单位质量的两相混合物得到的热量为

$$dq = du + pdv_m$$

而 $dq = dq_0 + dF$,即 dq 由加入的热量 dq_0 和两相流与壁面及界面摩擦热转化的内能增量 dF 组成。

根据上述分析,式(2.36)经过整理后可得

$$-\frac{dp}{dz} = \rho_0 \frac{dF}{dz} + \rho_0 \frac{d}{dz}\left[x\frac{w''^2}{2} + (1-x)\frac{w'^2}{2}\right] + \rho_0 g\sin\theta \qquad (2.37)$$

由于

$$w'' = \frac{xG}{\rho''\alpha}, \quad w' = \frac{(1-x)G}{\rho'(1-\alpha)}$$

故式(2.37)改写成

$$-\frac{dp}{dz} = \rho_0 \frac{dF}{dz} + \rho_0 g\sin\theta + \frac{\rho_0 G^2}{2}\frac{dv_E^2}{dz} \qquad (2.38)$$

式中,v_E 为动能平均比体积,可以表示为

$$v_E = \left[\frac{(1-x)^3}{(1-\alpha)^2}v'^2 + \frac{x^3}{\alpha^2}v''^2\right]^{\frac{1}{2}} \qquad (2.39)$$

从式(2.38)可以看出,分相流模型的两相流能量方程由摩擦压降梯度、重位压降梯度和加速压降梯度三部分组成。

2. 均相流模型

均相流模型是一种最简单的模型分析方法,其基本思想是把两相混合物看作一种均匀介质,即假想为均质单相流,其流动物性参数取两相介质的相应参数合理定义的平均值,其基本假设如下:

① 两相具有相等的速度,即 $w' = w'' = w$,$\alpha = \beta$;

② 两相之间处于热力学平衡状态;

③ 可使用合理确定的单相摩擦系数表征两相流动。

显然,均相流模型实际上是单相流体力学的拓延,也是分相流模型的特殊表现形式。

(1)连续性方程

由上一节的质量守恒关系式有

$$M = \rho''w''\alpha A + \rho'w'(1-\alpha)A = M' + M'' = 常数 \qquad (2.40)$$

在均相流模型中,滑速比 $S = 1$,则 $\alpha = \beta$,得到两相混合物的密度 ρ_m 为

$$\rho_m = \rho''\beta + \rho'(1-\beta) \qquad (2.41)$$

根据式(2.17)和式(2.22),均相流模型的连续性方程为

$$\frac{\partial \rho_m A}{\partial t} + \frac{\partial GA}{\partial z} = 0 \qquad (2.42)$$

由两相流的基本概念和基本参数的定义可知,容积含汽率 β 与质量含汽率 x 满足以下关系:

$$\beta = \frac{1}{1 + \frac{1-x}{x}\frac{\rho''}{\rho'}} \qquad (2.43)$$

对该式进行整理,得

$$x = \frac{\beta\rho''}{\beta\rho'' + (1-\beta)\rho'} = \frac{\beta\rho''}{\rho_{\mathrm{m}}} \tag{2.44}$$

于是

$$x\rho_{\mathrm{m}} = \beta\rho'' \tag{2.45}$$

同理可得

$$(1-x)\rho_{\mathrm{m}} = (1-\beta)\rho' \tag{2.46}$$

将式(2.45)和式(2.46)整理后得到

$$\frac{x}{\rho''} + \frac{1-x}{\rho'} = \frac{1}{\rho_{\mathrm{m}}} = v_{\mathrm{m}} \tag{2.47}$$

由此可知,对于均匀两相混合物,可以用每一项的质量份额作为权重函数去计算混合物的物性,从而获得均相混合物的物性计算公式。例如,均相混合物的焓可以写成

$$H_{\mathrm{m}} = xH'' + (1-x)H' \tag{2.48}$$

(2)动量方程

由式(2.26),均相流的动量方程也可以表示为

$$-\frac{\partial p}{\partial z} = \frac{\tau_0 p_{\mathrm{h}}}{A} + \rho_{\mathrm{m}}g\sin\theta + \frac{\partial G}{\partial t} + \frac{1}{A}\frac{\partial}{\partial z}(AG^2 v_{\mathrm{M}}) \tag{2.49}$$

在稳定流动的情况下,$\dfrac{\partial G}{\partial t} = 0$,均相流的动量方程也可以表示成三种压降梯度的形式:

$$-\frac{\mathrm{d}p}{\mathrm{d}z} = \frac{\mathrm{d}p_{\mathrm{f}}}{\mathrm{d}z} + \frac{\mathrm{d}p_{\mathrm{g}}}{\mathrm{d}z} + \frac{\mathrm{d}p_{\mathrm{a}}}{\mathrm{d}z} \tag{2.50}$$

其中加速压降梯度为

$$\frac{\mathrm{d}p_{\mathrm{a}}}{\mathrm{d}z} = G^2 \frac{\mathrm{d}v_{\mathrm{M}}}{\mathrm{d}z} = G^2 \frac{\mathrm{d}}{\mathrm{d}z}\left[\frac{(1-x)^2}{\rho'(1-\beta)} + \frac{x^2}{\rho''\beta}\right] \tag{2.51}$$

(3)能量方程

在均相流模型中,式(2.38)可以写成

$$-\frac{\mathrm{d}p}{\mathrm{d}z} = \rho_{\mathrm{m}}\frac{\mathrm{d}F}{\mathrm{d}z} + \rho_{\mathrm{m}}g\sin\theta + \frac{\rho_{\mathrm{m}}G^2}{2}\frac{\mathrm{d}}{\mathrm{d}z}\left[\frac{(1-x)^3}{(1-\beta)^2}v'^2 + \frac{x^3}{\beta^2}v''^2\right] \tag{2.52}$$

其中加速压降梯度为

$$\frac{\mathrm{d}p_{\mathrm{a}}}{\mathrm{d}z} = \frac{\rho_{\mathrm{m}}}{2}G^2\frac{\mathrm{d}}{\mathrm{d}z}\left[\frac{(1-x)^3}{\rho'^2(1-\beta)^2} + \frac{x^3}{\rho''^2\beta^2}\right] \tag{2.53}$$

将式(2.44)代入上式中,得

$$\frac{\mathrm{d}p_{\mathrm{a}}}{\mathrm{d}z} = G^2\frac{\mathrm{d}}{\mathrm{d}z}\left[\frac{(1-x)^2}{\rho'(1-\beta)} + \frac{x^2}{\rho''\beta}\right] = G^2\frac{\mathrm{d}v_{\mathrm{M}}}{\mathrm{d}z} \tag{2.54}$$

最后整理可以得到均相流的能量方程为

$$-\frac{\mathrm{d}p}{\mathrm{d}z} = \rho_{\mathrm{m}}\frac{\mathrm{d}F}{\mathrm{d}z} + \rho_{\mathrm{m}}g\sin\theta + \frac{\rho_{\mathrm{m}}G^2}{2}\frac{\mathrm{d}v_{\mathrm{M}}}{\mathrm{d}z} \tag{2.55}$$

比较式(2.52)和式(2.55)可以看出,在均相流模型中,动量方程与能量方程中各对应项相同。

2.2 燃料元件的瞬态特性

在反应堆堆芯的寿期内,燃料元件要经受很多热力瞬变过程,其中包括反应堆的正常启动、停堆和功率调节,还包括各种事故工况下的瞬态过程。为了保证反应堆的安全,必须分析燃料元件在这些过程中的温度场随时间的变化。

2.2.1 燃料元件温度的快速瞬变过程

在瞬态条件下,燃料元件温度场随时间的变化可由导热微分方程给出:

$$(\nabla^2 T) + \frac{q_V}{\lambda} = \frac{c_p \rho}{\lambda} \frac{\partial T}{\partial t} \tag{2.56}$$

式中,∇^2 为拉普拉斯算子。

在直角坐标系中通用的热传导方程可以表示为

$$\left(\frac{\partial^2 T}{\partial x^2} + \frac{\partial^2 T}{\partial y^2} + \frac{\partial^2 T}{\partial z^2}\right) + \frac{q_V}{\lambda} = \frac{c_p \rho}{\lambda} \frac{\partial T}{\partial t} \tag{2.57}$$

式中,T 为温度;t 为时间;q_V 为体积释热率;λ 为导热系数;c_p 为比热容;$\frac{\lambda}{c_p \rho}$ 为材料的热扩散率(m^2/s),它反映了材料热惯性的大小,在同样条件下,如果材料的热扩散率值大,则它的加热或冷却就快,或者说它的热惯性就小。

在柱坐标系中,热传导方程可以表示为

$$\left(\frac{\partial^2 T}{\partial r^2} + \frac{1}{r}\frac{\partial T}{\partial r} + \frac{1}{r^2}\frac{\partial^2 T}{\partial \varphi^2} + \frac{\partial^2 T}{\partial z^2}\right) + \frac{q_V}{\lambda} = \frac{c_p \rho}{\lambda} \frac{\partial T}{\partial t}$$

式中,r 为半径;φ 为周向角。

在球坐标系中,热传导方程可以表示为

$$\left(\frac{\partial^2 T}{\partial r^2} + \frac{1}{r}\frac{\partial T}{\partial r} + \frac{1}{r^2\tan\varphi}\frac{\partial T}{\partial \varphi} + \frac{1}{r^2}\frac{\partial^2 T}{\partial \varphi^2} + \frac{1}{r^2\sin^2\varphi}\frac{\partial^2 T}{\partial r^2}\right) + \frac{q_V}{\lambda} = \frac{c_p \rho}{\lambda} \frac{\partial T}{\partial t}$$

对于一个芯块半径为 r_1、包壳外半径为 r_2、内半径为 r_{2i} 的燃料元件棒(见图 2.3),可以假设导热是轴对称的,即假定棒的材料是均匀的,棒周围的换热系数相等。若忽略轴向热传导并假定燃料芯块和包壳的导热系数为常数,则对于芯块区,导热微分方程为

$$\left(\frac{\partial^2 T_1}{\partial r^2} + \frac{1}{r}\frac{\partial T_1}{\partial r}\right) + \frac{q_V}{\lambda_1} = \frac{c_{p1}\rho_1}{\lambda_1}\frac{\partial T_1}{\partial t} \quad (0 < r < r_1) \tag{2.58}$$

对于包壳区,忽略其中的内热源,其导热微分方程为

$$\left(\frac{\partial^2 T_2}{\partial r^2} + \frac{1}{r}\frac{\partial T_2}{\partial r}\right) = \frac{c_{p2}\rho_2}{\lambda_2}\frac{\partial T_2}{\partial t} \quad (r_1 \leqslant r \leqslant r_2) \tag{2.59}$$

以上两个方程的边界条件具体如下:

(1)包壳外表面的换热条件

$$-\lambda_2 \frac{\partial T}{\partial r}\bigg|_{r=r_2} = h_f(T_2 - T_f) + q_R \tag{2.60}$$

（2）铀芯块与包壳的连续性条件

$$-\lambda_2 \frac{\partial T}{\partial r}\Big|_{r=r_{2i}} = h_g(T_1 - T_{2i}) \tag{2.61}$$

$$-\lambda_1 \frac{\partial T}{\partial r}\Big|_{r=r_1} = \frac{r_{2i}}{r_1} h_g(T_1 - T_{2i}) \tag{2.62}$$

（3）轴对称条件

$$\frac{\partial T}{\partial r}\Big|_{r=0} = 0 \tag{2.63}$$

式中，h_f 为包壳表面的对流换热系数；h_g 为铀芯块与包壳之间的气隙等效换热系数；T_f 为冷却剂流体温度；T_1 为铀芯块平均温度；T_2 为包壳外表面温度；T_{2i} 为包壳内表面温度；q_R 为辐射热流量；r_{2i} 为包壳内半径，当燃料元件表面温度很高时需要考虑这一项。

对于板状元件（见图 2.4），仍可做与棒状元件类似的假设，认为导热对板的中界面是对称的，并忽略平板边缘导热。如果 x 坐标原点取在中界面上，则铀芯块的导热微分方程为

$$c_{p1}\rho_1 \frac{\partial T}{\partial t} = \lambda_1 \frac{\partial^2 T}{\partial x^2} + q_V \tag{2.64}$$

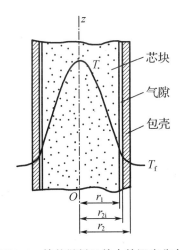

图 2.3　棒状燃料元件内的温度分布

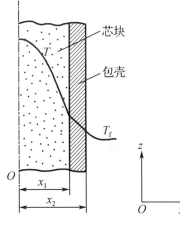

图 2.4　板状燃料元件内的温度分布

若令该方程的 $q_V = 0$，并把物性参数改用包壳的值，便可得到平板形包壳的导热微分方程 $c_{p2}\rho_2 \frac{\partial T}{\partial t} = \lambda_2 \frac{\partial^2 T}{\partial x^2}$。方程的边界条件与棒状元件的相似，只是把板状元件的包壳与燃料芯块压实在一起，不存在气隙，所以气隙处的连续性条件有一些改变。

上述方程都是一维的，对问题进行简化处理后就可以得到近似的解析解。下面讨论一种能够得到近似解析解的情况。

假定有一厚度为 $2\delta_2$ 的板状燃料元件，在均匀释热率 $q_{V,0}$ 下稳定运行，这时其内部温度分布呈抛物线形。在某一时刻反应堆内突然引入了一个正反应性，使堆芯中的中子通量按一定的周期遵循指数规律随时间上升，因而燃料元件中的内热源也按同一规律上升，这种变化可以写成

$$q_V(t) = q_{V,0}\exp\left(\frac{t}{T_0}\right) \tag{2.65}$$

式中,T_0 为周期;t 为时间,从正反应性引入的时刻算起。

为求解这时的温度场随时间的变化,我们假定燃料元件包壳的热阻可以忽略;元件周围冷却剂的温度 T_f 变化很慢,可看作是常数,并引入过余温度

$$\theta(x,t) = T(x,t) - T_f \tag{2.66}$$

式中,$\theta(x,t)$ 表示某时刻某位置处的温度。

则板状燃料元件的导热微分方程(2.64)可写成

$$\frac{\partial \theta}{\partial t} = a\frac{\partial^2 \theta}{\partial x^2} + \frac{q_{V,0}}{c_{p1}\rho_1}\exp\left(\frac{t}{T_0}\right) \tag{2.67}$$

式中,a 为热扩散率,且 $a = \dfrac{\lambda_1}{c_{p1}\rho_1}$。

方程的边界条件是

$$\frac{\partial \theta}{\partial x}\bigg|_{x=0} = 0, \quad \lambda_2\frac{\partial \theta}{\partial x}\bigg|_{x=\delta_2} = -h_f\theta(\delta_2, t)$$

在内热源发生变化以后,燃料元件各点的温度开始以不同的速度发生变化。但到后来,各点的温度会逐渐趋近于一个渐近温度分布,各点温度的变化速率都近似相同,与初始条件无关。这时方程的解具有以下形式:

$$\theta(x,t) = \frac{q_{V,0}}{c_{p1}\rho_1}\varphi(x)\exp\left(\frac{t}{T_0}\right) \tag{2.68}$$

把式(2.68)代入式(2.67),可得到描述板状元件中渐近温度分布函数 $\varphi(x)$ 的微分方程:

$$\varphi'' - \frac{1}{aT_0}\varphi + \frac{1}{a} = 0 \tag{2.69}$$

它的解是

$$\varphi(x) = C_1\cosh\frac{x}{\sqrt{aT_0}} + C_2\sinh\frac{x}{\sqrt{aT_0}} + T_0 \tag{2.70}$$

将式(2.70)代入式(2.68),利用边界条件,可确定待定系数 C_1、C_2 的数值,最后可以得到式(2.68)的解,即

$$\theta(x,t) = \frac{q_{V,0}T}{c_{p1}\rho_1}\exp\left(\frac{t}{T_0}\right)\left(1 - \frac{\cosh\dfrac{x}{\sqrt{aT_0}}}{\cosh\dfrac{\delta_1}{\sqrt{aT_0}} + \dfrac{\lambda_1}{h}\dfrac{1}{\sqrt{aT_0}}\sinh\dfrac{\delta_1}{\sqrt{aT_0}}}\right) \tag{2.71}$$

式中,$q_{V,0}/(c_{p1}\rho_1)$ 反映瞬态过程初始时刻平板内温度升高的速度(℃/s);中括号左边的乘积 $\dfrac{q_{V,0}T_0}{c_{p1}\rho_1}\exp\left(\dfrac{t}{T_0}\right)$ 反映 t 时刻温度升高的总幅度;中括号内的各项描述平板内的温度分布;$x=0$ 表示中界面的位置,此处的温度最高;$x=\delta_2$ 表示表面的位置,此处的温度最低。

将式(2.71)代入式(2.66),即可求得板状燃料元件内部各点温度随时间变化的近似解。应该指出,式(2.71)只是热源按指数规律上升(即正周期)时的解,不适用于指数规律下降时的情况。另外,它只是一个渐近解,在瞬态过程的初期并不适用。

2.2.2 计算温度瞬变过程中的简化解析法

在某些情况下,经过合理简化,瞬态导热微分方程也可以有解析解,得出的结果可以在工程问题的初步估算中使用,因此并不需要更精确的方法。伴有事故停堆的流量丧失事故(LOCA)就属于这种类型,对于 UO_2 燃料棒,最高包壳温度在事故开始后几秒才出现,集总参数法可以给出合理的估计。集总参数法是最早用于研究温度瞬变过程的几种方法之一。在 L S Tong 提出的集总参数法中,芯块和包壳的热阻与热容是按它们对时间和空间的平均状态来计算的。每个量被集中在实际几何形状的中央,并忽略轴向热传导。

我们来考虑这样一种情况:当 $t=0$ 时,包壳外表面处的传热系数有一阶跃变化,并且紧接着降低释热率(反应堆事故停堆)。这种情况相当于燃料元件突然被蒸汽覆盖,对流换热系数急剧减小时的瞬态。

单位长度 UO_2 燃料棒的传热速率方程可以写成

$$q_n' = c_1 \frac{dT_1}{dt} + \frac{T_1 - T_2}{R_1} \tag{2.72}$$

和

$$\frac{T_1 - T_2}{R_1} = c_2 \frac{dT_2}{dt} + \frac{T_2 - T_c}{R_2} \tag{2.73}$$

式中,q_n' 为燃料棒的核释热率;c_1 为铀芯块的热容,$c_1 = \pi r_1^2 c_{p1} \rho_1$;$c_2$ 为包壳的热容,对于薄包壳有 $c_2 = 2\pi r_2 (\Delta r) c_{p2} \rho_2$;$R_1$ 为 UO_2 和间隙的热阻,$R_1 = \frac{1}{8\pi k_1} + \frac{1}{2\pi r_1 h_g}$,其中 k_1 是 UO_2 的热导率,h_g 是气隙等效换热系数;R_2 为冷却剂的换热热阻,$R_2 = \frac{1}{2\pi r_2 h}$;$T_1$ 为平均芯块温度;T_2 为平均包壳温度;T_c 为冷却剂整体温度。

在管道破裂后,系统压力和冷却剂的饱和温度随时间下降。因此,$T_c = T_c(t)$,时间 t 从发生破裂的时刻算起。从方程(2.72)和(2.73)的拉普拉斯变换可以得到

$$T_2(s) = \frac{R_2 q_n'(s) + (c_1 R_1 s + 1) T_c(s) + R_2 c_1 T_1(0) + R_2 c_2 (R_1 c_1 s + 1) T_2(0)}{R_1 R_2 c_1 c_2 s^2 + (R_1 c_1 + R_2 c_2 + R_2 c_1) s + 1} \tag{2.74}$$

$$T_1(s) = \frac{\left(c_2 R_2 s + 1 + \frac{R_2}{R_1}\right) R_1 q_n'(s) + T_c(s) + \left(c_2 R_2 s + 1 + \frac{R_2}{R_1}\right) R_1 c_1 T_1(0) + R_2 c_2 T_2(0)}{R_1 R_2 c_1 c_2 s^2 + (R_1 c_1 + R_2 c_2 + R_2 c_1) s + 1}$$

$$\tag{2.75}$$

只要知道作为时间函数的冷却剂温度和燃料棒功率,就可由方程(2.74)和(2.75)的逆变换算出芯块和包壳的温度历程。

在分析流量丧失瞬变过程时,可以做两点简化:第一,泵断电时,系统压力并未发生显著变化,冷却剂温度 T_c 也大致保持为常数;第二,最高包壳温度通常在泵断电后 10 秒内出现,因此在这个短的时间间隔内,可以假定衰变热为常数。这时边界条件如下:

(1)$t \leqslant 0$

$$q_n' = q_n'(0), R_2 = R_{2,0}$$

（2）$0 < t \leqslant t_1$

$$q'_n = q'_n(0) , R_2 = R_{2,\text{膜态沸腾}}$$

（3）$t \geqslant t_1$

$$q'_n = \beta q'_n(0) , R_2 = R_{2,\text{膜态沸腾}}$$

利用 T_c 为常数这一条件，我们可以由方程（2.73）解出 T_1，并对 t 进行微分得 $\dfrac{\mathrm{d}T_1}{\mathrm{d}t}$。于是，我们把方程（2.72）改写成

$$q'_n = c_1 c_2 R_1 \frac{\mathrm{d}^2\theta}{\mathrm{d}t^2} + \left(c_1 + c_2 + \frac{c_1 R_1}{R_2} \right) \cdot \frac{\mathrm{d}\theta}{\mathrm{d}t} + \frac{\theta}{R_2} \tag{2.76}$$

式中，$\theta = T_2 - T_c$。

进行拉普拉斯变换后，可以得到

$$\frac{1}{s} \left[1 - \beta \exp(t,s) \right] = c_1 c_2 R_1 \left[\bar{\theta} s^2 - \theta(0) s - \frac{\mathrm{d}\theta(0)}{\mathrm{d}t} \right] + \left(c_1 + c_2 + \frac{c_1 R_1}{R_2} \right) \left[\bar{\theta} s + \theta(0) \right] + \frac{\bar{\theta}}{R_2} \tag{2.77}$$

式中，$\bar{\theta}$ 表示 θ 的拉普拉斯变换。

$\theta(0)$ 值由下式给出：

$$\theta(0) = q'_n(0) R_{2,0} \tag{2.78}$$

而 $\dfrac{\mathrm{d}\theta(0)}{\mathrm{d}t}$ 由关系式

$$T_1(0) = q'_n(0)(R_1 + R_{2,0}) \tag{2.79}$$

和方程（2.73）给出。代入这些值后进行反变换，则得到作为时间函数的 θ。

如果 $t = 0$ 时传热系数有一阶跃降低和 $t = t_1$ 时释热率减小到稳态值的 15%，则得到

$$\theta = 1.19 - 0.683\exp(-0.466t) - 0.188\exp(-4.79t) \quad (t < t_1) \tag{2.80}$$

$$\theta = 0.177 - \exp(-0.466t)\left[0.683 - 1.121\exp(-0.466t_1) \right] - \exp(-4.79t_1)\left[0.488 + 0.108\exp(4.79t) \right] \quad (t > t_1) \tag{2.81}$$

2.2.3　瞬变过程中的包壳性能

1. 包壳在假想的冷却剂丧失事故中的性能

许多早期的瞬态分析所关心的是论证燃料中心不会发生熔化，而较新的研究则偏重于包壳的性能。一般公认，仅当包壳继续保持可冷却的几何形状时解析方法才是有效的。在冷却剂丧失事故中，燃料包壳温度可能升高到 1 200 ℃ 左右，燃料包壳将显示出不同于额定运行温度的特性。首先，当包壳的温度超过 600 ℃ 时，包壳内的裂变气体和加压氦气的压力随燃料棒温度的升高而增加。与此同时，堆内冷却剂压力降低。所以，包壳有时会发生隆起和破裂，这种现象将带来下列两种影响：包壳膨胀使壁变薄和破裂后包壳内壁氧化对包壳材料机械性能的影响，以及包壳膨胀和破裂后影响燃料向外传热并使冷却剂流道缩小，甚至阻塞。其次，锆合金在高温下与蒸汽发生反应并生成氧化锆和氢。发生这种反应的速率通常用下面的 Baker-Just 关系式来描述：

$$W^2 = (33.3 \times 10^6 t)\exp(-45\,000/RT) \tag{2.82}$$

式中,W 为被氧化的锆的质量;T 为未被氧化的锆的温度;t 为时间;R 为通用气体常数,8.319 J/(mol·K)。

反应速率可用金属-金属氧化物分界面离开其原来位置的距离 δ 来表示,即

$$\frac{\mathrm{d}\delta}{\mathrm{d}t} = \left(\frac{K}{\delta}\right) \exp(-45\,000/RT) \tag{2.83}$$

式中,K 为抛物线速率定律常数,0.393 7 cm²/s。

由 Grossman 和 Rooney 做的较新实验所给出的反应速率大体上与 Baker 和 Just 的实验结果相符。Grossman 和 Rooney 的反应速率在温度低于 1 100 ℃时略偏低,在温度高于 1 300 ℃时略偏高。

包壳表面形成的氧化锆薄膜起着热阻挡层的作用。同时,由于锆金属的消耗,实际上减小了包壳的壁厚。此外,锆合金有熔化其氧化物的倾向,因此增加了包壳的含氧量,降低了包壳的延展性。

Hobson 和 Rittenhouse 研究过锆合金氧化后的脆化问题。Hobson 和 Rittenhouse 最初认为锆合金的延展性依赖于 F_W,F_W 是在运行温度下仍保持为 β 相的厚度占原壁厚的份额。然而,Hobson 后来断定,延展性不仅取决于 F_W,也取决于 β 相中氧的含量和分布。在较高的氧化温度下,被溶解的氧增加了,因而氧的含量和分布可看作氧化温度的函数。由于这些事实,美国水冷堆堆芯应急冷却系统的验收准则要求包壳总氧化量最大不超过原来包壳材料的 17%,瞬变过程中的最高包壳温度不超过 2 200 ℉(1 204 ℃)。因此,对假想的冷却剂丧失事故进行分析时必须论证这些限值没有被超过。

温度超过 900 ℃时,在锆合金与用作弹簧格架或定位格架材料的不锈钢或镍基合金之间会发生冶金交互作用。对于几种可能用到的合金系,共晶温度是 Zr-Fe,934 ℃;Zr-Ni,961 ℃;Zr-Cr,1 300 ℃。显然,杂质和氧化物层在某种程度上会抑制这种合金化。Pickman 曾提到联合国原子能管理局的实验结果:在温度超过 1 200 ℃时,锆-2 合金会与不锈钢定位环钎接在一起。美国水冷堆堆芯应急冷却系统验收准则规定的 2 200 ℉(1 204 ℃)温度上限有效地限制了可能发生的合金化。

2. 功率冲击过程中的性能

在反应堆运行过程中,如果急剧增大燃料功率,将会引起包壳出现裂纹和破损。当燃料与包壳之间的间隙为零时,在功率增大时 UO_2 的热膨胀会对包壳施加一个拉伸应力。拉伸应力的大小取决于功率水平的变化。如果拉伸应力过大,化学上引起的腐蚀可导致包壳迅速出现裂纹和破损。

在 CANDU 型反应堆中,带功率换料会使正在移动的燃料元件发生急剧的功率变化,功率跃升所造成的燃料破损是个重要问题。对 CANDU 型反应堆燃料元件所做的研究表明,在给定的燃耗水平下,包壳应力存在一个极限值,超过它,燃料很可能破损,破损开始时的应力极限值随燃耗加深而减小。已经发现,在锆合金包壳的内壁上采用胶体石墨弥散体可以减小包壳对功率跃升破损的敏感性。因为采用石墨后包壳允许在增大应力的条件下工作,而不会发生破损,所以在 CANDU 型反应堆中采用这种方法显著地减少了燃料棒的破损。

2.3 瞬态过程中反应堆功率计算

2.3.1 停堆后功率

反应堆停堆以后,其功率并不是立刻降到零,而是在开始时以很快的速度下降,在达到一定数值后,就以较慢的速度下降。反应堆在停堆以后继续释放的功率虽然只有稳态功率的百分之几,但是其绝对值却仍然是一个不小的数字。例如一个 3 500 MW 热功率的压水堆,其 1%的热功率仍然有 35 MW。反应堆停堆以后释出的功率的大小与事故工况下反应堆的安全关系极大,因为很多反应堆事故都伴随着堆芯冷却剂流量的下降或燃料元件表面换热工况的恶化,这些都会使堆芯的传热能力降低。如果事故停堆后传热能力下降的速度比反应堆功率下降的速度快,则一部分热能就会在燃料元件中积累起来,堆芯的温度就要升高。如果这些热量不及时地输出堆芯,就会把燃料元件烧毁。为此,在失去主泵动力的情况下,动力反应堆一般都有多重的冷却措施,以保证堆芯的安全。这些措施具体如下:

(1)利用堆芯余热排出系统或堆芯应急冷却系统;

(2)增加主循环泵的转动惯量,例如在电机轴上加飞轮;

(3)利用自然循环冷却堆芯,现在压水堆设计都在努力提高反应堆的自然循环能力,以便在失去主循环泵动力时排出堆内热量。

停堆后的功率由两部分组成:一部分是剩余裂变产生的功率(包括裂变碎片的动能、裂变时的瞬发 β 和 γ 射线的能量);另一部分是裂变碎片和中子俘获产物衰变时放出的 β、γ 射线所产生的功率。

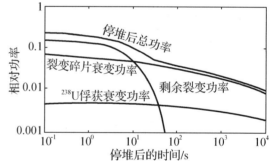

图 2.5 压水堆停堆后功率的衰减过程

(停堆前经无限长运行时间)

图 2.5 给出了压水堆停堆后功率衰减的大致过程。由于在停堆以后这两部分功率的衰减规律不同,因此要分别进行计算。停堆后的功率 $N(t)$ 与停堆前的功率 $N(0)$ 的相对变化可以表示为

$$\frac{N(t)}{N(0)} = \left[1 - \frac{N_s(0)}{N(0)}\right]\frac{n(t)}{n(0)} + \frac{N_s(t)}{N(0)} \qquad (2.84)$$

式中,$N_s(0)$、$N_s(t)$ 分别表示停堆前的衰变功率和停堆后 t 时刻的衰变功率,t 是从停堆时刻算起的时间,s;$n(0)$、$n(t)$ 分别表示停堆前的中子密度和停堆后 t 时刻的中子密度,中子/cm³。

可以看出,式(2.84)等号右边的第一项是剩余裂变功率的贡献,第二项是衰变功率的衰减。

2.3.2　剩余裂变功率的衰减

裂变时瞬间放出的功率大小与堆芯内的中子密度成正比。中子密度可由中子动力学方程解出。对于单群点堆模型,中子动力学方程为

$$\begin{cases} \dfrac{\mathrm{d}n(t)}{\mathrm{d}t} = \dfrac{k_{\mathrm{eff}}\pi(1-\beta)-1}{l_{\mathrm{p}}}n(t) + \displaystyle\sum_{i=1}^{6}\lambda_i C_i(t) \\[3mm] \dfrac{\mathrm{d}C_i(t)}{\mathrm{d}t} = \dfrac{k_{\mathrm{eff}}\beta_i}{l_{\mathrm{p}}}n(t) - \lambda_i C_i(t) \end{cases} \tag{2.85}$$

式中,$n(t)$为t时刻的中子密度;β、β_i分别表示缓发中子的总份额和第i组缓发中子的份额,$\beta = \sum\limits_i \beta_i$;$l_{\mathrm{p}}$为瞬发中子平均寿命;$\lambda_i$为第$i$组缓发中子先驱核衰变常数,$\mathrm{s}^{-1}$;$C_i(t)$为$t$时刻的缓发中子先驱核浓度,中子/$\mathrm{cm}^3$;$k_{\mathrm{eff}}$为$t$时刻的有效倍增系数。

假定停堆时的有效倍增系数先经一阶跃降低后保持常数,则方程组(2.85)是一个常系数一阶线性微分方程组,它的解是七个指数项的和,即

$$n(t) = n(0)(A_0 \mathrm{e}^{\omega_0 t} + A_1 \mathrm{e}^{\omega_1 t} + \cdots + A_6 \mathrm{e}^{\omega_6 t})$$

式中,$A_0, A_1, \cdots, A_6$是待定常数,可由方程的初始条件求出;$\omega_0, \omega_1, \cdots, \omega_6$由下列代数方程解出:

$$\rho = \frac{l_{\mathrm{p}}\omega}{1+l_{\mathrm{p}}\omega} + \frac{1}{1+l_{\mathrm{p}}\omega}\sum_{i=1}^{6}\frac{\omega\beta_i}{\lambda_i+\omega} \tag{2.86}$$

式中,ρ为有效倍增系数k_{eff}阶跃变化时引入的反应性。

在反应堆发生事故之后,引入的反应性一般很大。可以证明,当$\beta/|\rho| \ll 1$时,利用式(2.86)可以得到如下的近似解:

$$\frac{n(t)}{n(0)} = A_0 \exp\left(-\frac{t}{l_{\mathrm{p}}}\right) + A_1 \exp(-\lambda_1 t) + \cdots + A_6 \exp(-\lambda_6 t) \tag{2.87}$$

式中,等号右边第一项是瞬发中子的贡献,它的衰减周期近似为l_{p}。l_{p}的数值很小,压水堆的l_{p}为10^{-4} s量级,所以瞬发中子衰减得非常快。式中其余各项是六组缓发中子的贡献,它们的衰减周期近似为相应各组衰变常数λ_i的倒数。衰减最慢的一组缓发中子的衰变常数为$0.021\ 4\ \mathrm{s}^{-1}$,衰减周期近似为80.7 s。

对于以恒定功率运行了很长时间的轻水反应堆,如果引入的负反应性绝对值大于4%,则在剩余裂变功率起重要作用的期间内,也可以用下式来估算它的相对中子密度随时间的变化:

$$\frac{n(t)}{n(0)} = 0.15\exp(-0.1t) \tag{2.88}$$

对于重水堆

$$\frac{n(t)}{n(0)} = 0.15\exp(-0.06t) \tag{2.89}$$

以上两个关系式只适用于用^{235}U作燃料的反应堆。因为^{239}Pu的缓发中子份额只有0.21%,故由钚的缓发中子引起的裂变功率大约只有^{235}U的三分之一。

2.3.3　衰变功率的衰减

计算衰变功率的方法有很多种,下面介绍比较常用的一种。由于裂变产物的衰变和中子俘获产物的衰变规律不同,因此这里分开考虑它们对衰变功率的贡献。

1. 裂变产物的衰变功率

在反应堆稳定运行了无限长时间的情况下,停堆后裂变产物衰变能的大小可以很方便地从图 2.6 中查出。图 2.6 中的曲线是综合很多人的实验结果得出的。图中纵坐标 $M(\infty,t)$ 是反应堆在稳定运行无限长时间以后每次裂变产生的裂变产物平均释放的衰变能量(MeV)随停堆时间 t 的变化。由于在反应堆运行时每次裂变所产生的总能量大约是 200 MeV,因而裂变产物的衰变功率 $N_{s1}(\infty,t)$ 与运行功率 $N(0)$ 的比值可由下式求出:

$$\frac{N_{s1}(\infty,t)}{N(0)} = \frac{M(\infty,t)}{200} \tag{2.90}$$

因此

$$N_{s1}(\infty,t) = N(0)\frac{M(\infty,t)}{200} = 3 \times 10^{10} \cdot N(0) \cdot M(\infty,t) \tag{2.91}$$

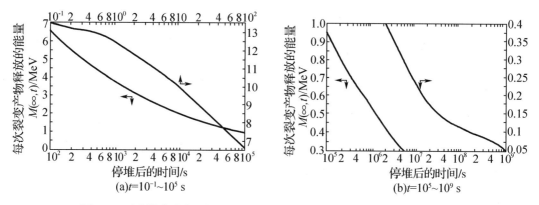

图 2.6　反应堆在稳定运行无限长时间后,裂变产物释放出来的可吸收能量

如果反应堆在功率 $N(0)$ 下只运行了有限长时间 t_0,则停堆后 t 时刻每次裂变所产生的衰变功率可由下式求出:

$$M(t_0,t) = M(\infty,t) - M[\infty,(t+t_0)]$$

因此

$$N_{s1}(t_0,t) = \frac{N(0)}{200}\{M(\infty,t) - M[\infty,(t+t_0)]\} \tag{2.92}$$

图 2.6 中的曲线也可以表示成下列解析表达式:

$$M(\infty,t) = At^{-a} \tag{2.93}$$

表 2.1 给出了各种停堆时间间隔的 A 和 a 值,并给出了在对应时间间隔内及由解析表达式(2.93)算出的数值与曲线数值的最大偏差。由式(2.92)可以得出

$$N_{s1}(t_0, t) = \frac{N(0)}{200} \{ A_1 t^{-a_1} - A_2 (t + t_0)^{-a_2} \} \tag{2.94}$$

式中,A_1、a_1 和 A_2、a_2 分别为对应于时间 t 和 $(t+t_0)$ 的 A、a 值。

表 2.1　式 (2.93) 中的常数 A 和 a 的值

时间间隔/s	A	a	最大正偏差	最大负偏差
$10^{-1} \leqslant t \leqslant 10^1$	12. 05	0. 063 9	在 10^0 s　4%	在 10^1 s　3%
$10^1 \leqslant t \leqslant 1.5 \times 10^2$	15. 31	0. 180 7	在 1.5×10^2 s　3%	在 3×10^1 s　1%
$1.5 \times 10^2 \leqslant t \leqslant 4 \times 10^6$	26. 02	0. 283 4	在 1.5×10^2 s　5%	在 3×10^3 s　5%
$4 \times 10^6 \leqslant t \leqslant 2 \times 10^8$	53. 18	0. 335 0	在 4×10^7 s　8%	在 2×10^8 s　9%

2. 中子俘获产物的衰变功率

在用天然铀或低浓缩铀作燃料的反应堆中,对中子俘获产物衰变功率贡献最大的是 ^{238}U 吸收中子后产生的 $^{239}U(T_{1/2} = 23.5 \text{ min})$ 和由它衰变成的 $^{239}Np(T_{1/2} = 2.35 \text{ d})$ 的 β、γ 辐射。除此之外,其他产物的衰变功率都很小。因而俘获产物的衰变功率 N_{s2} 可以表示为

$$N_{s2} = N'_{s2} + N''_{s2} \tag{2.95}$$

式中,N'_{s2} 为 ^{239}U 的衰变功率,它遵循下列衰变规律:

$$\frac{N'_{s2}(t_0, t)}{N(0)} = 2.28 \times 10^{-3} C(1 + \alpha) [1 - \exp(-4.91 \times 10^{-4} t_0)] \cdot \exp(-4.91 \times 10^{-4} t) \tag{2.96}$$

式中,N''_{s2} 为 ^{239}Np 的衰变功率,它的衰变规律为

$$\frac{N''_{s2}(t_0, t)}{N(0)} = 2.17 \times 10^{-3} C(1 + \alpha) \{ 7.0 \times 10^{-3} [1 - \exp(-4.91 \times 10^{-4} t_0)] \cdot$$
$$[\exp(-3.41 \times 10^{-6} t) - \exp(-4.91 \times 10^{-4} t_0)] +$$
$$[1 - \exp(-3.41 \times 10^{-6} t_0)] \cdot \exp(-3.41 \times 10^{-6} t) \} \tag{2.97}$$

式中,C 为转换比;α 为 ^{235}U 的辐射俘获和裂变数之比。对于低浓缩铀作燃料的压水堆,可取 $C = 0.6$,$\alpha = 0.2$。如果 $t_0 \to \infty$,即在停堆前反应堆运行了很长时间,则由式 (2.96) 和式 (2.97) 可得上述两种物质的总衰变功率为

$$\frac{N_{s2}}{N(0)} = 2.28 \times 10^{-3} C(1 + \alpha) \cdot \exp(-4.91 \times 10^{-4} t) +$$
$$2.19 \times 10^{-3} C(1 + \alpha) 2.19 \cdot \exp(-3.41 \times 10^{-6} t) \tag{2.98}$$

由于忽略了其他俘获产物的衰变功率,所以在利用上式计算裂变功率时,一般还要把它的计算结果再乘以安全系数 1.1。

复习思考题

2-1 什么是核反应堆瞬态,为什么要对此进行研究?

2-2 什么是分相流模型和均相流模型,它们的区别是什么?

2-3 在什么情况下,两相流动的动量方程和能量方程的对应项含义相同?

2-4 失去主泵动力的情况下,通常采用哪些措施防止堆芯烧毁?

2-5 反应堆停堆后的功率由哪两部分组成?

第3章 自然循环流动

3.1 概　　述

　　自然循环是指在闭合系统中仅仅依靠冷热流体间的密度差形成的浮升力驱动流体循环流动的一种能量传输方式。在现役压水堆和轻水反应堆中,大多数蒸汽发生器的二回路侧流体都是以自然循环的方式工作,将蒸汽导入汽轮机系统做功。另外,当自然循环建立时,它不需要任何机械设备去维持流动,因此自然循环原理的引入对于核反应堆系统的设计和安全运行是非常有利的。以水冷反应堆为例,在主冷却剂系统内,反应堆压力容器相对于蒸汽发生器处于较低的位置。当主冷却剂泵出现故障不可用时,在蒸汽发生器与堆芯之间会由于温度差及高度差形成自然循环流动,从而带出堆芯余热;而且自然循环流动方式简单,可以在保障反应堆安全的基础上,将繁杂的能动设备系统简化,降低建设和运行成本。因此,从这几方面出发,下一代新型反应堆设计的一个重要关注点就是如何利用自然循环方式将安全系统简化,并通过设计新型非能动安全系统来保障核反应堆的正常运行以及事故条件下热量的导出。

3.2　自然循环驱动压头

3.2.1　压水堆内的自然循环

　　在压水堆冷却剂系统内,反应堆是一个热源,一般都放在比较低的位置;蒸汽发生器相当于主冷却剂系统的散热器,它一般都放在比较高的位置。从反应堆流出的冷却剂温度较高,密度较小;而从蒸汽发生器流出的冷却剂温度较低,密度较大。这样,在蒸汽发生器与反应堆之间的高度差和冷、热段密度差的作用下,冷却剂就会产生自然循环。为了说明这一问题,可把反应堆看成一个加热点源,把蒸汽发生器看成一个冷却点源,如图 3.1 所示。

　　设上升段的冷却剂平均密度为 $\bar{\rho}_{up}$,下降段的平均密度为 $\bar{\rho}_{down}$,z 为冷却点源与加热点源之间的高度差。因此,自然循环的驱动压头为

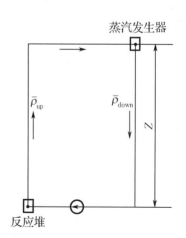

**图 3.1　主冷却剂系统
自然循环简化示意图**

$$\Delta p_{d} = (\bar{\rho}_{down} - \bar{\rho}_{up}) gz \tag{3.1}$$

这个驱动压头是由冷、热两段重位压降不同造成的。自然循环时,在稳定流动的条件下,这个压头等于回路的摩擦阻力损失、局部阻力损失和加速度压力损失之和,即

$$\Delta p_d = \sum_i \Delta p_{f,i} + \sum_i \Delta p_{c,i} + \sum_i \Delta p_{a,i} = \Delta p_d \tag{3.2}$$

稳定流动时,驱动压头等于上升段和下降段的阻力损失之和,即

$$\Delta p_d = \Delta p_{up} + \Delta p_{down} \tag{3.3}$$

上升段压降 $\Delta p_{up} = \Delta p_{up,f} + \Delta p_{up,c} + \Delta p_{up,a}$,其中下标 f 表示摩擦压降,c 表示局部压降,a 表示加速度压降。

从式(3.1)可以看出,在一个闭合回路中,自然循环驱动压头的大小主要与两个因素有关:一个是冷、热段的密度差;另一个是冷源中心和热源中心之间的高度差。

在分析自然循环流动时,一般把克服上升段阻力以后的剩余压头称为有效压头,则有效压头为

$$\Delta p_e = \Delta p_d - \Delta p_{up} \tag{3.4}$$

下降段压降 $\Delta p_{down} = \Delta p_{down,f} + \Delta p_{down,c} + \Delta p_{down,a}$,由式(3.3)和式(3.4)可得

$$\Delta p_e = \Delta p_{down} \tag{3.5}$$

即有效压头等于下降段的压降。

3.2.2 沸水堆内的自然循环

图 3.2 是一个沸水堆的冷却剂堆内流程图,由于堆芯内加热使水沸腾产生两相流,两相流通过顶部的汽水分离器使汽水分离,蒸汽从顶端出气口引出,分离出的水与给水汇合再流回堆芯。

在这个系统中,给水从活性区的上部加入,与堆芯上部分离器分离出的水在给水入口汇合后经下降段流入堆芯。在这种情况下,由于下降段内的流体平均密度 $\bar{\rho}_{down}$ 比堆芯内流体的平均密度 $\bar{\rho}_{up}$ 大,在这个密度

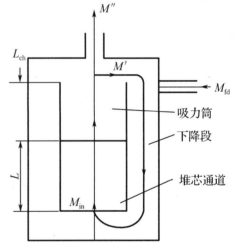

图 3.2 沸水堆的冷却剂堆内流程图

差的作用下,产生了驱动压头 Δp_d。Δp_d 可由下式求出:

$$\Delta p_d = [\bar{\rho}_{down}(L + L_{ch}) - \bar{\rho}_{up}(L + L_{ch})]g \tag{3.6}$$

式中,L 为堆芯高度;L_{ch} 为堆芯上方吸力筒的高度。

下降段的密度是给水与分离出的饱和水混合后的密度。

由图 3.2,根据热平衡的关系有

$$M_{in}H_{in} = M'H' + M_{fd}H_{fd} \tag{3.7}$$

式中,M_{in} 为堆芯入口质量流量;H_{in} 为堆芯入口流体的焓;M_{fd} 为给水质量流量;H_{fd} 为给水的焓;M' 为从分离器分离出饱和水的质量流量;H' 为饱和水的焓。

由质量平衡的关系有

$$M'' = M_{fd} \tag{3.8}$$

$$M'' + M' = M_{in} \tag{3.9}$$

$$x_{\text{out}} = \frac{M''}{M'' + M'} = \frac{M_{\text{fd}}}{M_{\text{fd}} + M'} = \frac{M_{\text{fd}}}{M_{\text{in}}} \tag{3.10}$$

式中,x_{out} 为堆芯出口处质量含汽率。

H_{in} 为 $(M' + M_{\text{fd}})$ 的平均焓,即

$$H_{\text{in}} = \frac{M'}{M_{\text{in}}}H' + \frac{M_{\text{fd}}}{M_{\text{in}}}H_{\text{fd}} = (1 - x_{\text{out}})H' + x_{\text{out}}H_{\text{fd}} \tag{3.11}$$

由 H_{in} 查出相应的温度,从而可得到下降段的平均密度 $\bar{\rho}_{\text{down}}$。

在沸水堆内,为了增加其自然循环能力,在活性区上方有一段空的筒体,称为吸力筒。吸力筒内的流体密度最低,筒内没有燃料棒,流动阻力较小,因此吸力筒增大了循环的驱动压头。在活性区及吸力筒内流体的平均密度为

$$\bar{\rho}_{\text{up}} = \frac{\bar{\rho}_0 L_0 + \bar{\rho}_B L_B + \bar{\rho}_{\text{ch}} L_{\text{ch}}}{L_0 + L_B + L_{\text{ch}}} \tag{3.12}$$

式中,下标 0 表示未沸腾段的参数;下标 B 表示沸腾段的参数;下标 ch 表示吸力筒的参数。上式中的三个密度可由下列关系式分别求出。

$\bar{\rho}_0$ 是未沸腾段流体的平均密度,即

$$\bar{\rho}_0 = \frac{1}{L_0}\int_0^{L_0} \rho(z)\,\mathrm{d}z \tag{3.13}$$

由于未沸腾段的欠热度不大,并且水的密度变化较小,因此可简单地由下式计算未沸腾段的平均密度:

$$\bar{\rho}_0 = \frac{1}{2}(\rho_{\text{in}} + \rho') \tag{3.14}$$

式中,ρ_{in} 为堆芯入口流体密度;ρ' 为饱和水的密度。

$\bar{\rho}_{\text{ch}}$ 是吸力筒内两相流体的平均密度,在吸力筒内没有热量加入,其中的热力学含汽率与活性区出口的热力学含汽率相等,则有

$$\bar{\rho}_{\text{ch}} = \rho_{\text{out}} \tag{3.15}$$

其中,ρ_{out} 是活性区的出口流体密度,可根据活性区出口的空泡份额通过计算得出。在吸力筒内两相流体的密度低,因此它可以大大提高沸水堆的自然循环能力。

$\bar{\rho}_B$ 是沸腾段的平均密度,有

$$\bar{\rho}_B = \frac{1}{L_B}\int_{L_0}^{L} \rho_B(z)\,\mathrm{d}z \tag{3.16}$$

式中,$\rho_B(z)$ 与 z 的关系主要与空泡份额沿流动方向(z 方向)的变化有关,根据两相流密度的定义有

$$\rho_B(z) = (1 - a_z)\rho' + a_z\rho'' \tag{3.17}$$

因此有

$$\bar{\rho}_B = \frac{1}{L_B}\int_{L_0}^{L} [\rho' - a_z(\rho' - \rho'')]\,\mathrm{d}z \tag{3.18}$$

式中,a_z 与加热方式有关。根据加热方式,先建立通道长度与质量含汽率 x 的关系,然后由 a_z 与 x 的关系便可找出 a_z 与通道长度的变化关系函数。

3.2.3 自然循环流量的确定

反应堆内自然循环的计算,关键的任务是要确定自然循环的流量,给出在回路特性一

定的条件下,自然循环能带出的热量。通常把依靠自然循环流量所传输的功率占堆的额定功率的百分比称为自然循环能力。自然循环能力是评价一个反应堆安全性的重要指标,对于舰船核动力,较大的自然循环能力可保证在主泵停转的情况下具有一定的航行能力。

自然循环水流量的确定是一个比较复杂的问题,一般有两种方法,即差分法和图解法。差分法所用的方程为

$$\sum_{i=1}^{n} g\bar{\rho}_i \Delta z - \sum_{i=n+1}^{2n} g\bar{\rho}_i \Delta z = \sum_{i=1}^{2n} \frac{C_{\mathrm{fi}}\bar{\rho}_i w_i^2}{2} \tag{3.19}$$

式中,C_{fi} 为第 i 段的阻力系数;w_i 为第 i 段的平均流速;$\bar{\rho}_i$ 为第 i 段的平均密度,可由差分方程求解。用以上方法计算自然循环的流量需用迭代方法。可以先假定一个流量,根据释热量计算相应各段的密度,由式(3.19)算出流量后,与所设流量比较,如果与所设不符,则重新设定流量。选取一系列流量,经过若干次这样的计算,直至假设的流量与算出的流量相等,或两者的差小于某一规定值时为止。

自然循环流量的另外一种确定方法是采用图解法。由于闭合系统的有效压头和下降段的压头都是系统流量的函数,因此当上升段内的释热量及其分布以及系统的结构尺寸确定后,由式(3.19)通过改变系统水流量的方法可以得到不同流量下的有效压头 Δp_{e}。这样就可以在坐标系上画出有效压头随流量变化的曲线,如图 3.3 所示。

用同样的办法,在同一坐标系下还可以画出下降段的压差 Δp_{down} 与流量的关系。由于上升段和下降段的压力损失都随着流量的增大而增大,因此有效压头随着流量的增大而下降。

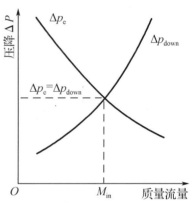

图 3.3　自然循环水流量图解法

下降段的压降随流量增大而增大,当 $\Delta p_{\mathrm{e}} = \Delta p_{\mathrm{down}}$ 时表明有效压头全部用于克服下降段的压力损失,这时 M_{in} 就是自然循环的工作点。

3.2.4　蒸汽发生器的自然循环

核电站广泛使用的蒸汽发生器主要有立式 U 形管自然循环蒸汽发生器和卧式自然循环蒸汽发生器,其中以立式 U 形管自然循环蒸汽发生器的应用最为广泛。

蒸汽发生器自然循环计算的基本任务,就是通过求解水循环基本方程式来求取循环倍率、循环水流量,并校核循环倍率是否在合理范围之内。

本节主要介绍立式 U 形管自然循环蒸汽发生器的水循环计算的内容和方法。

1. 水循环回路

立式 U 形管自然循环式蒸汽发生器自然循环回路如图 3.4 所示。循环回路由下降通道、上升通道和连接它们的套筒缺口及汽水分离器等组成。下降通道是套筒和蒸汽发生器筒体之间的环形通道,上升通道由套筒内侧和传热管束之间的通道组成。

在循环回路中,下降通道内流动的是单相水,而上升通道内流动的是汽水混合物。显然,在同一系统压力下,单相水的密度大于汽水混合物的密度,两者之差在回路中建立起驱动压头,在此压头驱动下,水沿下降通道向下流动,而汽水混合物则沿上升通道向上流动,于是建立起自然循环。

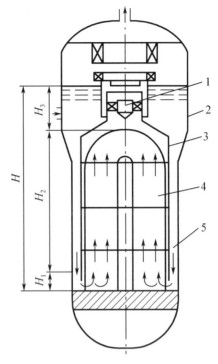

1—汽水分离器;2—筒体;3—套筒;
4—上升通道;5—下降通道。

图 3.4 立式 U 形管自然循环蒸汽发生器自然循环回路图

2. 水循环计算

（1）基本方程式

前已述及,不管是单相流还是两相流,对于任意结构的流道,两个给定截面之间的压降均可用下式表示:

$$\Delta p = \Delta p_f + \Delta p_{el} + \Delta p_a + \Delta p_c \qquad (3.20)$$

在稳定循环流动情况下, $\sum\limits_i \Delta p_i = 0$,上式变为

$$-\sum_i \Delta p_{el,f} = \sum_i \Delta p_{f,i} + \sum_i \Delta p_{a,i} + \sum_i \Delta p_{c,i}$$

以 Δp_d 来表示驱动压头,则水循环稳定的基本条件是驱动压头等于总流动阻力,即

$$\Delta p_d = -\sum_i \Delta p_{el,f} = \sum_i \Delta p_{f,i} + \sum_i \Delta p_{a,i} + \sum_i \Delta p_{c,i} \qquad (3.21)$$

若回路是封闭的(指与外界没有质量及动量的交换),则进一步有 $\sum\limits_i \Delta p_{a,i} = 0$;若回路是开放的,比如开式低压自然循环回路,当上升段内出现闪蒸现象时,则需要考虑上升段内加速压降 $\sum\limits_i \Delta p_{a,i}$ 。

式(3.21)中等式右边各项分别为回路的摩擦压降、加速压降和局部压降。若以 Δp_{dc} 和 Δp_{up} 分别表示下降通道和上升通道的流动阻力,则有

$$\Delta p_d = \Delta p_{up} + \Delta p_{down}$$

式(3.21)表明,在自然循环中,由循环回路的下降和上升系统中工质密度差所产生的驱动压头克服回路的总流动阻力。通常把克服上升通道流动阻力后剩余的驱动压头称为有效驱动压头,用 Δp_e 表示, $\Delta p_e = \Delta p_d - \Delta p_{up}$,从而有

$$\Delta p_e = \Delta p_{down} \qquad (3.22)$$

式(3.22)称为水循环基本方程。

为求解水循环基本方程,必须确定特定回路的驱动压头和流动阻力。

（2）驱动压头

确定驱动压头即计算各区段的重位压降。在加热流道特别是受热两相系统中,汽水混合物的密度是连续变化的。一般的计算方法是将计算区分成若干小段,在每一小段中认为密度为常数,进而求取各段的重位压降。在近似计算中,只要求计算各区段的平均密度。

在循环倍率假定初值后,可建立下降通道的热平衡方程:

$$h_{fd} + (c - 1)h' = c \cdot h_{down}$$

式中,h_{fd}、h'、h_{down} 分别为给水、饱和水及下降通道混合物流体的比焓,c 为假定的循环倍率,然后由 h_{down} 及压力 p 求出下降通道流体的密度 $\bar{\rho}_{down}$。

在预热区内流体平均密度 $\bar{\rho}_1$ 近似取下述算术平均值:

$$\bar{\rho}_1 = (\rho_{down} + \rho')/2$$

沸腾区出口处汽水混合物的密度 ρ_{out} 为

$$\rho_{out} = \frac{\rho'}{1 + \frac{1}{c}\left(\frac{\rho' - \rho''}{\rho''}\right)} \tag{3.23}$$

式中,ρ'、ρ'' 分别为饱和水与饱和蒸汽的密度,kg/m^3。

沸腾区内混合物密度随高度而改变。在近似计算中,可以假设密度与高度呈线性关系,由此计算沸腾区的混合物平均密度 $\bar{\rho}_2$。曾经有文献建议以 $\bar{\rho}_1$ 及 ρ_{out} 的对数平均值作为混合物平均密度,即

$$\bar{\rho}_2 = \frac{\ln\left(\dfrac{\bar{\rho}_1}{\rho_{out}}\right)}{\dfrac{1}{\rho_{out}} - \dfrac{1}{\bar{\rho}_1}}$$

驱动压头 Δp_d 可按下式计算:

$$\Delta p_d = \bar{\rho}_{down}gH - (\bar{\rho}_1 gH_1 + \bar{\rho}_2 gH_2 + \rho_{out}gH_3) \tag{3.24}$$

(3)流动压降

自然循环中流动总压降由三部分组成:下降通道压降、上升通道压降及分离器压降。根据产生压降性质的不同又可分为摩擦压降、加速压降和局部压降。

下降通道内为单相摩擦压降。在上升通道中,预热区内为单相摩擦压降,在近似计算中,预热段内水的密度按前面的公式取值,沸腾区内为两相流动,摩擦压降要按两相倍增因子修正。

①加速压降

下降通道内单相水的密度变化很小,因而下降通道内的加速压降可忽略不计。

上升通道流体进口的密度为 $\bar{\rho}_{down}$,出口为汽水混合物,在循环倍率 c 取初值后,可以确定出口处的含汽率($x_{out} = 1/c$)以及空泡份额 α_{out},进而按式(3.25)计算加速压降:

$$\Delta p_a = G^2\left[\frac{(1 - x_{out})^2}{\rho'(1 - \alpha_{out})} + \frac{x_{out}^2}{\rho''\alpha_{out}} - \frac{1}{\bar{\rho}_{down}}\right] \tag{3.25}$$

式中,G 为上升通道汽水混合物的总质量流速,$kg/(m^2 \cdot s)$。

②局部压降

自然循环回路中的局部压降包括套筒缺口处单相流横向冲刷传热管并折流而上的压降、流量分配挡板压降(如果有的话)、支撑板的压降,以及汽水分离器的压降等,其中流量分配挡板及分离器压降通常用运动压头乘以局部阻力系数 ζ 的方法进行计算,即

$$\Delta p_c = \zeta\frac{\rho w^2}{2} = \zeta\frac{G^2}{2\rho}$$

对于流量分配挡板,可取该处流体密度 $\rho = \bar{\rho}_{down}$,对于汽水分离器中,汽水混合物密度按 ρ_{out} 取值;局部阻力系数由相应的流量分配挡板及分离器的实验给出。

水循环稳定的条件是驱动压头等于流动总压降。从以上的叙述可以看到,驱动压头及各项压降均为流量的函数,为此要先假设流量,或在蒸汽产量给定的条件下假设循环倍率。一般说来,这样求得的驱动压头和流动总压降并不相同,为此必须重新假设,因而这是一个反复试算的迭代过程,直到在一定精度下驱动压头等于流动总压降,对应的循环倍率即为所求的值。

应该指出,由于管束热端蒸汽产量高,而另一些局部则出现滞流区,因而可以预计在管束横截面上气相流动一般是不均匀的,然而以集总参数法为基础的上述计算结果却掩盖了这一事实。此外,由于流体密度变化的不均匀性,用平均密度来综合这些现象,其结果也只能是近似的,精确的计算必须深入到沿传热管高度的各个不同的截面及径向不同的位置,至少应该将传热管分段,然后计算各段的传热和流动特性。显然,只有借助计算程序,才能得到足够准确的结果。

图 3.5 中给出了自然循环计算程序框图。图中 Δp_f 为摩擦压降,CR 为负荷百分数,M 为系统计算分段数。用本程序可以算出额定工况及部分负荷时的循环倍率及压降分布。

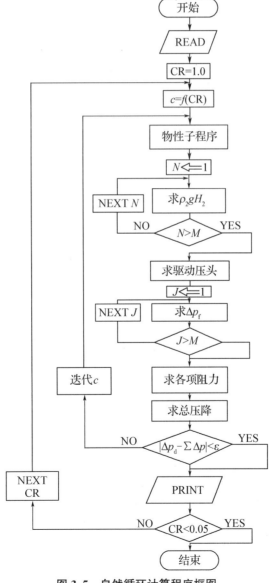

图 3.5 自然循环计算程序框图

3.3　强迫循环向自然循环的过渡

当主冷却剂泵断电时,主冷却剂系统从强迫循环向自然循环过渡。冷却剂流量随时间发生变化。这一变化可以通过求解动量守恒方程获得。假定整个环路按流动特性可以分成 m 段,注意阻力项中应包含局部阻力,还应考虑环路中主冷却剂泵提供的压头。对于一维的流动,动量守恒方程沿整个环路的积分可以写成

$$\sum_{i=1}^{m} \left(\frac{z}{A}\right)_i \frac{dM}{dt} + \sum_{i=1}^{m} \left(\frac{C_f}{2A^2\rho}\right)_i M^2 = \rho g H_p - \sum_{i=1}^{m} \int_{L_i} \rho g dz \tag{3.26}$$

式中,C_f 为第 i 段流道的总阻力系数;H_p 为主冷却剂泵扬程,m;L_i 为第 i 段流道的长度,m。

在主冷却剂泵断电后,有两种力可以继续推动水流动:一种是泵转子惰转所给出的水泵扬程;一种是由冷却剂在回路上升段和下降段的密度差形成的重位压头。在断电的初期,水泵转子惯性转动的能量相当大,冷却剂重位压头的作用可以忽略不计。待惯性转动能量消耗殆尽之后,重位压头的作用开始显示出来,它成为自然循环的驱动压头。

若忽略重位压头的影响,式(3.26)可写成

$$\sum_{i=1}^{m} \left(\frac{z}{A}\right)_i \frac{dM}{dt} + \sum_{i=1}^{m} \left(\frac{C_f}{2A^2\rho}\right)_i M^2 = \rho g H_p \tag{3.27}$$

在稳态运行时,$\frac{dM}{dt}=0$,因此有

$$\sum_{i=1}^{m} \left(\frac{C_f}{2A^2\rho}\right)_i M_0^2 = \rho g H_{p,0} \tag{3.28}$$

式中,M_0 和 $H_{p,0}$ 分别为稳态运行时的流量和扬程。由上式可得

$$\sum_{i=1}^{m} \left(\frac{C_f}{2A^2\rho}\right)_i = \rho g \frac{H_{p,0}}{M_0^2} \tag{3.29}$$

将式(3.29)代入式(3.27),可得

$$\sum_{i=1}^{m} \left(\frac{z}{A}\right)_i \frac{dM}{dt} + \rho g H_{p,0} \left(\frac{M}{M_0}\right)^2 = \rho g H_p \tag{3.30}$$

为求解上述方程,必须先找出水泵扬程随时间变化的规律。以下分三种情况来讨论这个方程的解法。

1. 水泵的转动惯量很小

当水泵的转动惯量很小时,假设水泵一旦失去电源,其扬程就立即变为零,而后保持这个状态不变。若令

$$K = \frac{\rho g H_{p,0}}{M_0^2 \sum_{i=1}^{m} \left(\frac{z}{A}\right)_i} \tag{3.31}$$

则式(3.30)可简化成

$$\frac{dM}{dt} + KM^2 = 0 \tag{3.32}$$

方程的初始条件是 $t=0$ 时,有

$$M = M_0$$

从而得到式(3.32)的解为

$$\frac{M}{M_0} = \frac{1}{1 + KM_0 t} \tag{3.33}$$

由式(3.33)可以得到泵的转动惯量为零的情况下,回路流量减少到一半所需要的时间,即

$$t_{0,\frac{1}{2}} = \frac{1}{KM_0} = \frac{M_0^2 \sum\limits_{i=1}^{m} \left(\frac{z}{A}\right)_i}{M_0 \rho g H_{p,0}} = \frac{2E_s}{g M_0 H_{p,0}} \tag{3.34}$$

式中,E_s 为停泵前储存在回路冷却剂中的初始稳态动能,且

$$E_s = \frac{M_0^2}{2\rho} \sum_{i=1}^{m} \left(\frac{z}{A}\right)_i \tag{3.35}$$

根据式(3.34),冷却剂中储存的动能越大,回路流量就衰减得越慢。式(3.34)可以进一步简化为

$$\frac{M}{M_0} = \frac{1}{1 + \dfrac{t}{t_{0,\frac{1}{2}}}} = \frac{1}{1 + T} \tag{3.36}$$

式中,T 是无因次时间,$T = \dfrac{t}{t_{0,\frac{1}{2}}}$。由式(3.36)可以很容易地估算出回路中冷却剂流量随时间的变化。

2. 流量和泵转速以同一相对速度下降

假定断电后泵的效率不变,仍然等于稳态运行时的效率 η_0。泵的有效功率 P_e 与扬程 H_p 之间存在下列关系:

$$P_e = MgH_p \tag{3.37}$$

在动力电源断电的情况下,泵的有效功率是由转子动能的减小给出的。这一关系可以用下列方程来表达:

$$P_e = -\eta_0 \frac{d\left(\frac{1}{2} I \omega^2\right)}{dt} = -I\omega\eta_0 \frac{d\omega}{dt} \tag{3.38}$$

式中,I 为泵转子的转动惯量,$kg \cdot m^2$;ω 为泵转子的角速度,rad/s;η_0 为泵的效率。

由式(3.37)和式(3.38)可得

$$H_p = -\frac{I\eta_0}{g} \frac{\omega}{M} \frac{d\omega}{dt} \tag{3.39}$$

根据假设可以得出

$$\frac{M}{M_0} = \frac{\omega}{\omega_0} \tag{3.40}$$

在式(3.39)中运用这一关系式,并把它代入式(3.30),经整理后可得

$$\left[\frac{M_0^2}{\rho} \sum_{i=1}^{m} \left(\frac{z}{A}\right)_i + I\omega_0^2\eta_0\right] \frac{dM}{dt} + gH_{p,0}M^2 = 0 \tag{3.41}$$

式(3.41)的解为

$$\frac{M}{M_0} = \cfrac{1}{1 + \cfrac{gM_0 H_{p,0} t}{\cfrac{M_0^2}{\rho}\sum\limits_{i=1}^{m}\left(\cfrac{z}{A}\right)_i + I\omega_0^2\eta_0}} \tag{3.42}$$

为进一步简化这一结果,令

$$\xi = \frac{E_s}{\eta_0 E_p} \tag{3.43}$$

式中,E_p 为泵转子初始稳态动能,有

$$E_p = \frac{1}{2}I\omega_0^2 \tag{3.44}$$

可以看出,这里 ξ 表示回路流体初始稳态动能与泵转子初始稳态动能之比。将式(3.35)和式(3.44)代入式(3.43)可得

$$\xi = \frac{\cfrac{M_0^2}{\rho}\sum\limits_{i=1}^{m}\left(\cfrac{z}{A}\right)_i}{I\omega_0^2\eta_0} \tag{3.45}$$

此外,若仍沿用第一种方法中的无因次时间 T,则由式(3.34)可得出

$$T = \frac{t}{t_{0,\frac{1}{2}}} = \frac{gM_0 H_{p,0} t}{2E_s} \tag{3.46}$$

将式(3.45)和式(3.46)代入式(3.42),可得简化后的结果为

$$\frac{M}{M_0} = \frac{1}{1 + \cfrac{\xi T}{1 + \xi}} \tag{3.47}$$

根据式(3.47)的计算结果画出的流量衰减曲线如图 3.6 所示。由该图可以看出,ξ 的数值越小,即泵转子的初始能量越大,则流量衰减得越慢。对于压水堆电站,ξ 的数值在 0.04 左右,这时流量衰减到一半的时间在 10 s 以上。而当假定泵转子的转动惯量为零时,流量减半的时间则只有 0.5 s 左右。由此可见,泵转子转动惯量的大小对电源断电后回路内流量变化的影响是很大的。

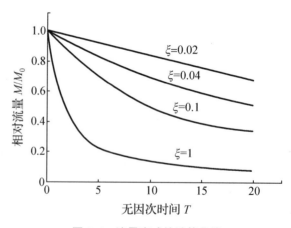

图 3.6　流量衰减的计算曲线

反应堆的有效停堆一般发生在断电后 2~3 s,堆芯最小烧毁比(MDNBR)在有效停堆后即可降至最低值,最后又开始回升。因此对压水堆电站全部主泵断电事故来说,最关键的是断电后前几秒的流量变化。压水堆电站主循环泵转子的转动惯量很大,在几秒的时间内,流量衰减得并不多。在这种情况下,本方法所用的两条假设基本上是正确的,计算结果的误差不大。

在泵转子的初始转动能量很大,即 ξ 很小的情况下,式(3.47)还可以进一步简化为

$$\frac{M}{M_0} = \frac{1}{1 + \xi T} \tag{3.48}$$

在上述求解过程中,都简单地假设回路中的摩擦阻力与流量的二次方成正比,并对泵模型做了简化处理,这些都会带来一定的误差。如果需要更精确的计算,还要选择更完善的模型。

3. 完善的泵模型

在回路中的阻力可能偏离流量的二次方关系,因而我们应该把方程(3.27)阻力项中的指数改成 n,即

$$\sum_{i=1}^{m} \left(\frac{z}{A}\right)_i \frac{\mathrm{d}M}{\mathrm{d}t} + \sum_{i=1}^{m} \left[\frac{C_f}{2\rho}\left(\frac{M}{A}\right)^n\right]_i = \rho g H_p \tag{3.49}$$

各段流道中的指数 n 可能不同,应由实验确定或参照有关资料选取。

更完善的泵扬程关系式为

$$H_p = a_1 M^2 + a_2 \omega^2 \tag{3.50}$$

式中,a_1 和 a_2 是常数,因泵而异。式(3.50)中包含角速度 ω,根据牛顿第二定律,有

$$I \frac{\mathrm{d}\omega}{\mathrm{d}t} = \sum \dot{M} \tag{3.51}$$

式中,I 为泵转动部分的转动惯量,$\mathrm{kg \cdot m^2}$;$\sum \dot{M}$ 为作用在转动部分的各种力矩之和,$\mathrm{N \cdot m}$。

泵断电后,作用在转动部分上的力矩有叶轮上的水力力矩、水阻力矩,以及作用在轴承上的摩擦力矩。

水力力矩是叶轮对流体做功时产生的。叶轮传给流体的有效功率 P_e 与水泵的扬程之间存在的关系已于式(3.37)中给出。如果叶轮传递这一功率所需的力矩为 $\dot{M}_E$,则有

$$P_e = \dot{M}_E \omega \tag{3.52}$$

由式(3.37)和式(3.52)可得

$$\dot{M}_E = \frac{MgH_p}{\omega} \tag{3.53}$$

叶轮在传递有效功率的同时,还要克服与流体间的内摩擦力,相应的力矩为 $\dot{M}_L$,它与叶片和流体之间相对运动速度的平方成正比,即

$$\dot{M}_L = b_1(\omega r - w)^2 \tag{3.54}$$

式中,r 为叶轮的有效半径;b_1 为常数,数值因泵而异;w 为流速,$\mathrm{m/s}$。

克服风阻和轴承摩擦所需要的力矩为 $\dot{M}_{w,b}$,它的大小正比于转速的平方,即

$$\dot{M}_{w,b} = b_2\left(\frac{\omega}{\omega_0}\right)^2 \tag{3.55}$$

式中,ω_0 为泵的额定转速(角速度);b_2 为常数,数值因泵而异。

上述三种力矩作用的方向均与转速的方向相反,因而式(3.51)可写成

$$I \frac{\mathrm{d}\omega}{\mathrm{d}t} = -\dot{M}_E - \dot{M}_L - \dot{M}_{w,b} \tag{3.56}$$

代入式(3.53)~式(3.55)后,上式变成

$$I \frac{\mathrm{d}\omega}{\mathrm{d}t} = -\frac{MgH_{\mathrm{p}}}{\omega} - b_1(\omega r - w)^2 - b_2\left(\frac{\omega}{\omega_0}\right)^2 \tag{3.57}$$

式(3.49)、式(3.50)和式(3.57)构成了一组闭合方程,联立求解这一组方程,就可以得到堆芯中冷却剂流量随时间的变化。

在用计算程序求解时,其基本思路如下:以稳态作为初始条件,将稳态时的流量、转速和扬程代入式(3.57),求出此时的转速变化率$\frac{\mathrm{d}\omega}{\mathrm{d}t}$。由此可以求出时间步长$\Delta t$末尾的转速。将该转速代入式(3.50),求出此时的扬程;然后把扬程代入式(3.49),解出流量的变化率。如果需要的话,可以利用原来的流量与新算出的平均值来重复以上计算。如果计算结果收敛,即可计算下一个时间步长的量。

水泵转子惰转结束后,它本身变成一个阻力件,对流动产生阻力。这时由式(3.26)可得自然循环流量的变化关系为

$$\sum_{i=1}^{m}\left(\frac{z}{A}\right)_i \frac{\mathrm{d}M}{\mathrm{d}t} + \sum_{i=1}^{m}\left(\frac{C_{\mathrm{f}}}{2A^2\rho}\right)_i M^2 = -\sum_{i=1}^{m}\int_{z_i}\rho g \mathrm{d}z \tag{3.58}$$

在用上式求解时,需要知道堆芯的功率、蒸汽发生器的传热工况和物性关系。当主泵惰转结束后,稳定的自然循环建立起来,这时式(3.51)可以还原成式(3.19)的形式。

3.4　各种因素对自然循环能力的影响

通过上述几节的分析可以看出,影响自然循环能力的因素很多。对于水冷反应堆一回路系统,在事故发生时往往依靠堆芯与蒸汽发生器或者与余热排出换热器之间的高位差产生自然循环流动。自然循环能力除了与高位差密切相关外,还与冷、热源的密度差,以及回路系统的阻力大小等有关。对于自然循环蒸汽发生器二回路系统,则可以通过讨论循环倍率来判断自然循环能力的变化。

1. 失流事故工况下水冷反应堆自然循环能力

结合式(3.1)可以看出,在一个闭合回路中,自然循环的建立离不开两个因素:一个是冷、热源的密度差;另一个是热源中心和冷源中心之间的高度差。缺少了其中任何一个因素,自然循环流动就无法建立,同时这两个因素的大小也决定了自然循环驱动压头的大小。因此,自然循环流动建立需要的条件如下:

(1)冷源和热源之间存在较大的温度差;

(2)热源的位置低于冷源;

(3)冷热流体流动必须是连续的。

在失流事故之后,反应堆会紧急停堆,以防止冷却剂温度上升造成的堆芯损坏。停堆后,堆芯的发热只是停堆后的衰变热,此时的中心问题就是平衡态的自然循环是否能有足够的流量带走衰变热而避免堆芯过热。显然,失流事故后建立稳定的自然循环的前提就是热交换器中心标高高于堆芯中心标高,位差越大,自然循环流速越大。因此,为了保证失流事故后期堆芯不过热,主回路系统中必须有足够大的热交换器和堆芯的位差,以及足够小的阻力系数。

2. 自然循环蒸汽发生器二回路系统自然循环能力

自然循环蒸汽发生器的循环倍率是表征其二次侧自然循环流动状态的重要参数,它对于传热管的腐蚀、流动稳定、传热特性及分离器工作等都有重要影响。苏联早期的文献曾推荐取循环倍率大于 2,但随着运行实践经验的积累,目前各国倾向于提高循环倍率,一般认为在设计状态时应大于 4,其主要考虑的因素如下:

(1)传热要求,循环倍率低,意味着管束出口区空泡份额高,因而传热差。为了保证管壁润湿,特别是防止局部区域出现缺液或干涸,一般要求管束出口处的含汽率不超过 20% ~ 25%,相当于循环倍率大于 4。

(2)流动稳定性,循环倍率低可能导致流动的不稳定,使流动产生振荡,从而使传热管束的一部分表面周期性地露出,这种流动振荡现象使传热效率下降,当流动振荡的幅度足够大时,就可能引起水和蒸汽流量的大幅度波动。经验表明,只要使管束区的含汽率保持在较低的值或由此相应地把循环倍率保持在较高的水平,就能使流动达到稳定。

(3)管材腐蚀,传热管腐蚀与流动状态有密切关系。在局部滞流或低流速区,往往容易发生污垢沉积或浓缩。从防止腐蚀与流动的要求出发,应适当提高循环倍率,以便在管板上表面及管束弯管区提高冲刷流速。降低含汽率也可以改善这些区域的热工水力特性。

3.5　自然循环与非能动安全系统

3.5.1　非能动安全系统设计要求

2004 年,国际原子能机构(IAEA)发起了一项历时 4 年的国际合作研究计划(简称 CRP),该计划的主要任务是集结国际力量去提高和优化下一代水冷反应堆的经济性及安全性。在 CRP 计划中,IAEA 着重强调了自然循环现象以及如何采用自然循环的非能动安全系统来提高下一代反应堆经济性和安全性的问题。对于非能动安全系统,IAEA-626 号文件(IAEA-TECDOC-626)给出了明确的定义:把全部由非能动部件组成的系统或者是采用能动部件以一种非常有限的方式实现非能动操作的系统称为非能动安全系统。

目前,在一些运行的反应堆中已采用自然循环的流动方式将反应堆正常运行状态下的堆芯热量导出,如俄罗斯 VK-50 沸水堆。还有一些反应堆则采用自然循环的流动方式实现某些安全功能,如压水堆的应急堆芯冷却系统。另外,在下一代新型反应堆的设计中,也已把自然循环作为实现非能动特性的主要工作形式。

就反应堆安全而言,采用非能动部件可以使安全系统简化,提高运行可靠性,同时可以降低由人为操作失误或设备运行故障带来的影响,即使在事故工况下也可以使操作人员有足够的时间去阻止或缓解事故的进一步恶化。

然而,相对于强迫循环系统,自然循环系统也有它自身的缺点,比如循环压头较低、循环流量相对较小等。因此,为了提高反应堆的运行功率和安全可靠性,将传统的强迫循环系统与自然循环系统有效结合将是下一代新型反应堆设计的一种理想途径。在采用自然循环方式设计非能动安全系统时,需要考虑以下几点因素:

(1)非能动安全系统的运用应该能够降低部件的数量,服从设计简化的原则,使得安全操作过程简化;

(2)非能动安全系统应该比具有同样功能的能动系统更加可靠;

(3)在事故工况下,非能动安全系统应该能够自动投入运行,而不需要人员的操作;

(4)在设计基准事故或超出设计基准事故条件下,非能动安全系统应该能够减少对站外电源、移动设备、控制系统等的依赖;

(5)非能动安全系统应该能够降低核反应堆建造、运行和维护的费用。

在综合考虑上述几点因素的基础上,各国学者提出了一些新颖的或改进后的非能动安全系统设计方案。有的是在传统的反应堆安全系统中增加了一些非能动的部件,有的是利用非能动部件或自然循环流动方式实现反应堆安全运行的特性,防止严重事故的发生,降低事故后果的影响。

3.5.2 基于自然循环的反应堆非能动安全系统设计

1. 堆芯补水箱

在一些先进反应堆,如美国 AP600/AP1000 和日本 SPWR 等的设计中,均采用了堆芯补水箱实现反应堆出现失水事故时全压状态下的补水和热量导出。该箱体由一个体积较大的不锈钢容器组成,堆芯补水箱放置在压力容器的上方,其顶端与反应堆压力容器的冷管段相连,底端与连接在反应堆压力容器的下腔室上的直接安注管路(DVI)相通,如图 3.7 所示。

堆芯补水箱内充满了冷的含硼水,当反应堆正常运行时,堆芯补水箱入口段阀门常开,出口段隔离阀常闭。当反应堆出现破口事故时,堆芯补水箱出口段隔离阀门自动打开,依靠堆芯补水箱与堆芯的高位差,在堆芯

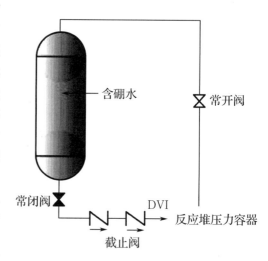

图 3.7 堆芯补水箱自然循环回路简图

补水箱与反应堆压力容器之间会形成自然循环流动,热的冷却剂不断被冷的含硼水所置换,冷的含硼水将不断地进入堆芯,从而起到降低堆芯压力和温度的作用。

根据反应堆冷却剂系统的状态,堆芯补水箱内的含硼水有两种注入模式:

(1)非失水事故下,冷管处于充满水的状态,堆芯补水箱的运行方式为冷水–热水自然循环的方式;

(2)失水事故下,冷管的水已经汽化,堆芯补水箱的运行方式为蒸汽–冷水自然循环的方式。

2. 非能动余热排出换热器

在压水堆、沸水堆以及一体化反应堆的设计中,换热器都是不可或缺的热量导出设备。

以美国 AP1000 压水堆非能动余热排出系统为例(见图 3.8),非能动余热排出热交换器放在安全壳内换料水箱(IRWST)里,其底部位置在回路上方 2.43 m 处。它通过入口和出口接管与反应堆冷却系统(RCS)的一个环路相连,因此换热器管内的压力与反应堆冷却剂系统压力相等。换热器的入口通过一个三通连接到反应堆冷却剂系统的热段,在非能动余热排出换热器到反应堆冷却剂系统的冷段出口管上装有两个并联、常闭的气动控制阀,该阀门可以在失去气压或接收到动作控制信号时打开;热交换器的入口管上有一个常开电动隔离阀,与换热器上部的管道联箱相连接。热交换器的位置高于反应堆冷却剂回路,它的主要功能是依靠换热器与反应堆堆芯的高位差,在事故情况下将堆芯的余热以自然循环的流动方式导出。安全壳内换料水储存箱为非能动余热排出热交换器(PRHR HX)提供了热阱。

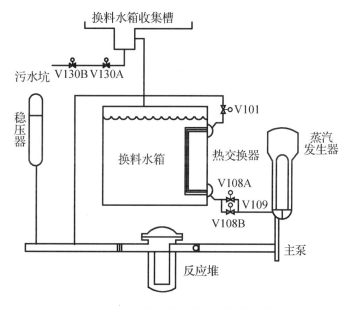

图 3.8　非能动余热排出系统原理图

3. 非能动蒸汽发生器二回路自然循环系统

AP1000 是通过在一回路上设置非能动余热排出换热器将堆芯余热导出,还有一些压水堆,如 AC600 等,在设计反应堆余热导出系统时,以一种非能动的方式在蒸汽发生器二次侧建立自然循环流动系统,从而将堆芯内的余热导出。图 3.9 和图 3.10 给出了两种采用蒸汽发生器二次侧导出热量的设计方式。一种设计方式如图 3.9 所示,蒸汽发生器二次侧回路与一个放置在较高位置的冷却水箱里的换热器相连,蒸汽发生器二次侧流体从一回路冷却剂吸热,产生的蒸汽进入冷却水箱的换热器,将热量导给高位冷却水箱,然后冷却下来的二次侧流体在重力作用下返回蒸汽发生器,从而建立自然循环回路。高位冷却水箱作为热量导出的最终热阱。另一种设计方式如图 3.10 所示,在蒸汽发生器二次侧设置了一个应急空气冷却器,蒸汽发生器二次侧流体从一回路冷却剂吸热形成蒸汽,蒸汽上升并流经应急空气冷凝器,在冷凝器中将热释放到空气中,冷凝下的水由于重力作用又重新流到蒸汽发生器,这样在主回路与二回路之间就形成了一个不间断的自然循环回路,由于蒸发器二次侧的冷却,反应堆冷却系统相应的自然循环也将建立起来。通过这种方式,堆芯余热不断地从反应堆堆芯中被带出,最终排到大气中。

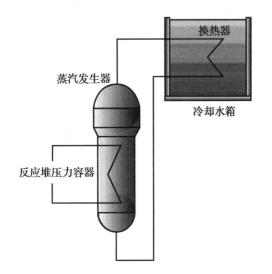

图 3.9　蒸汽发生器二次侧
自然循环回路简图(水冷)

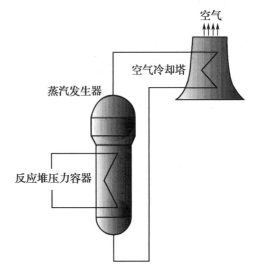

图 3.10　蒸汽发生器二次侧
自然循环回路简图(气冷)

4.非能动安全壳冷却系统

非能动安全壳冷却系统的主要功能是在发生安全壳内失水事故、主蒸汽管道破裂事故或其他明显导致安全壳内温度和压力上升的事故时,降低安全壳内的温度和压力。

图 3.11 给出了非能动安全壳冷却系统简图。当发生破口事故时,从反应堆主冷却剂系统泄漏到安全壳内的蒸汽将在安全壳的内壁上冷凝,而安全壳的冷却一方面是通过外壁自然循环的空气流,另一方面是由于重力的作用使安全壳上方水箱的水喷洒在安全壳钢壳外表面从而对安全壳进行冷却。当储备水箱内无水时,介于安全壳外壁与混凝土防护壳壁之间环形通道内的空气将形成自然循环流动,把热量不断排放到大气中。

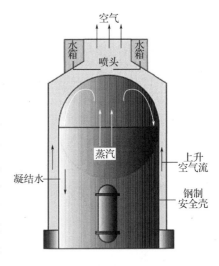

图 3.11　非能动安全壳冷却系统简图

图 3.12 是我国自主研发的"华龙一号"核反应堆非能动安全壳热量导出系统示意图。该系统主要由安全壳内部换热器、高位冷却水池及上升段和下降段管道组成。其工作原理是通过布置在安全壳外部的高位冷却水池将严重事故后安全壳内的热量通过内部热交换器导出到壳外的大气环境中。当内部热交换器管侧的流体吸收热量后,温度升高,密度减小,流体自动向上流动,下降段和上升段内流体存在密度差,由此在整个回路内产生以这种自然循环的运行方式达到降低安全壳内温度和压力的目的。

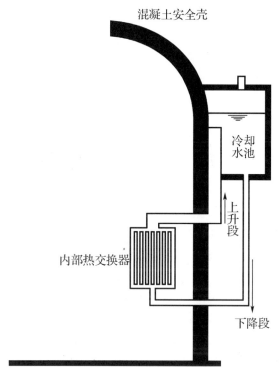

图3.12 "华龙一号"核反应堆非能动安全壳热量导出系统示意图

5. 非能动密度锁技术

密度锁技术的代表性应用是瑞典 PIUS 固有安全反应堆,密度锁内部没有隔板和运动部件,仅靠特殊结构和密度锁内冷热流体的密度差使冷热流体分开,实现反应堆正常运行时事故冷却回路的隔离。当反应堆出现事故,如主泵停转时,密度锁内的流体平衡被打破,密度锁通道被打通,事故冷却回路则自动投入运行,从而在事故回路和主回路之间建立了一个自然循环的流动回路,实现反应堆的安全停堆。

鉴于密度锁系统所具有的固有安全特性,一些新型概念反应堆的设计中都采用了此项技术,如加拿大 CANDU9、意大利 IRIS 等。但是,由于密度锁结构对流体分层稳定性有重要的影响,因此关于密度锁技术方面的研究以及论证工作仍在进行当中。

复习思考题

3-1 何谓自然循环,建立自然循环必须具备的条件是什么?

3-2 影响自然循环的因素有哪些? 它们是如何影响的?

3-3 维持一回路的自然循环对压水堆的安全运行有什么作用?

3-4 对于蒸汽发生器,是否循环倍率越大越好? 为什么?

3-5 什么是非能动安全系统?

3-6 自然循环对非能动安全系统设计的意义和需要注意的因素是什么?

第4章 核反应堆事故分析及传热

4.1 反应堆失水事故

对压水堆来说,反应堆失水事故也称冷却剂丧失事故,简称 LOCA(loss of coolant accident),是指反应堆主回路压力边界产生破口或发生破裂,一部分或大部分冷却剂泄漏的事故。由于压水堆失水事故现象复杂,后果严重,因此在反应堆安全分析中处于非常重要的地位。

压水堆一回路系统破裂引起的冷却剂丧失事故有很多种,它们的种类及其可能的后果主要取决于断裂特性,即破口位置和破口尺寸。最严重的 LOCA 事故是堆芯压力容器在堆芯水位以下破裂,由于堆芯附近不可能再有冷却水,因此无法防止堆芯熔化和随后的大量放射性物质的释放。事实上,精确的计算结果表明,反应堆压力容器发生泄漏(或破口)的概率比管道破裂的概率要小几个量级。所以现在依然将双端剪切断裂作为极限设计基准事故。

根据破口大小及物理现象的不同,失水事故通常可以分为大破口、中小破口、汽腔小破口、蒸汽发生器传热管破裂等几类。大、中、小破口之间的分界并不是绝对的,一般用失水事故谱来辅助判断。

鉴于压水堆失水事故喷放过程更为复杂,实现应急堆芯冷却更为困难,为分析冷却剂丧失事故的物理过程及其后果,确保反应堆的安全,必须建立更为复杂的模型,进行更为详细的瞬态特性分析和计算,并用一系列的实验来校核计算结果。

4.1.1 大破口失水事故

大破口失水事故是典型的压水堆设计基准事故,是指反应堆主冷却剂管路出现的大孔径或双端剪切断裂同时失去站外电源的事故。最严重的情况是反应堆冷却剂泵至反应堆入口的接管完全断裂,冷却剂从两端自由流出。它是假想的最严重的反应堆事故,也是极限的设计基准事故。

当破口事故出现后,会产生一个压力波,这个压力波以 1 000 m/s 的速度在主冷却剂系统传播。这个压力波产生的负压会使反应堆压力容器产生一个巨大的应力变化。同时控制棒驱动机构和堆内构件将经受严峻的考验,一回路的支撑件和固定件等支撑构件的钢筋混凝土基座也将承受巨大的应力,这些都应在设计时加以考虑。

在大破口事故中可能会出现以下五个连续的阶段。

1. 喷放阶段

压水反应堆正常运行工况下,冷却剂处于欠热状态,冷却剂的平均温度一般低于相应压力下的饱和温度40 ℃左右。当出现大破口后,主冷却剂系统压力急剧降低(图4.1),在几十毫秒之内就会降到饱和压力。冷却剂在饱和压力之前的喷放过程称为欠热卸压阶段。这是喷放阶段的初期。在欠热卸压阶段,如果破口发生在热管段,通过堆芯的冷却剂流量增加,如图4.1中②所示;如果破口发生在冷管段,则通过堆芯的流量将减少或出现倒流。由于此时猛烈的压力释放,卸压波通过冷却剂系统传播,可能使吊篮发生动态变形。

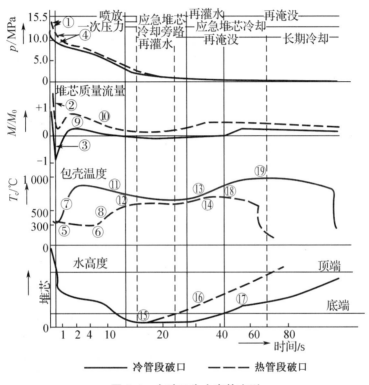

图4.1　大破口失水事故序列

当系统压力降低至冷却剂温度对应下的饱和压力时,冷却剂开始沸腾,这一过程会在进入瞬变后不到100 ms内发生。这时由于堆芯内有大量的气泡产生,因此系统的卸压过程变得缓慢。这时沸腾和闪蒸可能同时出现,其前沿从堆芯内最热的位置开始。

由于沸腾过程中堆芯内大量气泡的形成,慢化剂的密度相应减小,这时在负空泡反应系数的作用下裂变反应会终止,此后的堆芯功率主要是衰变功率。因此在大破口事故情况下,即使压水反应堆不紧急停堆,裂变功率也会自然降低,直至裂变反应停止。

堆芯内的冷却剂汽化后,燃料元件表面与冷却剂之间的传热严重恶化,此时会发生脱离泡核沸腾工况。在冷管段破裂的情况下,堆芯的冷却剂流量迅速下降、停流或者倒流,脱离泡核沸腾一般在事故瞬变后0.5~0.8 s时发生,如图4.1中⑤所示。在热管段破裂的情况下,堆芯的流量要延续一段时间,因此产生脱离泡核沸腾的时间要比冷管段破口情况滞后,一般滞后几秒发生。

出现脱离泡核沸腾后,包壳与冷却剂之间的传热恶化,因此包壳温度会突然升高,从而出现第一次燃料包壳峰值温度。从图4.1的包壳温度分布曲线可以看出,对于冷管段破口和热管段破口两种不同情况,包壳峰值温度出现的时间和大小都有差别。在热管段破口的情况下,流过堆芯的有效冷却剂流量比冷段破口大,因此其温度峰值出现较晚,而且温度较低。

当出现大破口事故时,裂变反应结束,但这时堆芯内仍然会有热量产生。其热源有两个:一个是裂变产物的衰变热;另一个是在高温情况下包壳的锆合金同蒸汽与水发生化学反应,生成氢和氧化锆并产生热量。在这一过程中燃料棒内的储热量会产生再分布,使燃料棒内的温度拉平,元件也会产生轴向传热,因此热点的包壳温度不再上升。

这一过程中冷却剂不断从破口流出,反应堆内的水装量不断减少。当主冷却剂系统内的压力降低至应急堆芯冷却系统的安注箱内的氮气压力时,截止阀会自动打开,安注箱的水会在箱内压力的作用下注入主冷却剂系统,这样就开始了应急冷却阶段。这一阶段大约在破口事故瞬变后10~15 s时发生。

2. 旁通阶段

当应急冷却系统的安注箱和高压安注系统投入工作时,主冷却剂系统的压力仍高于安全壳内的压力,破口处冷却剂还在大量外流。

在热管段破口情况下,注入冷管段的辅助冷却剂通过下降段到达下腔室,使堆内的水位不断上升,进入堆芯后再淹没堆芯。

当冷管段出现破口时,情况会大不一样,因为在堆芯冷却剂倒流期间,从堆芯流出的蒸汽与下腔室内水继续蒸发产生的蒸汽一起,通过下降段的环形腔向上流动,阻碍从冷管段注入的应急冷却水穿过下降段,从而在下降段形成汽水两相流逆向流动。在这种情况下,注入下降段的冷却剂有一大部分被流出的蒸汽夹带至破口,使注入的冷却剂没有进入堆芯而旁通了,具体过程见图4.2。这一过程一般出现在破口

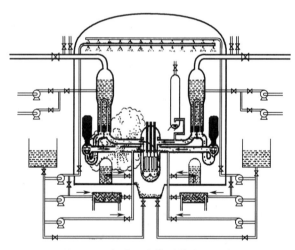

图4.2 大破口事故后的旁通阶段

后的20~30 s。因此,在冷管段破口情况下,最初堆芯应急冷却系统注入的冷却剂旁通下腔室,直接从破口处流出,从而使堆芯的再淹没大大推迟。

当一回路系统与安全壳之间的压力达到平衡时,喷放阶段就已结束;当一回路系统压力降到1 MPa左右时,低压注射系统投入工作。在初始阶段,辅助冷却水由安注箱和低压注射系统同时提供,一直到安注箱排空。在此之后如果还需注水,低压注射系统水可以取自换料水箱,最后还可以取自安全壳地坑。

在大破口事故情况下,由于系统压力降低得非常快,高压注射系统起不到太大作用,因此这时起主要作用的是安注箱和低压安注系统。

3. 再灌水阶段

再灌水阶段从应急冷却水到达压力容器下腔室开始，一直到水达到堆芯底部。这一过程一般出现在破口后的 30 ~ 40 s。在这一阶段里，堆芯是裸露在蒸汽环境中的，这一过程堆芯产生的衰变热主要靠辐射换热和自然对流换热。由于传热不良，堆芯温度会绝热上升，上升的速率一般为 8 ~ 12 ℃/s。在温度上升的过程中，锆合金与水蒸气的反应是一个很大的热源，因此再灌水阶段时间的长短对大破口事故后反应堆事故的严重程度影响非常大，而这一时间取决于喷放结束时下腔室的水位至堆芯底部的高度，它决定了燃料元件包壳温度所能达到的最高值。

4. 再淹没阶段

当再灌水阶段结束时，下腔室的水位到达堆芯底部，以后水位逐渐淹没堆芯，这一过程为再淹没阶段。由于这时堆芯内燃料元件的温度较高，当应急冷却水进入堆芯时，堆芯会马上沸腾。沸腾产生的蒸汽会快速向上流动，由于汽流中夹带着相当数量的水滴，为堆芯提供了部分冷却。随着水位在堆芯内的上升，这一冷却效果会越来越好，包壳温度的上升速率也随之减小，破口事故瞬变后的 60 ~ 80 s，热点的温度开始下降。当包壳温度下降至 350 ~ 550 ℃时，应急冷却水再淹没包壳表面，这时冷却速率明显提高，燃料包壳温度很快降低。这一过程一般称为堆芯骤冷阶段。

由于再淹没过程中水位上升的速度与流体的阻力和驱动力有关，在冷管段破口的情况下，堆芯内产生的蒸汽要通过热管段、蒸汽发生器和主泵等，因此要克服这些地方的流动阻力。当蒸汽流过蒸汽发生器时，蒸汽中被夹带的水滴会被二回路传递来的热量加热而蒸发，这使蒸汽的体积大大增加，使流动阻力进一步增大，这时在蒸汽发生器与主泵之间的过渡段内会积水，这样就附加了蒸汽的阻力。这一过程蒸汽的流速变慢，再淹没中堆芯上升的水位速度也相应变慢，这一过程称为蒸汽黏结。产生蒸汽黏结现象后，再淹没的速度降低，使燃料与冷却剂之间的传热减少，延长了再淹没的时间。

5. 长期冷却阶段

再淹没过程结束后，反应堆的燃料仍然在产生衰变热，因此低压注射系统继续运行。当换料水箱的水用完时，低压注射泵可以从安全壳地坑吸水，见图 4.3。从反应堆冷却剂系统泄漏出的水和安全壳内蒸汽冷凝变成的水大部分汇集到地坑中，因此这部分水可以长期地循环使用。反应堆衰变热的释放是一个长期的过程，例如大亚湾核电站，反应堆热功率为 289 MW，停堆 30 天后剩余的热功率大约为 4 MW。由此

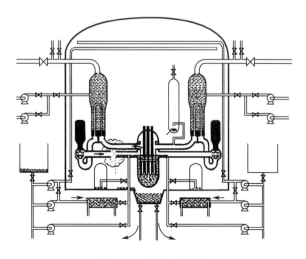

图 4.3　长期冷却阶段

可以看出,衰变热的输出是一个较长的过程。

图4.4指出事故状态下的几种反应堆内流动情况。图4.4(a)表示正常运行时的反应堆内冷却剂的情况,这时整个堆芯全部充满水;图4.4(b)表示喷放阶段反应堆内情况,由于系统泄压,冷却剂外流使堆芯内产生蒸汽,在上封头处形成气腔;图4.4(c)表示再灌水过程反应堆内情况,此时在堆内的下降环形空间内会出现蒸汽向上流动、安注水向下流动的逆向流动情况;图4.4(d)是再淹没阶段堆芯内的情况,此时冷却水由下而上逐渐重新淹没堆芯。

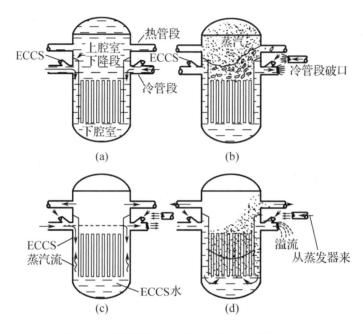

图4.4 事故状态下几种反应堆内流动情况

4.1.2 小破口失水事故

小破口事故一般定义为在一回路系统压力边界上面积小于或等于 0.047 m² 的破口。破口位置的范围包括所有连接在冷却剂系统压力边界的小管道、释放阀和安全阀、补水和排污管道、各种设备仪器的连接管道等。总体来说,主冷却剂系统管道中的任何一个支管上的压力边界的破口,都属于小破口事故的范围。

由于小破口事故涉及的范围很大,因此小破口事故发生的可能性很高,反应堆运行过程中操作人员应该仔细观察它的结果和相关的仪表显示。小破口事故发展缓慢,反应堆的操作人员通过仪表能预计情况的发展,得到结果并在控制室进行纠正。

小破口事故的后果包括反应堆冷却剂丧失后的压力降低、堆芯冷却能力的削弱,带有放射性的冷却剂释放到安全壳中使核电站的放射性超过排放标准。每一种后果最终达到的程度与压水堆的设计、设备的可靠性、破口的面积与位置,以及反应堆所处的运行状态有关。

1. 瞬态过程特征

与大破口事故相比，小破口事故的特征是冷却剂系统压力降低速度相对较慢和冷却剂的质量损失相对较小。由于主泵紧急停闭后，较低的冷却剂压力降低速度会使冷却剂系统中气相和液相产生分离。两相分离的程度和特征依赖于破口的位置和发生瞬变的时间。两相分离的程度决定了小破口事故的换热特性和水力特性。

当发生小破口事故时，冷却剂系统参数的详细变化与压水堆的设计特性（如堆芯的最初功率和功率分布）、燃料的燃耗（决定着衰变热的水平）、主冷却剂系统部件的体积和相对体积分布、蒸汽发生器的类型和危急冷却系统的设计等因素有关。

为了便于说明，这里用一个参考压水堆来介绍小破口事故，该反应堆的特征参数如下：

反应堆功率，2 754 MW　　　　　　　堆芯出口温度，321 ℃

主冷却剂系统压力，15.5 MPa　　　　低压停堆信号设定值，12.1 MPa

堆芯入口温度，288 ℃　　　　　　　安全注射信号设定值，11.1 MPa

小破口事故的破口面积上限是 0.047 m^2，发生小破口事故的最小面积要求反应堆冷却剂系统的补水泵能维持反应堆内冷却剂的总量不变，冷却剂系统压力变化在控制系统允许的正常值之内。如果破口面积大于这一最小面积，冷却剂系统的压力将降低。当压力降到大约 12.1 MPa 时，控制系统发出紧急停堆信号；当降到 11.1 MPa 时，发出安全注射信号。在紧急停堆之前，由于冷却剂（慢化剂）密度降低，在负温度系数的影响下，反应堆功率一直在降低，同时压力也在降低。当压力降到安全注射触发信号时，高压安全注射泵启动。在安全注射触发信号之后的压力降低和破口面积与高压安全注射泵的扬程和流量有关。若只有一个非常小的破口面积而高压安全注射泵的扬程和流量很高，则压力降低停止，还有可能被重新加压。若破口面积较大，反应堆冷却剂系统的压力将持续降低。在后一种情况下，压力不断降低，一直到冷却剂温度所对应的饱和压力，冷却剂开始闪蒸。闪蒸首先发生在最热的主冷却剂中，通常发生在反应堆压力容器的上封头。在达到饱和压力之后，由于冷却剂内产生汽化，压力降低的速度变慢。然而，通过蒸汽发生器和破口有热量继续导出。这些瞬态过程通常较为缓慢，反应堆冷却剂能维持在热平衡状态。此时，一回路温度接近蒸汽发生器中二回路水的温度。因此，反应堆冷却剂维持在一个相对稳定的压力和温度上，此时的压力和温度受到蒸汽发生器二回路侧水温度的制约。

当冷却剂系统的压力达到安全注射触发信号的整定值时，所有主泵应该停止运行。当主泵停止运行后，在反应堆冷却剂系统中的强迫循环逐渐减弱，自然循环最终建立起来，通过自然循环把热量从堆芯排到蒸汽发生器中。自然循环时流速较低，气液两相可能分离，分离出来的蒸汽占据反应堆冷却剂系统较高的位置。

若破口面积很大，尽管高压安全注射泵不断地向系统注水，但压力继续降低，堆内冷却剂不断丧失，压力容器内冷却剂水位可能持续下降或低于堆芯高度。在堆芯顶部裸露之前，堆芯热量通过池式沸腾带走。随着回路中蒸汽含量的上升，在热管段中建立起逆向流动，在堆芯中产生的蒸汽流入蒸汽发生器，在相对较冷的蒸汽发生器管束中冷凝后回流到堆芯，重新被加热至沸腾，带走堆芯的热量，这一过程称为冷凝回流。随着系统压力的降低，高压安全注射泵的流量会超过破口的泄漏量，或压力降低到安注箱的注射压力后，安注箱向系统内注水，此时反应堆冷却剂丧失最终停止，反应堆冷却剂系统最终被重新注满。

在发生小破口事故时，燃料包壳的温度升高与堆内冷却剂水位、堆芯裸露的持续时间和堆内衰变功率分布有关。在降压的初期,热量传不出去会导致包壳表面经受膜态沸腾。然而,在这个时期包壳温度上升通常在允许的极限内,在后续的自然循环过程中,包壳重新被浸湿。如果堆芯顶部裸露,在高于两相液面之上的堆芯换热较弱。在这种情况下,热量主要靠蒸汽和夹带的液滴通过辐射和对流来传输。包壳的氧化程度与温度升高和在高温中裸露的持续时间有关。

2. 破口尺寸的影响

小破口事故可以分成三大类:第一类,破口尺寸足以使反应堆冷却剂系统压力降至安注箱触发值;第二类,破口较小,使反应堆冷却剂系统压力降至安注箱触发值以上的一个半稳定值;第三类,破口更小,由于高压安全注射泵的注射,使反应堆冷却剂系统重新被加压。

对于破口尺寸相对较大的小破口,在反应堆冷却剂系统中出现两相流动前,冷却剂系统压力将降至安注箱的注射压力。有上述特征的破口面积范围与压水堆设计参数有关,这些参数包括回路的布设、堆芯功率、高压安全注射泵容量和安注箱压力触发值等。对于上述所参考的压水堆来说,第一类小破口面积范围为93~470 cm²。图4.5是第一类小破口时反应堆冷却剂系统压力降低特性曲线。从图中可以看出,最初从15.8 MPa的压力急剧降低。在 B 点(对应于反应堆中最热的冷却剂的饱和压力)压力降低速度有所减缓。由于临界流量的限制,

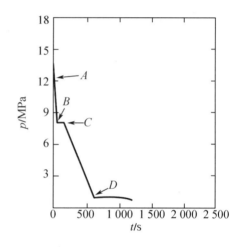

图4.5　第一类小破口时系统压力变化

从破口流失的能量小于堆芯产生的能量,所以在 B 点压力降低停止。在蒸汽发生器中,为了把剩余的能量传递给二回路侧的水,一回路侧冷却剂的温度须高于二回路侧的水温。根据热平衡定律,这个温度决定着反应堆冷却剂系统从 B 点到 C 点的压力。汽液界面低于破口高度之后,能量从破口流失的速度增加,反应堆冷却剂系统的压力继续降低。图4.5中 C 点后的压力继续降低至 D 点,此时安注箱开始向反应堆注水。安注箱注入的大量水终止了堆内冷却剂总量的净流失。

高压安全注射泵对第一类小破口的影响相对较小。高压安全注射泵的注入量减缓了反应堆内冷却剂的净流失速度,同时可能通过冷凝蒸汽而加快反应堆冷却剂系统的压力降低。这一过程中,堆芯的衰变热排出由蒸汽发生器带走和从破口的流失两部分组成。在第一类小破口事故时,堆芯可能会裸露,然而由于反应堆冷却剂系统的急剧降压和安注箱开始注射,在燃料包壳温度急剧升高之前堆芯重新被淹没。

在发生第二类小破口事故时,在堆内冷却剂的净流失停止之前,反应堆冷却剂系统的压力不会降至安注箱触发值。对于前面所列举的反应堆,中等小破口的面积变化范围为18.6~93 cm²。图4.6是中等小破口时压力降低特性曲线。最初的压力降低与第一类小破口相似,包括开始的急剧下降阶段和由二回路侧温度决定的压力稳定阶段。

在图4.6中曲线的 E 点之后,只要蒸汽发生器能带走热量,缓慢降压阶段将一直持续。反应堆冷却剂系统的压力高于二次侧蒸汽发生器的压力,两者的差值由维持热量从一次侧

传给二次侧的传热的温差所决定。直到堆芯衰变热降低,破口流出的热量与汽化速度相当,此时系统停止降压。

对于中等小破口事故来说,高压安全注射泵是非常重要的,用它来补充冷却剂的流失;蒸汽发生器也非常重要,用它来带走热量。蒸汽发生器一直充当热阱,作为热阱的二回路侧存水是否充足与核电站的设计特性和破口面积大小有关。随着系统压力降低,破口处的流量减少,安全注射的流量最终能够补偿破口的流量损失。在这一过程中,堆芯可能出现裸露。在这种情况下,由于瞬变过程较为缓慢,堆芯裸露持续时间较长,因此可能造成严重的后果。

第三类小破口事故是指由于作为热阱的蒸汽发生器丧失排热功能,破口被隔离或高压安全注射流量超过从破口流失的流量,反应堆冷却剂系统被重新加压。在前面列举的反应堆中,这类事故的破口面积小于 18.6 cm^2。图 4.7 是这类破口的压力特性曲线。从图中可以看出,反应堆冷却剂系统很快被重新加压。通过减小高压安全注射的流量或打开主回路释放阀可以停止重新加压。图 4.7 中 F 点是反应堆冷却剂系统完全充满水,压力将迅速上升的点,压力最终稳定在高压安全注射泵的设定停止值或稳压器释放阀的触发值上。

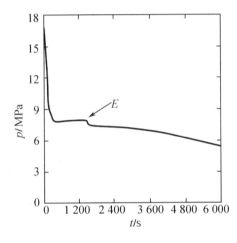

图 4.6　第二类小破口时系统压力变化　　图 4.7　第三类小破口时系统压力变化

在第三类小破口事故中,堆内冷却剂的总量减少不足以出现堆芯裸露的情况。在发生最小破口事故时,因冷却剂总量流失很小而不会中断单相自然循环。在发生这类破口事故时,衰变热完全通过蒸汽发生器带走。因此,在没有主给水的情况下,应该启动二回路的辅助给水系统,以维持带走一次侧的热量。

第三类小破口事故的另一个特征是无论有或没有主泵运行,堆芯都一直被淹没。通常认为,在破口面积大于 18.6 cm^2 时主泵的运行会比不运行产生更大的冷却剂丧失。然而,当破口面积小于 18.6 cm^2 时,主泵运行引起的额外的冷却剂流失不会引起堆芯裸露。

3. 减缓小破口事故后果的措施

压水堆中可利用的减缓小破口事故后果的主要措施是利用应急堆芯冷却系统(ECCS)、高压安注系统、安注箱和低压安注系统。

高压安注系统由高压头的离心泵、相关管道和阀门组成。这些阀门用来控制水是注入反应堆冷却剂系统的冷管段还是直接注入反应堆压力容器的环形空间,这与压水堆的设计有关。

安注箱最初充水并用氮气加压。在大多数压水堆的设计中,安注箱可以向反应堆冷却剂系统的每个冷管段注水。在有的压水堆设计中,一些水箱可以直接向反应堆环形空间注水。为了在注水时获得最大的静压头,水箱被放在安全壳的高处。

低压安注系统被设计成当反应堆冷却剂系统压力降至大约 0.7 MPa 后,提供长期的堆芯冷却。低压安全注射泵是大容量、低压头的离心泵。通常有两台低压安全注射泵,其中任何一台泵运行就足以带走堆芯衰变热。高压安全注射泵和低压安全注射泵从换料水箱中抽水,换料水箱中的水用完后,自动从安全壳的地坑中抽水。

自三哩岛核事故之后,研究人员清楚地发现二回路辅助给水系统是非常重要的,因为其潜在的用途是通过蒸汽发生器带走热量。在所有压水堆设计中,辅助给水系统都是由蒸汽发生器水位过低或主给水流量丧失信号自动触发,辅助给水由电动或气动离心泵提供动力。通常有 3 台泵,其中两台就足以把反应堆紧急停堆后产生的衰变热带走,泵的冗余和电源的多样性保证了需要时辅助给水系统的可用性。

4. 破口过程的物理现象

小破口事故后产生一系列的物理现象,而这些现象都与系统的压力降低有关,而系统压力的降低是由随后的两相流动所决定的。瞬态转变过程还与反应堆堆芯释热有较大的关系(因为堆芯不断地将热量传给冷却剂),另外还与反应堆冷却剂回路的布置、蒸汽发生器的具体情况有关。

在破口事故的初期,主泵仍在运行或正缓慢停车,主泵的惯性决定着流体在主冷却剂系统中的流动。主泵停止运行后,在反应堆冷却剂系统中的质量传递由自然循环所决定。破口位置影响质量传递,另外由高压安全注射泵或安注箱注入的水也会影响质量传递。

对于非常小的破口面积,单相自然循环是主泵停止运行之后引起反应堆冷却剂系统中水循环的主要机制。在这种情况下,堆芯上部不会完全变空。此时系统内存在热流体(密度小)和冷流体(密度大),热流体主要存在于堆芯上升段、热管段以及蒸汽发生器的进口腔室、上行管段,冷流体存在于蒸汽发生器的下降管段、主泵进口段、主泵、冷管段和反应堆容器的环形下降空间。冷热流体的密度差使堆内产生自然循环流动。由密度差和高度差引起的静压差被由流动摩擦所引起的流动阻力所平衡。自然循环的流动速度由驱动压头和流动压降之间的平衡决定。

单相自然循环流动的建立与反应堆冷却剂系统各部件的相对高度有关。U 形管蒸汽发生器管束两端流体的密度差提供了一部分驱动压头。在使用直流式蒸汽发生器的压水堆中,决定自然循环的主要尺寸是堆芯的加热中心与蒸汽发生器管束的冷却中心之间的有效高度差。这个有效高度差与堆芯功率水平和直流式蒸汽发生器的换热特性有关。

在小破口事故情况下,如果高压安全注射的流量不能补偿破口的流量损失,结果瞬态过程将最终从单相自然循环过渡到堆芯沸腾,蒸汽发生器传热管中出现冷凝回流。随着反应堆冷却剂系统中压力降低,回路中最热的流体温度接近饱和温度,将出现闪蒸。这种闪蒸首先发生在压力容器的上封头和稳压器中,随后是热管段,最后是堆芯顶部。这个瞬态过程的早期,闪蒸产生的蒸汽进入蒸汽发生器管束的入口段之后,很快被冷凝,自然循环流动将被维持在两相低含汽率流动状态。

如图 4.8 所示,最终冷却剂中的空泡将中断自然循环流动,引起堆芯内水量减少。此时,反应堆冷却剂系统的压力受破口的流体速度、堆芯蒸汽的产生速度和高压安全注射流量的影响。系统压力达到一个特定值时,蒸汽发生器带走的能量和破口流失能量的总和等于堆芯进入冷却剂的热量。对于较大破口来说,因为衰变热的大部分从破口带出,系统压力继续下降。这种情况下,因为蒸汽发生器中冷凝的蒸汽很少,所以蒸汽发生器管束两侧的温差很小。

这一过程反应堆冷却剂系统冷管段水位继续下降,堆芯产生的蒸汽向上流过热管段进入蒸汽发生器管束,蒸汽被冷凝后流回到堆芯(见图4.9)。由于蒸汽在热管段和蒸汽发生器管中的流速相对较小,在热管段会发生蒸汽与冷凝水之间的逆向流动。因此,可以预料到蒸汽发生器管束的一部分将发生间歇性阻塞。

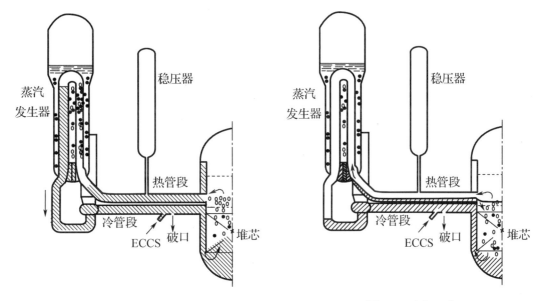

图4.8 单相自然循环向冷凝回流的转变　　　　**图4.9 冷凝回流**

在反应堆冷却剂系统冷凝回流阶段,冷却剂的水位继续下降,最终反应堆冷却剂系统的压力降至较低值,直至应急堆芯冷却系统的注水速度等于并超过破口流量,这时反应堆内的水位重新上升。最终升至上封头,水溢流进入热管段,使热管段内充满水。在这个阶段,冷管段中的水位产生一个压头,驱动蒸汽进入蒸汽发生器管束。当蒸汽发生器入口段的水位高于蒸汽发生器管束中短管的高度时,系统开始进入单相自然循环。

自高压安全注射的流量超过破口流量时起,在反应堆上部和稳压器中的气泡以某一速度消失,这个速度由冷凝速度和注射速度决定。最后所有蒸汽被冷凝,系统压力升高,直至破口流量又一次等于注射流量,系统恢复单相自然循环。然而,冷却剂中不凝性气体的存在将阻止主回路回到纯单相流动状态。

不凝性气体的来源包括燃料包壳氧化时所形成的氢、燃料棒内最初充入的氦气、裂变气体、安注箱带入的氮气、溶解在换料水箱或地坑水中的空气。不凝性气体对自然循环产生潜在的影响,被带入蒸汽发生器中的不凝性气体会降低蒸汽发生器一回路侧向二回路侧的传热。

大量不凝性气体集聚在蒸汽发生器U形管顶部将阻止水借助虹吸作用通过U形管顶部,因而当反应堆冷却剂系统重新充满水时,不凝性气体会阻止单相自然循环的建立。相同的情况也会发生在使用直流式蒸汽发生器压水堆的热管段的较高位置处。消除不凝性气体的影响,使流动回到单相自然循环状态,主要通过管子两端密度差所形成的压差来实现。

5. 破口位置的影响

小破口的位置会影响最终流出系统的水量和由应急堆芯冷却系统注入并到达压力容器的水量。由于冷管段位置较低,在其底部的破口将引起比在系统高处的破口更多的冷却剂丧失。此外,因为水是由冷管段注入的,冷管段上的破口有可能使由应急堆芯冷却系统注入的水一部分流失。产生位于冷却剂管道底部的破口比那些位于顶部的破口更为不利,因为前一种破口喷射出的是水而非蒸汽,这将引起较大的冷却剂丧失。

还有一个较重要的破口位置是各种与稳压器相连的管道,特别是稳压器的释放阀(在三哩岛核事故中,正是由于电动释放阀没有关闭而引起反应堆冷却剂丧失)。在这样的小破口事故中,稳压器中的水是否能通过波动管回到主回路管道中对冷却堆芯是非常重要的。如果稳压器安全阀打开而不能回座,则稳压器可能在最初几分钟内完全被水充满,结果使高压注射系统为了防止稳压器和一次系统充水过多而关闭。这时尽管信号指示是满水状态,但实际上在一次系统内(多半在反应堆压力容器内)可能还存在汽液界面,所以在高压注射系统的泵停止运行后,冷却剂系统内液体的重新分布可能导致堆芯裸露。

还有一个重要的破口位置是蒸汽发生器的管束。这里的泄漏特别重要,因为被包容在一回路液体中的放射性物质可直接通过二次侧的蒸汽进入环境中。

6. 主泵停止运行的影响

当主泵停止运行时,反应堆冷却剂系统中的流速急剧降低,两相分离的作用变得重要起来。当重力与惯性力相比较小时,两相流体之间的相对运动较小。当流体速度降低,重力变得相对重要起来,在这种情况下,两相速度不再相同。两相速度不同引起反应堆冷却剂系统中蒸汽分布不均匀。而且,当含汽率较高时,主泵运行困难,而且泵振动也会有潜在的危险(在三哩岛核电站事故中,主泵由于振动而被关闭)。

对于在热管段的破口,主泵仍在运行情况下的流体分布同上面在冷管段的破口有相同的现象。然而,由于破口距压力容器的距离不一样,这些现象对堆芯裸露的影响有很大的不同。对于热管段的破口,只要压力容器内两相混合物的液位仍然高于热管段底部,破口将一直被两相液体所覆盖。当主泵已停止运行时,这一水位是由堆芯下降段环形空间的水位来维持的。若主泵在瞬态变化过程中失效或被关闭,在堆芯中两相混合物的液位会降低。若主泵在反应堆压力容器内水量最少时被停止运行,堆芯裸露的高度会达到最大。然而,因为包壳峰值温度不仅由裸露高度而且由整个堆芯裸露时间来决定,所以这时未必会达到最严重的包壳峰值温度。

4.1.3 失水事故后果及安全对策

当反应堆出现失水事故时,首先要通过安注箱和安全注入系统向堆芯内注水,保证堆芯的冷却。目前为了保证核反应堆的安全,一般在设计中都采用了多重的堆芯冷却方法,如安注箱、高压安注系统、低压安注系统、非能动堆芯冷却系统等。尽管如此,在出现事故后反应堆仍然会有冷却不及时、燃料温度过高及堆芯裸露等事故发生。如果事故发展严重,堆芯会出现大面积燃料包壳失效,威胁或破坏核反应堆压力容器或安全壳的完整性,引发放射性物质泄漏。堆芯熔化事故是由于堆芯冷却不充分,引起堆芯裸露、升温和熔化的过程,其发展较为缓慢,时间尺度为小时量级,美国三哩岛核电站事故就是堆芯熔化事故的实例。堆芯解体事故是由于快速引入巨大的反应性,引起功率陡增和燃料碎裂的过程,其发展速度非常快,时间尺度为秒量级,苏联切尔诺贝利核事故是到目前为止仅有的堆芯解体事故的实例。由于轻水反应堆固有的反应性负温度反馈特性和专设安全设施,因此发生堆芯解体事故的可能性极小。

事故预防的关键在于尽量降低事故的发生概率。为了做到这一点,应该从组织和技术两个范畴来考虑。其组织范畴主要是利用运行经验,抓好人因、利用制度、注重管理。其技术范畴是利用在役检查、维修和单个核电站安全性评价,保障和了解机组硬件设备的可利用性和可靠性,同时利用核安全研究技术预先寻找和评价各种预防对策措施。如果按阶段和工作方式,可以将事故预防阶段的可用技术列表,如表4.1所示。

表 4.1　事故预防措施

一次侧	应急堆芯冷却注射含硼水; 高压安全注射加主系统上充下泄,主系统减压引入应急堆芯冷却系统注射,包括启用安注箱上充下泄,利用可能的替代水源和替代泵实现应急注射; 启用主泵避免压力热冲击; 发生 SGTR 后切断或减少高压安全注射流量
二次侧	小破口失水事故和瞬变下,推迟给水以节省水资源; 在丧失热阱情况下,开启阀门快速减压,利用移动泵供水; 丧失主给水源时利用除盐水; 利用消防水

事故缓解措施中包括向操作人员提供一套建议,提示在堆芯熔化状态下的应急操作行动。进入事故缓解的时机是所有预防性事故干预手段均已失效,放射性的前两道屏障已经丧失,第三道即最后一道屏障安全壳已经受到威胁。

事故缓解的基本目标是尽可能维持已高度损坏堆芯的冷却,实现可控的最终稳定状态,尽可能长时间地维持安全壳的完整性,从而为站外应急计划赢得更多的时间,并尽量降低向站外的放射性释放,尽量避免土壤和地下水的长期污染。实验与分析均表明,堆芯熔化以后,放射性物质在安全壳内的沉降与滞留有非常明显的时间效应,因此尽量避免安全壳早期失效并尽量推迟失效时间极有意义。

1. 防止高压熔堆

从事故缓解的角度考虑,为了防止高压熔堆危及安全壳的早期完整性,应当及早将它转变为低压过程。

研究表明,将一回路转为低压过程可以通过操作人员动作(适时地开启稳压器安全阀卸压)或者自然过程(自然循环冷却)来实现。有些国家还专门设计了涉及系统降压的操作规程。安全阀开启后主系统将迅速转入低压,上封头失效时主系统压力将小于 1.2 MPa。

即使没有能动注水补充,单纯的卸压过程不但可以防止高压熔堆,其本身还有延缓堆芯熔化的效果。这是因为减压过程中堆芯冷却剂的闪蒸使混合液位上升,燃料元件上部可以获得气液两相流的额外冷却,从而延缓过热过程。压力下降到 5 MPa 以下时还可引入非能动安注箱注水,有效地利用这一部分水资源载出热量。

一回路降压方法需要注意的问题是稳压器安全阀打开的时机,如果太早,势必引起一回路冷却剂装量的更多流失,使堆芯早期加热更加明显。

2. 安全壳热量排出与减压

安全壳内压力与安全壳内聚积的热量有一定关系,安全壳的减压过程也就是热量的排出过程。

喷淋是安全壳排热减压的重要手段。喷淋有两方面的作用:一是使安全壳内水蒸气凝结以维持较低的压力;二是通过喷淋及其添加剂洗消放射性碘和气溶胶,从而降低可能泄出的放射性。对喷淋作用的机理分析,表明取小流量喷淋间歇式运行方式效果较好,这可以保证在安全壳压力不超过设计定值的前提下节省换料水箱的水资源,以利于从总体上延长喷淋作用的时间,即推迟安全壳的超压时间。根据对严重瞬变时序的分析结果,确保至少一路喷淋注射在事故后 4~5 小时可用是有效的缓解措施之一。

实际上,简单的喷淋注射并没有从安全壳内排出热量,它只是利用较冷的喷淋液吸收了一部分堆芯释放的热量,暂时缓解了安全壳的升温过程。安全壳内热量的排出进一步依靠安全注射和再循环喷淋,此时地坑内积聚的温度较高的主冷却剂和喷淋液被汲出,其热量通过热交换器传给设备冷却水,再排向环境,然后被冷却了的主冷却剂重新注入主系统或喷淋到安全壳。因此,对于安全壳排热来说,安全注射和喷淋再循环是重要的冷却手段。法国压水堆核电机组的设计,考虑了喷淋或安全注射的再循环失效问题,使低压安全注射泵和喷淋泵互为备用,提高了这两个系统的可利用率。在最极端的情况下,可以考虑用移动式泵和热交换器实现再循环。当然,这一方案需要在安全壳上预留接口,并保证正常及一般事故情况下的有效隔离。

喷淋和再循环喷淋是一种有效的排热减压措施,但其启用也有比较大的副作用。除了含碱喷淋液对设备的腐蚀及善后工作复杂外,若喷淋在事故后较晚投入,此时锆已大部分氧化,其他金属也与水蒸气反应缓慢地产生氢气,喷淋使水蒸气快速凝结,可能导致安全壳大气中氢气分压大幅度上升,甚至可能进入燃爆区,因此喷淋的晚期投入一定要慎重。

另一种可用的安全壳排热减压措施是利用安全壳风冷系统。有些核电站风冷系统设计成安全级系统,事故下可以自动切换到应急运行状态,降低风机转速,加大公用水基本流量,同时使气流先除湿再进入活性炭吸附器。对于这一类核电站,风冷系统的投入优先于喷淋。另有不少核电站的风冷系统仅用于排除正常运行时主系统设备所产生的热量,不属于安全级设备,设计容量也较小,因而在事故分析中不考虑其贡献。在事故缓解阶段,如其支持系统(电源、冷却水)能够保障,不妨考虑使其投入。它至少可以载出相当一部分停堆后的衰变热,有利于减轻其他系统的压力。在今后设计建造核电站时,应当加强安全壳的风冷能力,相比之下这种安全壳冷却方式的副作用较小。

对于自由空间较大、结构热容量也较大的安全壳,还可以在事故后一段时间内采用姑息法,即在一定期间内不采取排热措施,而集中精力于努力恢复正常的冷却通道,如再循环系统等。对于这一类安全壳,其超压失效时间通常长达数天,在此期间安全壳内吸热和壳外壁与外界环境的换热已不可忽略,它们对于抑制安全壳内压上升有明显作用。

3. 消氢措施

为了消除氢爆与氢燃烧的威胁,解除晚期投入喷淋的后顾之忧,应当建立完善的消氢系统。压水堆核电站一般装备有安全级的消氢系统,该系统将安全壳大气抽出一部分,使之通过已被加热到800 ℃左右的金属触媒网,以促使氢与氧化合,从而达到消氢的目的。目前的系统存在着若干不足,氢复合器体积较大,需电源和冷却水支持,发生多重故障时将失去功能。

美国研制的氢点火器是一种新型消氢装置,这是一种类似矿山安全灯的装置,将这一小型装置布置在适当的隔室内,点火器内的微小电火花可以使可能存在的氢气与氧气化合。

4. 安全壳功能的最终保障

在喷淋、风冷手段失效的情况下,安全壳功能的最终保障有以下几种可能途径。

(1)过滤排气减压

在安全壳预计将发生超压失效时,以可控方式排出部分安全壳内气体可以达到减压的目的。采取这一措施将人为破坏安全壳的密封完整性,怎样减少向站外的放射性释放是问题的关键,因此排出的气体应当经过适当形式的过滤。

目前国际上已研制出多种过滤减压装置。瑞典为沸水堆设计了卵石床过滤器,法国设计了砂堆过滤器,利用固体颗粒表面以吸附和凝结作用去除挥发性裂变产物和气溶胶。

我国自主研发的第三代核电站"华龙一号"采用的是主动卸压的安全壳过滤排放系统,主要通过湿式文丘里水洗过滤器和干式金属纤维过滤器两级串联的形式过滤去除严重事故后壳内的放射性气溶胶,以防止事故后排放的气体对周围环境造成危害,同时也确保了安全壳的完整性。其中,文丘里水洗过滤器主要通过化学溶液水洗过滤的形式去除元素碘和有机碘,同时吸收大量放射性气溶胶气体携带的显热及衰变热;金属纤维过滤器作为第二级精过滤器,主要去除未被文丘里水洗器滞留的微米级气溶胶及液滴。

(2)安全壳内热量导出

与安全壳主动泄压不同的是,安全壳热量导出系统是利用热传递的原理将安全壳内的热量排放到大气空间内,比如美国 AP 系列反应堆是通过在钢制安全壳外表面喷洒液体,把钢制安全壳作为换热表面,以液膜蒸发冷却的形式将热量源源不断地导出。我国"华龙一号"非能动安全壳热量导出系统则是在安全壳内安装内部热交换器,将壳内热量通过热交换器传递到外部空间,从而降低安全壳内的压力和温度。

(3)安全壳及堆坑淹没

如果水源有保障,事故又发展到极为严重的阶段,向安全壳大量注入冷水是推迟安全壳超压的另一可能措施。

大量冷水注入安全壳后,水将吸收主系统的显热和衰变热而升温。到达相应设计压力下饱和温度以前,安全壳不可能超压。

计算表明,升温速率是很低的,不采用任何其他措施,仅注水也可维持安全壳在失效压力以下几十小时至百余小时。但是,对于堆功率较大而安全壳较小的核电站,安全壳淹没措施受到某些限制,效果并不显著,而负作用可能较大。因此,能否采用某一缓解措施,说到底是一个核电站特异性问题。

4.2 失水事故的临界流动

4.2.1 两相临界流动基本概念

在图 4.10 所示的流动系统中,如果上游压力为 p_0,则当背压 p_b 下降到低于 p_0 时(图中的曲线 1),流动就开始了,并在 p_0 与 p_b 之间建立起一个压力梯度。当 p_b 进一步降低时,流量增加(曲线 2),而孔道出口处的压力 p_e 等于 p_b 这个关系将一直维持到临界的某一点为止,该点由曲线 3 表示。当 p_b 降低得足够多,以致使孔道出口处的流速等于该处温度和压力下的音速时,孔道出口处的质量流量达到最大值,此时 p_e 仍等于 p_b。但是当背压 p_b 再进一步降低时,p_e 不再变化,孔道出口处的质量流量也不再继续增加(曲线 4 和 5)。我们把上述这种流量保持最大值的流动叫作临界流动,它的定义是当系统的某一部分中的流动不受在一定范围内变化的下游条件影响时,就是临界流动。在气体动力学中,已对这种临界流动现象进行了充分研究,发展了一套完善的理论和计算方法。实验证明,两相流动也存在上述临界现象,但两相流的临界流速比单相流的临界流速低得多。

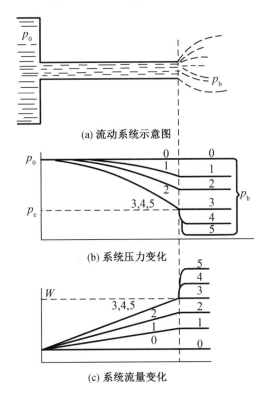

(a) 流动系统示意图

(b) 系统压力变化

(c) 系统流量变化

图 4.10 单相临界流示意图

两相临界流动对于核反应堆的安全分析是很重要的。核反应堆的最大可信事故是主冷却剂管路断裂,这时高温高压的冷却剂从约 15 MPa 的压力下降到大气压附近,会引起冷却剂的突然汽化和两相流动。这种破裂会导致冷却剂的迅速丧失,使活性区暴露在蒸汽环境中。在这种情况下,如果不及时采取有效措施,就可能导致活性区熔化。在这一过程中破口处的流动处于临界流状态,研究这一过程的临界流量与系统内其他参数的关系对分析失水事故的影响有重要意义。因此,计算此时临界两相流系统的流量,对于确定事故危害程度和原因,以及事故冷却系统的设计都是十分重要的。

单相气体的临界流动问题,已经从理论和实验两个方面做了深入的研究,并且在很多工程实际当中得到应用。两相临界流动的研究工作开展得比较晚,主要是从实验研究和理论探讨两种途径进行的。早期的研究工作是从锅炉、蒸发器设计中所遇到的实际问题出发的,随着核反应堆的出现,出于安全分析的需要,对两相临界流的研究逐渐引起了人们的重视,并已总结出了大量的实验报告和理论分析模型。

4.2.2 压力波在流体内的传播

1.压力波在可压缩流体中的传播速度

临界流速及流量都与压力波的传播速度直接相关。下面我们举例说明压力波在可压缩流体中的传播速度,进而讨论临界问题。

活塞在一个充满静止的可压缩流体的直圆管中,以微小的速度 dw 推移(见图4.11),使活塞前面的流体压力升高一个微量 dp,dp 所产生的微弱扰动向前传播。活塞将首先压缩紧靠活塞的那一层流体,这层流体受压后,又传及下一层流体,这样依次一层一层地传下去,就在圆管中形成一道微弱的压缩波(m-n),它以速度 u 向前推移。波面(m-n)是已经受扰动过的区与没经扰动区的分界面。在波面(m-n)前面的流体仍然是静止的,其压力为 p,密度为 ρ,温度为 T。波面后的压力为($p+dp$),密度为($\rho+d\rho$),温度为($T+dT$),同时波面后的流体也以与活塞微小运动同样的微小速度 dw 向前运动。

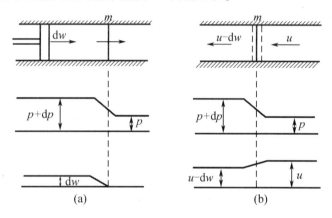

图4.11 压力波的传递

以上的流动是一种不定常的流动,为了转化为定常流动,可以设想观察者随波面(m-n)一起以速度 u 向前运动。气体相对于观察者定常地从右向左流动,经过波面,速度由 u 降为($u-dw$),同时,压力由 p 升高到($p+dp$),密度由 ρ 升高到($\rho+d\rho$),如图4.11(b)所示。根据连续方程,在 dt 时间内流入和流出图示控制面的流体质量应该相等,即

$$u\rho Adt = (u - dw)(\rho + d\rho)Adt \tag{4.1}$$

展开后,得

$$dw = \frac{ud\rho}{\rho + d\rho} \tag{4.2}$$

根据动量方程,我们可以得到

$$\frac{(u - dw) - u}{dt}u\rho Adt = \left[p - (p + dp)\right]A \tag{4.3}$$

$$dw = \frac{dp}{u\rho} \tag{4.4}$$

由式(4.2)和式(4.4)得

$$\frac{dp}{d\rho} = \frac{u^2}{1 + \dfrac{d\rho}{\rho}} \tag{4.5}$$

我们这里讨论的是微弱压力扰动, $\dfrac{d\rho}{\rho} \ll 1$, 所以

$$u = \sqrt{\frac{dp}{d\rho}} \tag{4.6}$$

上式中的 u 是压力波在可压缩流体中的传播速度。对于理想气体,上式还可以写成以下形式:

$$u = \sqrt{kRT} \tag{4.7}$$

式中, k 为定压比热容与定容比热容之比; R 为气体常数; T 为温度。

式(4.7)与物理学中计算声音在弹性介质中传播速度的公式完全相同。可见,可压缩流体中微弱扰动波的传播速度就是音速。从以上公式可以看出:流体的可压缩性大,则扰动波传播得慢、音速小;反之,流体的可压缩性小,则扰动波动传播得快、音速大。

在发生临界流动情况下,管内的流体速度达到了音速,这时背压降低产生的扰动也以音速在流体中传播。由于这时扰动波的传播方向与流体的流动方向相反,且下游的压力波传递不到上游去,所以这时背压降低对流速及流量都没有影响。

2. 压力波在两相流中的传播速度

液体和蒸汽的混合物对于压力脉冲的响应存在着两种极限状态:

(1)两相间发生质量交换时保持热平衡;

(2)两相间不存在质量交换(冻结状态),液体和气体各自都是等熵的。

在等熵的情况下,假设没有质量交换,则算得的音速通常叫作"冻结音速"。如果蒸汽和液体可以看作是一种均匀混合物,则两相流的冻结音速可由下式确定:

$$u_{T_p}^2 = \left[\frac{\alpha\rho_0}{\rho''u''^2} + \frac{(1-\alpha)\rho_0}{\rho'u'^2} \right]^{-1} \tag{4.8}$$

式中, ρ_0 为两相混合物的真实密度, $\rho_0 = \alpha\rho'' + (1-\alpha)\rho'$; u'' 为压力波在气体中的传播速度; u' 为压力波在液体中的传播速度。

由于 $u' \gg u''$,所以上式可以写成

$$\frac{u_{T_p}^2}{u''^2} = \left[\alpha^2 + \frac{\alpha(1-\alpha)\rho'}{\rho''} \right]^{-1} \tag{4.9}$$

以上公式适用于计算截面含汽率较低的泡状流的冻结音速。

如果考虑到两相之间的滑移,在截面含汽率较高的情况下,可以采用 Henring 的公式,即

$$u_{T_p}^2 = \frac{[(1-x)\rho'' + x\rho']^2 + x(1-x)(\rho'-\rho'')^2}{\dfrac{x\rho'^2}{u''^2} + \dfrac{x(1-x)\rho''^2}{u'^2}} \tag{4.10}$$

以上所介绍的是根据冻结模型得到的音速计算公式,通过以上公式可以计算出临界流速及流量。冻结模型及相应的公式,一般只适用于压力较低的情况。当压力大于 2 MPa,流体在长管中流动时,管中的气泡有足够的时间长大,采用热力学平衡的模型计算临界流速要更合适。

4.2.3 两相临界流的平衡均相模型

为了表达临界流量,应用可压缩流体在水平管中的一元稳定流动方程,并假定流体对外不做功且与外界无热交换。在这种情况下,连续方程为

$$M = \rho A w \tag{4.11}$$

动量方程为

$$\rho w \mathrm{d}w + \mathrm{d}p = 0 \tag{4.12}$$

求连续方程对 p 的导数,得

$$\frac{\mathrm{d}M}{\mathrm{d}p} = Aw\frac{\mathrm{d}\rho}{\mathrm{d}p} + A\rho\frac{\mathrm{d}w}{\mathrm{d}p} + \rho w\frac{\mathrm{d}A}{\mathrm{d}p} \tag{4.13}$$

对于等截面管段, $\dfrac{\mathrm{d}A}{\mathrm{d}p} = 0$,则上式可简化成

$$\frac{\mathrm{d}G}{\mathrm{d}p} = w\frac{\mathrm{d}\rho}{\mathrm{d}p} + \rho\frac{\mathrm{d}w}{\mathrm{d}p} \tag{4.14}$$

把式(4.12)代入上式得

$$\frac{\mathrm{d}G}{\mathrm{d}p} = w\frac{\mathrm{d}\rho}{\mathrm{d}p} - \frac{1}{w} \tag{4.15}$$

按临界流的定义,可压缩流体通过管道时达到临界流量的条件应为

$$\left(\frac{\mathrm{d}G}{\mathrm{d}p}\right)_s = 0 \tag{4.16}$$

式中,下角码 s 表示此过程为等熵过程。合并上两式得临界质量流速为

$$G_c^2 = \rho^2\frac{\mathrm{d}p}{\mathrm{d}\rho} \tag{4.17}$$

上式很容易化成如下常见形式:

$$G_c^2 = G_{\max}^2 = -\frac{\mathrm{d}p}{\mathrm{d}v} \tag{4.18}$$

式中, p 和 v 分别为管子出口端的压力和比体积。

在分析两相临界流时,有些问题使分析复杂化,即发生相变,流型的变化,气液两相间存在相对速度,以及热力学不平衡。当流体的温度低于对应压力下的饱和温度时,不发生沸腾,即发生热力学不平衡。这种沸腾的延迟,可能是由于缺乏汽化核心或膨胀的时间过短等原因。

在两相临界流的研究中,提出过不少流动模型,其中最简单的是平衡均相模型。在这种流动模型中,假定两相流各处已达到相平衡或热力学平衡,而且两相间无相对速度。因此,两相流体比体积可按均相流模型计算,即

$$v_m = v'(1 - x) + v''x \tag{4.19}$$

对压力求上式的导数,得

$$\left(\frac{\mathrm{d}v_{\mathrm{m}}}{\mathrm{d}p}\right)_{\mathrm{s}} = x\left(\frac{\mathrm{d}v''}{\mathrm{d}p}\right)_{\mathrm{s}} + (v'' - v')\left(\frac{\mathrm{d}x}{\mathrm{d}p}\right)_{\mathrm{s}} + (1 - x)\left(\frac{\mathrm{d}v'}{\mathrm{d}p}\right)_{\mathrm{s}} \qquad (4.20)$$

若把均质两相流当作单相流处理,则将式(4.20)代入式(4.18)后得

$$G_{\mathrm{c}} = G_{\mathrm{max}} = \left[\frac{-1}{x\left(\frac{\mathrm{d}v''}{\mathrm{d}p}\right)_{\mathrm{s}} + (v'' - v')\left(\frac{\mathrm{d}x}{\mathrm{d}p}\right)_{\mathrm{s}} + (1 - x)\left(\frac{\mathrm{d}v'}{\mathrm{d}p}\right)_{\mathrm{s}}}\right]^{\frac{1}{2}} \qquad (4.21)$$

在计算时,热力学参数可从蒸汽表中查得,导数可用差值比来近似计算,如 $\dfrac{\mathrm{d}v''}{\mathrm{d}p} \approx \dfrac{\Delta v''}{\Delta p}$。
Fauske 等人给出了便于应用的确定汽水混合物临界流量 G_{c} 的线算图。然而,按这种流动模型计算所得的计算值一般都偏低,尤其是当出口干度很低时,如图 4.12 所示,图中 η_{g} 表示临界流量的试验值与均相模型计算值之比。

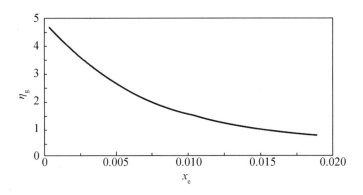

图 4.12 两相临界流量与平衡均相模型的计算值之比

对于长管,由于有足够的时间达到热力学平衡,故用上述方法计算时误差不大;但对于短管,由于流过的时间很短,故误差很大,一般计算值约为试验值的 1/5。

有些研究表明,在大于 2.12 MPa 的高压范围且管长超过 0.3 m 的条件下,采用平衡均相模型的临界流量计算值与试验结果基本相符。

4.2.4　长孔道内的两相临界流

对于两相流体,如果在流道的某个截面上有一个压力扰动,那么这个压力波在气相和液相中的传播速度是不一样的,在液体中的传播速度要大大超过气体中的传播速度。而临界质量流量取决于孔口处气相和液相各自所占的比例,亦即取决于孔口处流体的密度。

由于两相之间存在着热力不平衡状态(如蒸发的滞后、流体的过热等),以及两相之间存在滑移、质量交换、动量交换和能量交换等,这些因素都直接影响临界流动,因而使两相临界流的研究比单相临界流复杂得多。

在长孔道内,两相流停留的时间足够长,两相之间容易获得热力平衡,可以用基本方程确定流动问题。下面我们介绍两种计算长孔道两相临界流量的方法。

1. 福斯克模型

福斯克(Fauske)从动量方程出发,分析了两相流通过长孔道内的临界流动,从而导出

了两相流的临界质量流速的一般计算式。

在忽略摩擦的情况下,两相流中气相和气相在相同压降下的动量方程是

$$d(pA') + d(M'w') = 0 \tag{4.22}$$

或者

$$d(pA') + d(\rho'A'w'^2) = 0 \tag{4.23}$$

和

$$d(pA'') + d(\rho''A''w''^2) = 0 \tag{4.24}$$

由于流动过程中压力不断降低,并伴随有汽化发生,所以无论是气相或是气相的流通面积、密度和质量流量都是变量,因此

$$d(pA') = pdA' + A'dp \tag{4.25}$$

$$d(pA'') = pdA'' + A''dp \tag{4.26}$$

$$d(pA') + d(pA'') = p(dA' + dA'') + (A' + A'')dp = pdA + Adp \tag{4.27}$$

对于等截面通道,$dA = 0$,所以式(4.23)和式(4.24)相加得到两相流动量方程为

$$dp = -\frac{1}{A}d[(\rho'A'w'^2) + (\rho''A''w''^2)] \tag{4.28}$$

根据分相流模型的连续方程得

$$dp = -\left(\frac{M}{A}\right)^2 d\left[\frac{(1-x)^2}{1-\alpha}v' + \frac{x^2}{\alpha}v''\right] \tag{4.29}$$

式中,$\dfrac{(1-x)^2}{1-\alpha}v' + \dfrac{x^2}{\alpha}v'' = v_M$ 为动量平均比体积;则式(4.29)可以写成

$$dp = -\left(\frac{M}{A}\right)^2 dv_M \tag{4.30}$$

$$\left(\frac{M}{A}\right)^2 = -\frac{dp}{dv_M} = \frac{1}{\dfrac{dv_M}{dp}} \tag{4.31}$$

以上表达式与单相临界流量的表达式是一样的。根据式(4.31)我们可以得到质量流速的一般表达式。由于

$$\alpha = \frac{xv''}{S(1-x)v' + xv''} \tag{4.32}$$

则

$$v_M = \left[v'(1-x) + \frac{x}{S}v''\right][1 + x(S-1)] \tag{4.33}$$

将上式对 p 求导数,可以得出

$$\frac{dv_M}{dp} = [1 + x(S-2) - x^2(S-1)]\frac{dv'}{dp} + (1 - x + Sx)\frac{x}{S}\frac{dv''}{dp} +$$
$$\left\{\frac{v''}{S}[1 + 2x(S-1)] + v'[2(x-1) + S(1-2x)]\right\}\frac{dx}{dp} +$$
$$x(1-x)\left(v' - \frac{v''}{S^2}\right)\frac{dS}{dp} \tag{4.34}$$

代入式(4.31),则得

$$G^2 = \left(\frac{M}{A}\right)^2 = -S\left\{\lceil 1 + x(S-1)\rceil x \frac{\mathrm{d}v''}{\mathrm{d}p} + \{v''[1 + 2x(S-1)] + \right.$$

$$Sv'[2(x-1) + S(1-2x)]\}\frac{\mathrm{d}x}{\mathrm{d}p} + S[1 + x(S-2) - x^2(S-1)]\frac{\mathrm{d}v'}{\mathrm{d}p} +$$

$$\left. x(1-x)\left(Sv' - \frac{v''}{S}\right)\frac{\mathrm{d}S}{\mathrm{d}p}\right\}^{-1} \tag{4.35}$$

在解上面这个方程时,除了需要知道介质热力学性质及其在上述公式中的导数外,还应该知道两相分界面处的质量、动量及能量交换情况。通常,介质的热力学性质是可以知道的,但是关于界面处的质量、动量交换情况目前尚缺乏了解。

当压力沿着孔道下降时,流体有一部分突然化成蒸汽,混合物的动量平均比体积在出口处达到最大值。因为 v_M 是 x 和 α 的函数,所以 G 必然是滑速比 S 的函数。因此,不同的 S 值会导致不同的 G 值。所以在 $\partial v_M/\partial S = 0$ 时的滑速比下得到最大的压力梯度(以及最大的 G)。这个模型称为滑动平衡模型,是由福斯克提出来的。该模型假定两相之间处于热力学平衡状态,因此适用于长孔道。

根据动量平均比体积的表达式,有

$$v_M = \left[v'(1-x) + \frac{v''x}{S}\right][1 + x(S-1)]$$

则

$$\frac{\partial v_M}{\partial S} = (x - x^2)\left(v' - \frac{v''}{S^2}\right) = 0 \tag{4.36}$$

于是,在临界流动时滑速比 S^* 值为

$$S^* = \sqrt{v''/v'} \tag{4.37}$$

将两相临界质量流速一般方程式(4.35)中的滑速比用临界条件下的值 S^* 代替,并考虑临界条件下 $\mathrm{d}S^*/\mathrm{d}p = 0$(等熵流动),以及液体的不可压缩性,可以得到最大质量流速 G_c 的计算式

$$G_c^2 = -S^*\left\{(1 - x + S^*x)x\frac{\mathrm{d}v''}{\mathrm{d}p} + [v''(1 + 2S^*x - 2x) + v'(2xS^* - 2S^* - 2xS^{*2} + S^{*2})]\frac{\mathrm{d}x}{\mathrm{d}p}\right\}^{-1} \tag{4.38}$$

应该指出,利用上式计算 G_c^2 时须采用临界条件下的局部参数。由式(4.38)可以看出,临界质量流速 G_c 的计算需要分别求出 $\mathrm{d}v''/\mathrm{d}p$、$\mathrm{d}x/\mathrm{d}p$ 和 x 的值。

当压力变化与系统压力相比很小时,$\mathrm{d}v''/\mathrm{d}p$ 之值可以用 $\Delta v''/\Delta p$ 来近似代替。而对于普通的饱和汽水系统,$\mathrm{d}v''/\mathrm{d}p$ 之值可以由图4.13查得。

$\mathrm{d}x/\mathrm{d}p$ 的求取亦可利用图4.13的特性曲线。对于一定压力 p 的含汽率 x 的两相混合物,其焓值为

$$i = i' + xr \tag{4.39}$$

由式(4.39)可以得到

$$x = \frac{i - i'}{r} \tag{4.40}$$

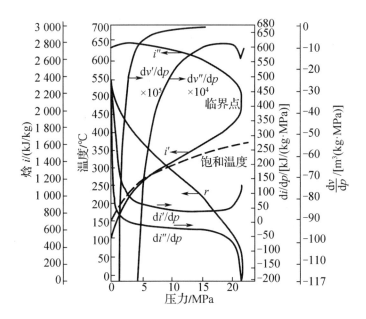

图 4.13 饱和水及汽的热力学性质

于是

$$\frac{dx}{dp} = \frac{d(i/r)}{dp} - \frac{d(i'/r)}{dp} = \frac{1}{r^2}\left[\left(r\frac{di}{dp} - i\frac{dr}{dp}\right) - \left(r\frac{di'}{dp} - i'\frac{dr}{dp}\right)\right] \tag{4.41}$$

假定在流动过程中,两相的总焓值不变,即 $di/dp = 0$,而 $r = i'' - i'$,$dr = di'' - di'$,则上式变成

$$\frac{dx}{dp} = -\left(\frac{1-x}{r}\frac{di'}{dp}\right) - \left(\frac{x}{r}\frac{di''}{dp}\right) \tag{4.42}$$

导数 di'/dp 和 di''/dp 只是压力的函数,对于普通的汽水系统,可以从图 4.13 中查得。x 值的求取,可借助既不做功又没有热量变换的稳定流动的能量方程

$$i_0 = i + w^2/2 \tag{4.43}$$

对于气液两相可以分别写出

$$i_0' = i' + \frac{w'^2}{2} \tag{4.44}$$

$$i_0'' = i'' + \frac{w''^2}{2} \tag{4.45}$$

式中,i_0 为两相流的滞止焓;i_0' 为液相滞止焓;i_0'' 为气相滞止焓。

两相混合物的滞止焓可表示为

$$i_0 = (1-x)i_0' + xi_0''(1-x) = \left(i' + \frac{w'^2}{2}\right) + x\left(i'' + \frac{w''^2}{2}\right) \tag{4.46}$$

从上式中可以求得 x 值。该方程还可以写成

$$i_0 = (1-x)i' + xi'' + G^2\frac{1}{2}\left[(1-x)Sv' + xv''\right]^2\left(x + \frac{1-x}{S^2}\right) \tag{4.47}$$

式中,v'、i'、v''、i'' 都依据临界压力计算。临界压力可由福斯克的实验数据确定(见图 4.14)。得到这些数据的实验条件是孔道内径为 6.35 mm 时,长度直径比 $L/D = 0$(孔板)~40,具有

锐边进口。福斯克认为,这些数据只与长度直径比 L/D 有关,而与孔道直径单独变化无关。对于 L/D 超过 12 的长孔道,临界压力大约为 0.55。这个区是可以应用福斯克滑动平衡模型的一个区。对于较短的孔道,临界压比随着 L/D 的变化而变化,但是在所有情况下都与初始压力的大小没有关系。

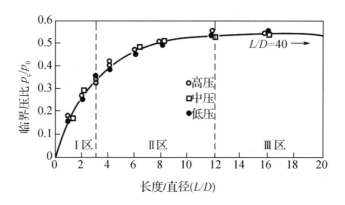

图 4.14　临界压比与 L/D 的关系

对于比较大的压力容器(如反应堆、锅炉等),如果某一管路破裂,两相流体从内部流出,此时可以近似地认为容器内的参数是滞止参数。根据滞止压力 p_0 可以由图 4.14 求出临界压力,然后求出临界压力下的参数 i'、v'、i''、v'' 等。

综上所述,福斯克给出的关系式确定了一组方程式来求解临界流量,所用参数是孔道质量流速,要进行迭代计算。其计算结果示于图 4.15 中,图中使用的参数 (x,p) 是指孔道出口处的参数。从图中可以看出,临界质量流速随出口临界压力的上升而增加,随出口含汽率的增加而减少。

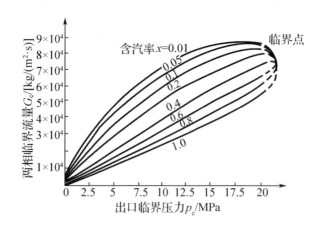

图 4.15　临界质量流速与出口临界压力的关系

2. 莫狄模型

在福斯克研究两相临界流的基础上,1967 年莫狄(Moody)根据能量平衡方程导出了临界质量流速的一般表达式,这种方法避免了福斯克模型的不便之处。由分相流模型的能量方程有

$$M(\mathrm{d}q - \mathrm{d}L) = M\mathrm{d}i + \mathrm{d}\left(\frac{M''w''^2}{2} + \frac{M'w'^2}{2}\right) + Mg\sin\theta\mathrm{d}z \tag{4.48}$$

流动系统一般对外不做功,即 $\mathrm{d}L = 0$,忽略摩擦和重位损失,有

$$- (M''v'' + M'v')\mathrm{d}p = \mathrm{d}\left(\frac{M''w''^2}{2} + \frac{M'w'^2}{2}\right) \tag{4.49}$$

$$- M[xv'' + (1-x)v']\mathrm{d}p = M\mathrm{d}\left[\frac{xw''^2}{2} + \frac{(1-x)}{2}w'^2\right] \tag{4.50}$$

$$- v_{\mathrm{m}}\mathrm{d}p = \frac{M^2}{2A^2}\mathrm{d}\left[\frac{x^3}{\alpha^2}v''^2 + \frac{(1-x)^3}{(1-\alpha)^2}v'^2\right] \tag{4.51}$$

$$- v_{\mathrm{m}}\mathrm{d}p = \frac{1}{2}\left(\frac{M}{A}\right)^2\mathrm{d}v_{\mathrm{E}}^2 \tag{4.52}$$

质量流速

$$G^2 = \left(\frac{M}{A}\right)^2 = -2v_{\mathrm{m}}\frac{\mathrm{d}p}{\mathrm{d}v_{\mathrm{E}}^2} \tag{4.53}$$

上式就是质量流速一般表达式,v_{E} 是能量平均比体积,即

$$v_{\mathrm{E}} = \left[\frac{x^3}{\alpha^2}v''^2 + \frac{(1-x)^3v'^2}{(1-\alpha)^2}\right]^{1/2} \tag{4.54}$$

将 $\alpha = \dfrac{xv''}{S(1-x)v'+xv''}$ 代入式(4.54),得

$$v_{\mathrm{E}} = \left\{\frac{(1-x)^3v'^2}{1 - \dfrac{xv''}{S(1-x)v'+xv''}} + \frac{x^3v''^2}{\dfrac{xv''}{S(1-x)v'+xv''}}\right\}^{\frac{1}{2}}$$

$$= \left\{\left[\frac{xv''}{S} + (1-x)v'\right]^2[1 + x(S^2-1)]\right\}^{1/2} \tag{4.55}$$

以上推导的方程是在无摩擦损失(等熵)的条件下得到的,即

$$\int_1^2 \frac{\mathrm{d}q}{T} = 0 \tag{4.56}$$

在这种情况下 v_{E} 取最小值会得到质量流速的最大值。v_{E} 是 x 和 α 的函数,也是 S 的函数,不同的 S 值会导致不同的质量流,当 $\partial v_{\mathrm{E}}/\partial S = 0$ 时,质量流速可达最大值,即

$$\frac{\partial v_{\mathrm{E}}}{\partial S} = -\frac{xv''}{S^2}[1 + x(S^2-1)]^{1/2} + \frac{\frac{x}{S}v'' + (1-x)v'}{2\sqrt{1 + x(S^2-1)}}2xS = 0 \tag{4.57}$$

由上式可解出临界流动时的滑速比为

$$S^* = \left(\frac{v''}{v'}\right)^{1/3} \tag{4.58}$$

由式(4.53)有

$$G^2 = \left(\frac{M}{A}\right)^2 = -2v_{\mathrm{m}}\left(\frac{\mathrm{d}v_{\mathrm{E}}^2}{\mathrm{d}p}\right)^{-1} \tag{4.59}$$

而

$$\frac{\mathrm{d}v_{\mathrm{E}}^2}{\mathrm{d}p} = 2\left[\frac{xv''}{S} + (1-x)v'\right][1 + x(S^2-1)](1-x)\frac{\mathrm{d}v'}{\mathrm{d}p} +$$

$$2[1 + x(S^2 - 1)]\left[\frac{xv''}{S} + (1 - x)v'\right]\frac{x}{S}\frac{\mathrm{d}v''}{\mathrm{d}p} +$$

$$\left[\frac{xv''}{S} + (1 - x)v'\right]^2(S^2 - 1)\frac{\mathrm{d}x}{\mathrm{d}p} + 2\left[\frac{x}{S}v'' + (1 - x)v'\right]$$

$$[1 + x(S^2 - 1)]\left(\frac{v''}{S} - v'\right)\frac{\mathrm{d}x}{\mathrm{d}p} \tag{4.60}$$

在临界条件下,把式(4.57)的关系代入上式中,则得

$$\frac{\mathrm{d}v_E^2}{\mathrm{d}p} = 2\left\{v'[1 + x(S^{*2} - 1)]^2\left[\frac{x}{S^*}\left(\frac{\mathrm{d}v''}{\mathrm{d}p}\right) + \frac{3}{2}v'(S^{*2} - 1)\frac{\mathrm{d}x}{\mathrm{d}p} + (1 - x)\frac{\mathrm{d}v'}{\mathrm{d}p}\right]\right\} \tag{4.61}$$

代入式(4.53),可以得到临界质量流速的计算公式为

$$G_c^2 = \left(\frac{M}{A}\right)_{\max}^2 = -[v''x + (1 - x)v']\left\{v'[1 + x(S^{*2} - 1)]^2\right.$$

$$\left.\left[\frac{x}{S^*}\left(\frac{\mathrm{d}v''}{\mathrm{d}p}\right) + \frac{3}{2}v'(S^{*2} - 1)\frac{\mathrm{d}x}{\mathrm{d}p} + (1 - x)\frac{\mathrm{d}v'}{\mathrm{d}p}\right]\right\}^{-1} \tag{4.62}$$

以上公式是在等熵的条件下得到的,式中 v''、v'、x 等值都是出口临界条件下的局部参数。图4.16和图4.17分别绘出了莫狄模型计算临界质量流速和出口临界压力的曲线,这两个图的横坐标均为滞止焓。莫狄模型也可以外推到考虑摩擦的影响。

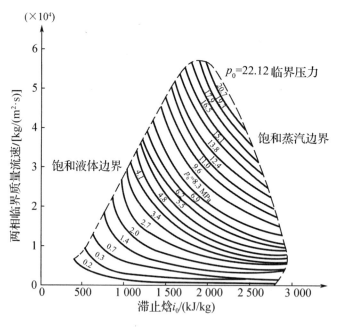

图 4.16 莫狄模型计算的临界质量流速

福斯克模型和莫狄模型都假定气液两相处于热力学平衡状态,这种情况的条件是流动持续较长的时间,因此它们适用于计算长通道的临界流。

例4-1 饱和水从一容器中沿内径为 6.8 mm、长度为 2.8 m 的管子排出,出口为干度等于27%的汽水混合物,出口压力为 0.62 MPa(绝对),试分别用平衡均相模型、福斯克模型和莫狄模型计算其临界质量流速。

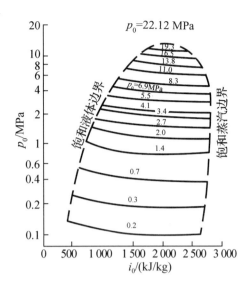

图 4.17 临界质量流速下的出口临界压力和滞止焓的关系

解 由已知条件，$p_c = p_e = 0.62$ MPa，查水和水蒸气表可得

$v' = 0.001\ 102\ 4\ \text{m}^3/\text{kg}, v'' = 0.305\ 9\ \text{m}^3/\text{kg}, r = 2\ 080.8\ \text{kJ/kg}$

$$\frac{\mathrm{d}v''}{\mathrm{d}p} \approx \frac{\Delta v''}{\Delta p} = \frac{0.305\ 9 - 0.296\ 8}{(0.62 - 0.64) \times 10^6} = -4.55 \times 10^{-7}\ \text{m}^3/(\text{kg} \cdot \text{Pa})$$

$$\frac{\mathrm{d}v'}{\mathrm{d}p} \approx \frac{\Delta v'}{\Delta p} = \frac{0.001\ 102\ 4 - 0.001\ 103\ 9}{(0.62 - 0.64) \times 10^6} = 7.5 \times 10^{-11}\ \text{m}^3/(\text{kg} \cdot \text{Pa})$$

$$\frac{\mathrm{d}i'}{\mathrm{d}p} \approx \frac{\Delta i'}{\Delta p} = \frac{676.01 - 681.46}{(0.62 - 0.64) \times 10^6} = 27.25 \times 10^{-5}\ \text{kJ/(kg} \cdot \text{Pa})$$

$$\frac{\mathrm{d}i''}{\mathrm{d}p} \approx \frac{\Delta i''}{\Delta p} = \frac{2\ 756.9 - 2\ 758.2}{(0.62 - 0.64) \times 10^6} = 6.5 \times 10^{-5}\ \text{kJ/(kg} \cdot \text{Pa})$$

由式(4.41)可得

$$\frac{\mathrm{d}x}{\mathrm{d}p} = -\frac{1}{r}\left[(1 - x)\frac{\mathrm{d}i'}{\mathrm{d}p} + x\frac{\mathrm{d}i''}{\mathrm{d}p}\right]$$

$$\approx -\frac{1}{2\ 080.8}\left[(1 - 0.27) \times 27.25 \times 10^{-5} + 0.27 \times 6.5 \times 10^{-5}\right]$$

$$= -1.04 \times 10^{-7}\ \text{Pa}^{-1}$$

(1)按平衡均相模型计算

由式(4.21)，得临界质量流速为

$$G_c = \left[\frac{-1}{x\left(\dfrac{\mathrm{d}v''}{\mathrm{d}p}\right)_s + (v'' - v')\left(\dfrac{\mathrm{d}x}{\mathrm{d}p}\right)_s + (1 - x)\left(\dfrac{\mathrm{d}v'}{\mathrm{d}p}\right)_s}\right]^{\frac{1}{2}}$$

$$= \left[\frac{-1}{-12.285 \times 10^{-8} - 3.170 \times 10^{-8} + 0.006 \times 10^{-8}}\right]^{\frac{1}{2}}$$

$$= \left(\frac{10^8}{15.449}\right)^{\frac{1}{2}} = 2\ 540\ \text{kg/(m}^2 \cdot \text{s})$$

由此可见,在某些条件下,略去压力对液体比体积 v' 的影响对计算结果影响不大。

(2)按福斯克模型计算

若按福斯克模型计算,其滑速比为

$$S^* = \left(\frac{v''}{v'}\right)^{\frac{1}{2}} = \left(\frac{0.305\,9}{0.001\,102\,4}\right)^{\frac{1}{2}} = 16.658$$

由式(4.55)有

$$G_c = \left\{ -S^* \left[(1 - x + S^* x)x \frac{dv''}{dp} + \left[v''(1 + 2S^* x - 2x) + \right. \right. \right.$$
$$\left. \left. \left. v'(2xS^* - 2S^* - 2xS^{*2} + S^{*2}) \right] \frac{dx}{dp} \right]^{-1} \right\}^{1/2}$$

其中

$$\left[(1 - x + S^* x)x \right] \frac{dv''}{dp} = \left[(1 - 0.27 + 0.27 \times 16.658) \times 0.27 \right] \times (-4.55 \times 10^{-7})$$
$$= -6.422 \times 10^{-7}\ \mathrm{m^3/(kg \cdot Pa)}$$

$$\left[v''(1 + 2S^* x - 2x) + v'(2xS^* - 2S^* - 2xS^{*2} + S^{*2}) \right] \frac{dx}{dp}$$
$$= \left[0.305\,9(1 + 2 \times 16.658 \times 0.27 - 2 \times 0.27) + 0.001\,102\,4 \times \right.$$
$$(2 \times 0.27 \times 16.658 - 2 \times 16.658 - 2 \times 0.27 \times 16.658^2 +$$
$$\left. 16.658^2) \right] \times (-1.04 \times 10^{-7})$$
$$= \left[0.305\,9 \times 9.45 + 0.001\,102\,4 \times 103.3 \right] \times (-1.04 \times 10^{-7})$$
$$= -3.127 \times 10^{-7}\ \mathrm{m^3/(kg \cdot Pa)}$$

$$G_c = \left(\frac{-16.658}{-6.422 \times 10^{-7} - 3.127 \times 10^{-7}} \right)^{\frac{1}{2}} = 4\,180\ \mathrm{kg/(m^2 \cdot s)}$$

(3)按莫狄模型计算

按莫狄模型计算的滑速比为

$$S^* = \left(\frac{v''}{v'}\right)^{1/3} = \left(\frac{0.305\,9}{0.001\,102\,4}\right)^{1/3} = 6.522$$

忽略 dv'/dp 项,式(4.62)写成如下形式:

$$G_c = \left\{ \frac{-\left[v''x + (1 - x)v' \right]}{v'\left[1 + x(S^{*2} - 1) \right]^2 \left[\dfrac{x}{S^*} \dfrac{dv''}{dp} + \dfrac{3}{2} v'(S^{*2} - 1) \dfrac{dx}{dp} \right]} \right\}^{1/2}$$

代入各参数经整理后得

$$G_c = \left\{ \frac{-(0.082\,593 + 0.000\,805)}{0.001\,102\,4 \times 149.199 \times \left[-1.884 \times 10^{-8} - 0.714 \times 10^{-8} \right]} \right\}^{1/2}$$
$$= \left(\frac{-83.398 \times 10^{-3}}{-4.265 \times 10^{-9}} \right)^{1/2} = 4\,420\ \mathrm{kg/(m^2 \cdot s)}$$

4.2.5 短孔道内的两相临界流

在临界流动情况下,如果保持热平衡,则一旦流体进入压力低于其饱和压力的区域,流体就会突然汽化成蒸汽。但是,因为缺少能产生气泡的核心,而表面张力又阻碍气泡的生成,并由于传热困难和其他原因,所以汽化可能推迟。当这种现象发生时,流动就发生了亚稳态情况。在液流快速扩张中,尤其在短的流道、喷嘴和孔板内,亚稳态情况是常常发生的。

短孔道内临界流动问题还没有进行过充分的解析研究。由图4.14能够看出,当L/D在0~12之间时,临界压比与L/D有关,这与长孔道是不一样的。

对于孔板($L/D\approx0$),实验数据证明,由于流体停留的时间短,汽化突然发生在孔板外面[见图4.18(a)],因而不存在临界压力。它的流量可用下列不可压缩流的孔板公式比较准确地计算出来:

$$G_{max} = 0.61\sqrt{2\rho'(p_0 - p_b)} \tag{4.63}$$

式中,p_0 和 p_b 分别为上游压力和外界背压。

在图4.14中的第 I 区(0<L/D<3),流体在孔口中流动时,变成一个表面上发生汽化的亚稳压液芯射流[见图4.18(b)],它的质量流速可由下式确定:

$$G_{max} = 0.61\sqrt{2\rho'(p_0 - p_c)} \tag{4.64}$$

式中,p_c 是临界压力,可由图4.14查取。

在第 II 区(3≤L/D<12)中,如图4.18(c)所示,亚稳态液芯破碎,导致一个高压脉冲。其流量要比用方程(4.64)算出来的值低。图4.19表示出了第 II 区的实验临界质量流速。

上述所有数据都是在锐角进口的通道内得到的。在圆角进口的通道内,亚稳态流体与管壁有较多的接触,汽化

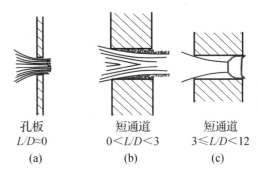

图 4.18 孔板和短通道内的两相临界流

孔板	短通道	短通道
$L/D\approx0$	0<L/D<3	3≤L/D<12
(a)	(b)	(c)

可能推迟。对于0<L/D<3的通道,例如喷嘴,圆角进口导致的临界压力要比图4.14所示的值高,而且流量稍微大一点。对于长通道(L/D>12),圆角进口的影响可以忽略,因而可以使用福斯克或莫狄模型的方法。

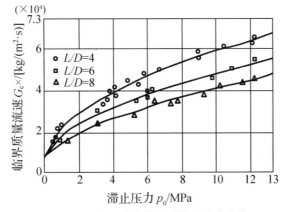

图 4.19 短通道的临界质量流速实验值

在锐角进口的通道内,壁面条件对临界流没有影响,因为汽化是在液芯表面上发生的,或者是液芯碎裂引起的,而液芯并不与壁面相接触。壁面的条件对圆角进口的孔道有一些影响。

关于短管、喷嘴和孔板中的临界流计算还有一些方法。伯内尔(Burnell)曾在通过喷嘴的急骤蒸发的水流中,分辨出有一个亚稳态存在。他假设水的表面张力延迟了气泡的形成,因而使水过热。伯内尔观察到了饱和水流的亚稳态,并证实了短管中的"阻塞"现象。他根据传热分析来处理这个问题,用一个经验的"表面蒸发系数"计算从亚稳态流体中心表面蒸发产生出的蒸汽数量,并以此来确定临界质量流速。他假设这些蒸汽充满管壁与亚稳态流体中心之间的环形截面,于是就形成了"阻塞"的条件,并提出了一个计算急骤蒸发的水流通过直角锐边节流孔的半经验公式,得到了临界质量流速的关系式:

$$G_c = \sqrt{2\rho'[p_0 - (1-c)p_\delta]} \tag{4.65}$$

式中,p_0 是上游压力;p_δ 是上游温度下所对应的饱和压力;c 是经验系数,它是 p_δ 的函数,数值在图 4.20 中给出。

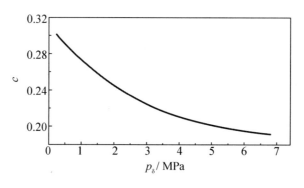

图 4.20   系数 c 的值

4.2.6   简单容器喷放瞬态分析计算

为了说明压水堆主回路系统失水事故瞬变的主要特征和分析计算方法,首先考虑一个充满高温、高压水的简单容器的喷放过程。假设容器内压力为 p_i,破口面积为 A_0,破口处压力为 p_0,喷放流量为 M_0,由于在喷放过程中流体热力学状态变化很快,不能用不可压缩流体模型。该容器内没有流动阻力,不存在明显的压力梯度,流体处于热平衡状态。在这种情况下,简单容器的瞬态过程可以用质量守恒方程、能量守恒方程和流体的状态方程来描述。

1. 质量和能量守恒方程

如前假设,忽略动能和引力势能的变化,质量守恒方程为

$$V\frac{\mathrm{d}\bar{\rho}}{\mathrm{d}t} = -M_0 \tag{4.66}$$

能量守恒方程为

$$V\frac{\mathrm{d}}{\mathrm{d}t}(\bar{\rho}\bar{u}) = -h_0 M_0 + Q(t) \tag{4.67}$$

$$\overline{u} = \overline{h} - \frac{p}{\overline{\rho}} \tag{4.68}$$

式中，V 为容器体积；$\overline{\rho}$ 为冷却剂平均密度；$\overline{u}$ 为冷却剂平均比内能；$\overline{h}$ 为冷却剂平均比焓；h_0 为破口入口处冷却剂滞止比焓；p 为容器压力；M_0 为破口冷却剂质量流量；Q 为单位时间传入冷却剂的热量。

将冷却剂平均内能的表示式(4.68)代入式(4.67)，则两守恒方程可改写为

$$\frac{\mathrm{d}\overline{\rho}}{\mathrm{d}t} = -\frac{M_0}{V} \tag{4.69}$$

$$\frac{\mathrm{d}\overline{h}}{\mathrm{d}t} = \frac{1}{V\overline{\rho}}\left[(\overline{h} - h_0)M_0 + V\frac{\mathrm{d}p}{\mathrm{d}t} + Q(t) \right] \tag{4.70}$$

假设容器内处于热力学平衡状态，基于水-水蒸气表可以建立冷却剂比焓与密度和压力的关系：

$$\overline{h} = \overline{h}(\overline{\rho}, p) \tag{4.71}$$

现在已有了式(4.69)、式(4.70)和式(4.71)3个方程，但是有5个时间相关未知量，即 $\overline{\rho}$、$\overline{h}$、p、M_0、h_0，因此还需要附加两个关系式才能对事故减压瞬变过程进行定量计算与分析，下面分别采用相分离模型和临界流模型来导出这两个附加的关系式。选择适当的相分离模型，则破口内滞止比焓 h_0 可以根据容器内平均比焓、流体密度等已知参数确定。如果容器喷放达到临界状态，则破口流量 M_0 亦可以用容器压力、流体比焓和外界压力等参数表示。有了这5个方程，就可以解出事故喷放瞬态过程。

下面分别讨论相分离和临界流，得出滞止比焓 h_0 和破口流量 M_0 的表达式。

2. 相分离模型

图4.21给出了3种相分离模型示意图。其中图4.21(a)为均匀模型；图4.21(b)为完全分离模型；图4.21(c)为气泡上升模型。在其他瞬态分析中还有其他更复杂的模型。

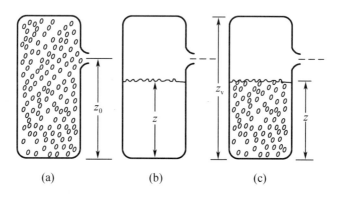

(a)   (b)   (c)

图 4.21 相分离模型

(1)均匀模型

很明显，在图4.21(a)的情况下有

$$h_0 = \overline{h} \tag{4.72}$$

即破口内滞止比焓等于容器内流体平均比焓。在欠热喷放阶段流体为单相，式(4.72)显然是适用的。在两相喷放刚开始的时候，如果时间间隔小于气泡上升到容器顶部的时间，则

相分离效应可以忽略,此时式(4.72)亦可适用。

(2)完全分离模型

这是另一种极端情况,如图 4.21(b)所示气液两相完全分离。当容器破口面积比较小,即小破口失水事故时,喷放时间大于气泡上升到顶部的时间,就可以使用完全分离模型。此时滞止比焓由下式确定:

$$h_0 = \begin{cases} h_v(p), z \leqslant z_0 \\ h_1(p), z > z_0 \end{cases} \tag{4.73}$$

式中,$h_v(p)$ 为 p 压力下饱和蒸汽比焓;$h_1(p)$ 为 p 压力下饱和水比焓;z 为容器内液面高度;z_0 为容器内破口高度。

液面高度 z 可以根据容器高度 z_v 和容器内蒸汽空间份额 α 表示,即

$$z = (1 - \alpha)z_v \tag{4.74}$$

式中,α 可以用容器内冷却剂平均密度 $\bar{\rho}$ 和压力 p 下的饱和水密度 $\rho_1(p)$、饱和蒸汽密度 $\rho_v(p)$ 确定:

$$\alpha = \frac{\rho_1(p) - \bar{\rho}}{\rho_1(p) - \rho_v(p)} \tag{4.75}$$

于是液位高度可以写成

$$z = \frac{\bar{\rho} - \rho_v(p)}{\rho_1(p) - \rho_v(p)} z_v \tag{4.76}$$

(3)气泡上升模型

各种状态下的气泡上升速度已被测定,典型值为 0.6~0.9 m/s。这样,气泡上升时间和压水堆大破口失水事故后饱和喷放时间差不多在同一量级(10 s)。此时既不能用均匀模型,也不能用完全分离模型,可用一种匀速气泡上升模型加以描述。

假设冷却剂急剧蒸发,容器上部已形成蒸汽空间,下部为气、液均匀混合相。其中气泡受浮力作用以均匀速度上升到蒸汽空间。

假设 M_1 为液体总质量,M_{gb} 为液相中气泡质量,M_{sd} 为汽室中蒸汽质量,则 $M_s = M_{gb} + M_{sd}$ 为总的蒸汽质量,$M = M_1 + M_s$ 为冷却剂总质量。

汽室内的质量平衡方程为

$$\frac{dM_{sd}}{dt} = -\kappa(z_0 - z)M_0 + M_{gb}\frac{v_b}{z} \tag{4.77}$$

$$\kappa(z_0 - z) = \begin{cases} 1, z_0 \geqslant z \\ 0, z_0 < z \end{cases}$$

式中,v_b 为气泡上升速度。

按定义应有

$$M_{sd} = \rho_v(p)(z_v - z)A_v \tag{4.78}$$

$$M_{gb} = [z - (1 - \alpha)z_v]\rho_v(p)A_v \tag{4.79}$$

代入式(4.77)简化后得

$$\frac{dz}{dt} = -(z - z_v)\frac{d}{dt}\ln\rho_v(p) + \frac{\kappa(z_0 - z)M_0}{\rho_v(p)A_v} - v_b\left[1 - (1 - \alpha)\frac{z_v}{z}\right] \tag{4.80}$$

由式(4.80)可以得出液面的时间相关解。如果破口在液位以上,排出的是饱和蒸汽;如果

破口在液位以下,排出的是以液相为主的汽水混合物,其平均比焓为

$$h_0 = \frac{M_{gb}h_v(p) + M_1 h_1(p)}{M_{gb} + M_1} \tag{4.81}$$

则此模型中滞止比焓表达式为

$$h_0 = \begin{cases} h_v(p), & z_0 \geqslant z \\ \dfrac{(1-\alpha)z_v\rho_1(p)h_1 + [z - (1-\alpha)z_v]\rho_v(p)h_v(p)}{(1-\alpha)z_v\rho_1(p) + [z - (1-\alpha)z_v]\rho_v(p)}, & z_0 < z \end{cases} \tag{4.82}$$

3. 临界流

在可压缩流体管内系统中,流动往往会出现不受下游工况影响,流量达到最大值的物理现象,一般称之为临界流。这时流体速度达到该处压力和温度下的声速而不再增大,压力也不再降低而达临界状态。这时的临界流量仅与容器内流体状态和破口面积有关,从而可以用容器内流体状态参数确定破口临界流量,即

$$M_0 = M_0(h_0, p) \tag{4.83}$$

4. 时间相关解

根据临界流公式,由 p 可得到 M_0;根据相分离模型,由 h、ρ 和 p 可以确定 h_0。再加上质量守恒方程、能量守恒方程和状态关系式(水蒸气表),就可以完成简单容器的喷放瞬态计算。一般汽水系统状态关系式非解析形式,可在每个时间步长上迭代解出瞬态变量的时间相关解。

图 4.22 给出一个简单容器减压瞬变的计算结果,并与实验测量结果做了比较。

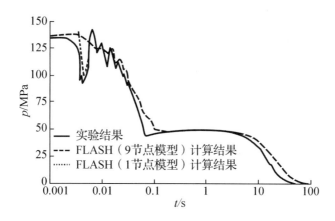

图 4.22　简单容器喷放减压过程图

从图 4.22 可以看出,喷放开始阶段(欠热喷放)是极快速的减压过程。在不到 0.1 s 的时间内系统压力降至初始压力的三分之一。过程中压力曲线的波动是由于减压波以声速向系统内传播,然后又从容器壁面反射回来的结果。第一个脉冲导致超压,有可能造成系统内构件的破坏。在大约 0.1 s 后,系统进入饱和喷放阶段。此时系统压力大体保持不变。这个阶段两种计算模型与实验结果均一致。在大约 10 s 后,系统压力进一步下降。

这个简单容器的喷放过程虽然要比真实反应堆失水事故喷放过程简单得多,但它相当

准确地描述了轻水反应堆失水事故瞬变的主要特征,还能简便地用实验来校核各种事故瞬态分析模型和计算方法。

4.3 事故过程的传热

在反应堆正常运行和失水事故情况下,冷却剂经历了单相对流传热、沸腾传热、沸腾临界、临界后的传热等传热过程。这些过程的传热问题一般都可根据经典传热学理论推导出的公式进行计算。

4.3.1 单相流体的对流传热

在核反应堆内,核燃料裂变所产生的热量主要通过元件包壳表面传给冷却剂。这种由流体和固体壁面直接接触的换热过程称为对流换热。在反应堆破口事故的初始阶段,流体还没有产生沸腾,这时的传热属于水的单相对流传热。

单相对流换热过程的热量传递是靠两种作用完成的:一是对流,即流体质点的运动和混合,把热量由一处带到另一处;二是由于流体与壁面以及流体各处存在温差,热量会以导热方式传递,而且温差越大的地方,导热作用也越显著。显然,一切支配这两种作用的因素和规律,诸如流动起因、流动状态、流体种类和物性、壁面几何参数等都会影响换热过程,可见它是一个比较复杂的物理现象。

反应堆内遇到的对流传热过程一般都可以根据一维和二维的方程解出,根据普通教科书中的推导,各守恒方程可以表达成如下形式。

质量守恒方程

$$\frac{\partial u}{\partial x} + \frac{\partial v}{\partial y} = 0 \tag{4.84}$$

质量守恒方程也称连续方程,它是描述黏性流体流动过程的控制方程,对不可压缩黏性流体的层流和湍流都适用。

动量守恒方程

$$\rho\left(\frac{\partial u}{\partial t} + u\frac{\partial u}{\partial x} + v\frac{\partial u}{\partial y}\right) = F_x - \frac{\partial p}{\partial x} + \mu\left(\frac{\partial^2 u}{\partial x^2} + \frac{\partial^2 u}{\partial y^2}\right) \tag{4.85}$$

$$\rho\left(\frac{\partial v}{\partial t} + u\frac{\partial v}{\partial x} + v\frac{\partial v}{\partial y}\right) = F_y - \frac{\partial p}{\partial y} + \mu\left(\frac{\partial^2 v}{\partial x^2} + \frac{\partial^2 v}{\partial y^2}\right) \tag{4.86}$$

式中,F_x、F_y 为体积力在 x、y 方向的分量;μ 为动力黏度。以上的动量守恒方程又称纳维-斯托克斯方程。

能量守恒方程

$$\frac{\partial T}{\partial t} + u\frac{\partial T}{\partial x} + v\frac{\partial T}{\partial y} = \frac{\lambda}{\rho c_p}\left(\frac{\partial^2 T}{\partial x^2} + \frac{\partial^2 T}{\partial y^2}\right) \tag{4.87}$$

用以上方程对传热问题做完整的描述还应该给出边界条件,如边界上的速度、压力及温度等。对于能量方程,可以规定边界上流体的温度分布(第一类边界),或给定边界上加热或冷却流体的热流密度(第二类边界)。由于方程的求解一般是以解对流传热系数为目的的,因此没有第三类边界条件。

以上 4 个方程中的未知量有 4 个(u、v、p、T),方程是封闭的,原则上可以求解,然而由于纳维-斯托克斯方程的复杂性和非线性的特点,要针对实际问题在整个流场内求解上述方程组是非常困难的。一直到德国科学家普朗特(Prandtl)提出著名的边界层理论,并用它对纳维-斯托克斯方程进行了实质性的简化后才有所突破。后来,波尔豪森(Pohlhausen)又把边界层概念推广应用于对流换热问题,提出了热边界层的概念,这样才使对流换热问题的分析求解有了很大的发展。

尽管边界层理论可以对对流换热微分方程进行简化,但其数学求解过程依然很复杂,后来有人提出了用边界层积分方程求解对流换热问题的方法。由于这种方法对边界层中速度分布及温度分布做了假设,因此所得到的解为近似解。通过这样的近似解可以整理出传热系数的近似表达式。但这一过程比较复杂,目前工程上多采用实验获得的经验公式来计算实际的换热系数。换热系数确定后可采用以下的牛顿冷却定律来确定对流传热量:

$$q = h_f A(T_w - T_f) \tag{4.88}$$

其中

$$h_f = \frac{\lambda}{D_e} Nu \tag{4.89}$$

式中,T_w 为固体表面温度,℃;T_f 为流体温度,℃;h_f 为对流换热系数,W/(m² · ℃),其物理含义是指 1 m² 加热表面上,当流体与壁面之间的温差为 1 ℃时,每秒钟所传递的热量,h_f 值的大小反映了对流换热过程的强弱。

计算固体加热面与流体之间的单相对流换热关键是计算对流换热系数 h_f。换热系数 h_f 只是从数值上反映了各方面因素对换热过程的影响。影响对流换热系数的因素有很多,主要的有以下几个。

(1)流动状态的影响

在分析流动状态影响时,还必须注意到流体在流道内流动的原因。其原因有两种:一种是自然对流条件下的换热,即流体因各部分温度不同而引起的密度差异所产生的流动;另一种是流体在外力的驱动下受迫流动。一般来讲,受迫流动的流速高,而自然流动的流速低,故受迫流动的换热系数高,而自然流动的换热系数低。在进行对流换热计算时,首先要确定流体是处于自然对流状态还是强迫对流状态,因为不同的流动情况所采用的计算公式是不同的。

在自然对流情况下,对流传热的强度主要受流体被加热后的浮升力和黏性力的影响。而在强迫流动情况下,对流换热的强度主要受流动的惯性力和流体黏度的影响,即受流体的雷诺数 Re 的影响。在其他条件相同时,流速增加,Re 也增大,h_f 将随之变大,这是由于 Re 大时换热过程中的对流传递作用将相应得到加强。因此紊流时的换热比层流强。

(2)流体物理性质对换热的影响

不同的流体,由于其物理性质不一样,因此在其他条件相同的情况下,它们的换热系数会不同。例如水的换热系数一般为 100~10 000 W/(m² · ℃),比空气[10~100 W/(m² · ℃)]要高得多。影响换热的流体物理性质主要是比热容、导热系数、密度、黏度等。导热系数较大的流体,流体内和流体与壁面之间的导热系数大,换热能力强。以水和空气为例,水的导热系数是空气的 20 多倍,故水的对流换热系数远比空气高。比热容和密度大的流体,单位体积能够携带更多的热量,故以对流作用转移热量的能力就大,例如常温下水的 $\rho c_p \approx 4\,186$ kJ/(m³ · ℃),而空气为 121 kJ/(m³ · ℃),两者相差很大,这就造成了它们的对流换热系数的巨大差别。另一个影响因素是黏度,一般来说,黏度大,换热系数将降低。但是除了流体种类不同会有黏度大小的差别外,还要注意温度对黏度的影响。有些流体温度对黏度的影响较大,而有些流体温度对黏度的影响较小。对于液体,黏度随温度增加而降低,气体的黏度则随温度增加而升高。这一现象可用气体分子运动论来解释。由于气体分子间距离比较大,分子内聚力小,故黏度主要由分子传递动量的能力来决定。温度增加,分子运动加快,传递动量的能力升高,黏度也相应升高。

由于流体的物性随温度变化,在换热条件下流场内各处温度不同,各处的物性亦有差别。因此,在进行对流换热计算时,如何选取确定物性的温度是一个很重要的问题。一般是根据经验,按某一特征温度来确定,从而把物性作为一个常量来处理,这个特征温度称为定性温度。定性温度的选择有多种方案,主要是流体通道进出口的平均温度、壁面温度、壁面与流体的算术平均温度 $T_m = (T_w + T_f)/2$。

在对流换热计算中,常用的物性参数有以下几个:

①动力黏度 μ,N·s/m^2;及运动黏度 $\nu(\nu = \mu/\rho)$,m^2/s;

②热扩散系数 a,$a = \lambda/\rho c_p$,m^2/s;

③容积膨胀系数 β,定义为 $\beta = -\dfrac{1}{\rho}\left(\dfrac{\partial \rho}{\partial T}\right)_p$,理想气体 $\beta = \dfrac{1}{T}$,℃$^{-1}$。

在处理物性参数对换热的影响问题时,一般是由几个物性参数组合成一个无因次量 Pr,称为普朗特数,它可以综合地表示热物性对换热系数的影响。Pr 数的定义为

$$Pr = \frac{\nu}{a} = \frac{\mu c_p}{\lambda} \tag{4.90}$$

不同的流体有不同的普朗特数,水和液态金属的普朗特数大,其对流换热系数也大。

(3)换热表面条件的影响

换热表面的几何因素对流体在壁面上的运动状态、速度分布、温度分布都有很大影响,从而影响换热。在进行对流换热量计算时,应针对换热表面的几何条件做具体分析。典型的单相对流换热问题将分为流体掠过平板时的换热,外掠管束时的换热,管内流动的换热等。在反应堆内,大部分情况属于流体纵向流过管束。在换热计算时,应采用对换热有决定影响的特征尺寸作为计算的依据,这个尺寸称为定性尺寸。例如在纵向流过棒束时可选栅元的当量直径作为定性尺寸。在图4.23所示的栅元中,根据当量直径的定义,可得

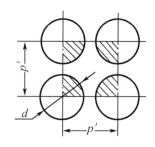

图 4.23 正方形排列的栅元

$$D_e = \frac{4\left(P'^2 - \dfrac{\pi d^2}{4}\right)}{\pi d} \tag{4.91}$$

式中,P' 为燃料元件间的栅距,m;d 为燃料元件棒的直径,m。

当核反应堆出现事故后,存在一些自然对流换热的情况,例如冷却剂系统失去了流体的驱动力时,如在压水堆中由于主泵断电或叶轮卡死,气冷堆中由于风机故障等都会导致冷却剂失去驱动力。此时即使反应堆紧急停堆燃料元件仍然会产生大量的衰变热,这时的衰变热只能靠流体的自然对流散出。另外,目前第三代反应堆 AP1000 的非能动安全壳冷

却系统就是采用自然对流散热的。自然对流换热与强迫对流换热有很大差异,因此研究流体在自然对流条件下的传热问题对反应堆安全传热有重要意义。池式核反应堆和全自然循环式反应堆都是利用水的自然对流冷却来进行热量传递的。自然对流换热问题从 19 世纪 80 年代起就吸引了一些研究者的注意,特别是 20 世纪 40 年代以来进行了大量的系统研究。大空间的无界稳定自然对流已研究得比较完善,但依旧存在着一些有待研究解决的课题,如复杂形状的物体、复杂的边界条件、变物性的考虑,等等。

单相对流换热又根据流体的流动特性分为自然对流换热和强迫对流换热两种形式,下面分别介绍。

1. 自然对流换热

当流体被所接触的固体表面加热或者冷却时,流体内部将出现不均匀的温度分布,因冷、热流体密度不同而引起升沉对流,这就是流体由浮升力产生的自然对流。浮升力是在重力场中不同地点的温度差异所造成的重力差,由此产生的流体自由运动只限于有温度梯度存在的流体区。正如图 4.24 所表明的,被竖直平板加热的流体二维"无界"自然对流时,边界层以外的流体温度将接近 T_∞ = 常量,流体几乎保持静止,即 $u \to u_\infty = 0$ 和 $v \to v_\infty = 0$。如果是等温竖直平板,$T_{wx} \equiv T_w$,但由于边界层厚度 δ_x 是 x 和 y 的函数,边界层里的流体温度 T 仍将是 x 和 y 的函数。受壁面摩擦的影响,通过流体的黏性反映为 $y \to 0$ 时,流体的流速降为零;而在边界层以外,又因为升力趋近于零,$u \to 0$ 和 $v \to 0$。结果,势必在边界层内出现 u_{max},如图 4.24 所示。x 大于某一临界值后,边界层将从层流向湍流过渡。图 4.25 形象地描绘出所观察和实测到的局部换热系数 h_{cx} 沿竖壁或竖管高度改变的情况及其与空气自由运动流动性质的联系。图 4.24 和图 4.25 所表示的都是流体受热(即 $T_{wx} > T_\infty$)时的情况。

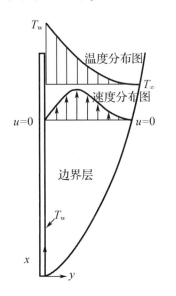

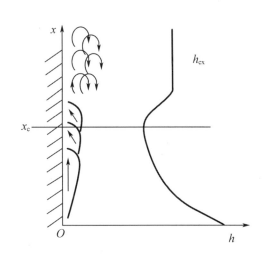

图 4.24　壁面加热时二维自然对流的温度与速度分布　　　**图 4.25　局部放热系数 h_{cx}**

综上所述,流体在浮升力作用下的自由运动完全取决于流体与固体表面之间换热的存在,常局限在壁面不远的一段距离以内,运动的速度将受制于表面温度 T_w 与远离表面的流体温度 T_∞ 差值的大小。这种运动速度终究比较有限,往往小到难于测准,因此换热系数将明显低于在风机、水泵等外力作用下受迫对流时的值。

（1）基本方程

参看图4.24，对于不可压缩流体的稳定二维自然对流连续方程可写成

$$\frac{\partial u}{\partial x} + \frac{\partial v}{\partial y} = 0 \tag{4.92}$$

黏性系数 μ 取作常量时的动量方程为

$$\rho\left(u\frac{\partial u}{\partial x} + v\frac{\partial u}{\partial y}\right) = \rho g - \frac{\partial p}{\partial x} + \mu\frac{\partial^2 u}{\partial y^2} \tag{4.93}$$

常物性和流体无内热源（包括不考虑黏性摩擦热）时的能量方程为

$$u\frac{\partial T}{\partial x} + v\frac{\partial T}{\partial y} = a\left(\frac{\partial^2 T}{\partial y^2} + \frac{\partial^2 T}{\partial x^2}\right) \tag{4.94}$$

由图4.24将式（4.93）写成数量式时，应记作

$$\rho\left(u\frac{\partial u}{\partial x} + v\frac{\partial u}{\partial y}\right) = -\rho g - \frac{\partial p}{\partial x} + \mu\frac{\partial^2 u}{\partial y^2} \tag{4.95}$$

同时，在任何给定高度 x 处的横截面上，可以认为 $\frac{\partial p}{\partial x} = \frac{\partial p_\infty}{\partial x}$；而边界层以外亦即 $y \geq \delta$ 时，$u \rightarrow 0$，$v \rightarrow 0$ 和压力 $p_\infty =$ 常量。可由式（4.95）得到

$$-\rho_\infty g - \frac{\partial p_\infty}{\partial x} = 0 \tag{4.96}$$

或

$$\frac{\partial p}{\partial x} = \frac{\partial p_\infty}{\partial x} = -\rho_\infty g \tag{4.97}$$

也就是说，在重力场中，x 高度处的流体压力 p 与 y 无关，压力梯度 $\frac{\partial p}{\partial x} = \frac{\mathrm{d}p_\infty}{\mathrm{d}x}$ 代表边界层以外 $\mathrm{d}x$ 段流体每单位截面积的质量 $\rho_\infty g\mathrm{d}x$，造成 $(x + \mathrm{d}x)$ 截面比 x 截面上的静压力小 $\mathrm{d}p_\infty$。把式（4.97）代回式（4.95），得

$$\rho\left(u\frac{\partial u}{\partial x} + v\frac{\partial u}{\partial y}\right) = (\rho_\infty - \rho)g + \mu\frac{\partial^2 u}{\partial y^2} \tag{4.98}$$

因为

$$(\rho_\infty - \rho)g = \beta\rho g(T - T_\infty) = A \tag{4.99}$$

式中，浮升力 A 是与重力 ρg 异向、与 x 轴同方向的矢量，β 是流体体积膨胀系数。如果记作

$$\vartheta = T - T_\infty \tag{4.100}$$

则动量方程式（4.98）可写作

$$\rho\left(u\frac{\partial u}{\partial x} + v\frac{\partial u}{\partial y}\right) = \beta\rho g\vartheta + \mu\frac{\partial^2 u}{\partial y^2} \tag{4.101}$$

或

$$u\frac{\partial u}{\partial x} + v\frac{\partial u}{\partial y} = \beta g\vartheta + \nu\frac{\partial^2 u}{\partial y^2} \tag{4.102}$$

式（4.92）、式（4.94）、和式（4.101）是不可压牛顿体二维"无界"自由运动时换热的基本微分方程组，不仅严格适用于边界层层流，也常被推广用于边界层湍流，只要 u、v、T 等一律改用"时均值"，并用 $(a+\varepsilon_T)$ 置换 α，用 $(\mu+\rho\varepsilon_M)$ 置换 μ 或者 $(v+\varepsilon_M)$ 置换 v。对于通常的

自然对流,常物性(包括 μ 取作常量)的假定是可以接受的,除非 $(T_{wx} - T_\infty)$ 过大,或者在近临界区。自由运动的速度比较小,黏性摩擦热可以忽略不计。

(2)葛拉晓夫数

方程(4.102)可以进行无因次化处理,其方法就是用适当的常数量除以所有的因变量和独立变量。所有的长度除特性长度 L,所有速度除任意参照速度 w,其定义为 $w = R_{eL}\nu/L_C$,温度除适当的温差,如 $(T_w - T_\infty)$,因此有

$$x^* = \frac{x}{L}, y^* = \frac{y}{L}, u^* = \frac{u}{w}$$

$$v^* = \frac{v}{w}, T^* = \frac{T - T_\infty}{T_w - T_\infty}$$

这里星号" $*$ "用来表示无因次变量,代入动量方程,经简化后得

$$u^* \frac{\partial u^*}{\partial x^*} + v^* \frac{\partial u^*}{\partial y^*} = \frac{g\beta(T_w - T_\infty)L^3}{\nu^2} \frac{T^*}{Re_L^2} + \frac{1}{Re_L} \frac{\partial^2 u^*}{\partial y^{*2}} \tag{4.103}$$

式中方括号中的无因次参数表示自然对流的影响,称为葛拉晓夫数,即

$$Gr_L = \frac{g\beta(T_w - T_\infty)L^3}{\nu^2} \tag{4.104}$$

葛拉晓夫数是浮升力与黏性力之比的某种度量。

自由运动的特点是运动的速度取决于浮升力与黏性力之比,从而出现图4.24中的 $u_x(y)$ 在同一个 x 截面上有一个最大值。这就是说,Re_x 不是一个独立的相似准则数,而是取决于作为衡量浮升力与黏性力比值的 Gr_x 的因变量,或 $Re_x = \varphi(Gr_x)$。于是,自由运动时的速度均将仅仅取决于 $Gr(x, y)$,只要任何相对应的地点 Gr 值保持相同,两个不可压缩流体稳定自由运动的速度场就相似,或 u/u_∞ 在相应的地点保持相等。如果相似准则数 Gr 和 Pr 在相对应的点各保持相同的值,任何相对应的 x 截面上 Nu_x 也将必然相同,或

$$Nu_x = \varphi(Gr_x, Pr) \tag{4.105}$$

式(4.105)中的 Gr_x 是 x 截面上临近壁面处即 $y \to 0$ 时的值,或

$$Gr_x = \frac{\beta g \vartheta_w x^3}{\nu^2} = \frac{\beta g(T_w - T_\infty)x^3}{\nu^2} \tag{4.106}$$

对自然对流来说,葛拉晓夫数 Gr_x 的作用就像强迫对流时的 Re_x 一样,是判断 x 截面上边界层内流体流动的基本类型为层流还是湍流的依据,存在着一个临界的葛拉晓夫数。如果把 Nu_x 沿整个壁面积分平均,并选取整体的代表尺寸 L,例如竖壁高度作为"特征尺寸",则有

$$\overline{Nu} = f(Gr_L, Pr) \tag{4.107}$$

对非等温壁面,ϑ_w 应是某一平均值 $\overline{\vartheta}_w$。具体的函数可以由实验数据的综合求得。下面讨论三种不同的极限情况。

①自由运动的速度通常很小,以至于惯性力与黏性力和浮升力相比可以忽略不计。显然,除液态金属外的流体自由运动比较接近于这种情况,此时式(4.102)的等号左边将接近于零,或记作

$$\nu \frac{\partial^2 u}{\partial y^2} = -\beta g \vartheta \tag{4.108}$$

由式(4.108)和式(4.94)导出的相似参数将是一个复合量 $(Gr_x Pr)$,已被专门命名为

"瑞利(Rayleigh)数" Ra ,即

$$Ra_x \equiv Gr_x Pr = \frac{\beta g \vartheta_w x^3}{\nu a} \qquad (4.109)$$

于是,式(4.105)和式(4.106)也将分别演变为

$$Nu_x = \varphi_L(Gr_x Pr) = \varphi_L(Ra_x) \qquad (4.110)$$

和

$$\overline{Nu} = f_L(Gr_L Pr) = f_L(Ra_L) \qquad (4.111)$$

②对于液态金属,也包括汞在内, $\nu = \mu/\rho$ 特别小,数量级低达 10^{-8} m²/s。因此 ν 将不再是影响自由运动的有效因素,亦即相当于式(4.102)中等号右边第二项相对可以忽略不计,记作

$$u \frac{\partial u}{\partial x} + v \frac{\partial u}{\partial y} = \beta g \vartheta \qquad (4.112)$$

作为相似参数方程的式(4.105)及式(4.106)中的 Gr 和 Pr 都包含 ν ,应组成一个新的复合参数,其中不包含 ν ,这必将是 $GrPr^2 = RaPr$,亦即

$$Gr_L Pr^2 = \frac{\beta g \vartheta_w L^3}{\nu^2} \left(\frac{\nu}{a} \right)^2 = \frac{\beta g \vartheta_w L^3}{a^2} \qquad (4.113)$$

不再包含 ν ,于是

$$Nu_x = \varphi_2(Gr_x Pr^2) = \varphi_2(Ra_x Pr) \qquad (4.114)$$

$$\overline{Nu} = f_2(Gr_L Pr^2) = f_2(Ra_L Pr) \qquad (4.115)$$

③如果自然对流由对流所传递的热量远小于导热量,相当于运动速度极低,例如细金属丝通过电加热的功率小到不足以引起周围空气产生可观察到的自然运动时,有

$$Nu_x = 1 (\text{常数}) \qquad (4.116)$$

相应地,有沿整个表面的积分平均值为

$$\overline{Nu} = \frac{\overline{h}_c L}{\lambda} = C (\text{常数}) \qquad (4.117)$$

于是

$$\overline{h}_c = C \frac{\lambda}{L} \qquad (4.118)$$

换热的情况将完全取决于流体的导热性。这无疑是一种相当特殊的情况,常称之为"膜态"自然对流。

在给定 $T_w(x)$ 的等壁温条件下,可用以上各准则数间的关系式,包括更一般的通用关系式(4.106)综合实验数据并根据所确定的函数计算实际工程中的 $\overline{h}_c$ 。毫无疑问,式(4.105)和式(4.106)也可以转换为如下函数形式:

$$Nu_x = \psi(Ra, Pr) \qquad (4.119)$$

$$\overline{Nu} = \varphi(Ra_L, Pr) \qquad (4.120)$$

如果所给定的不是 T_w 而是 q_w ,包括简单的等热流情况($q_w =$ 常量),注意到 $a_c \vartheta_w = q_w$,可引用"修正葛拉晓夫数" Gr^* 替代 Gr 作为参数,其定义为

$$Gr^* = Gr_L Nu = \frac{\beta g q_w L^4}{\lambda \nu^2} \qquad (4.121)$$

这样,通用式(4.105)和式(4.106)将演变为

$$Nu_x = \varPhi(Gr_x^*, Pr) \tag{4.122}$$

$$\overline{Nu} = F(Gr_L^*, Pr) \tag{4.123}$$

函数 $\varPhi$ 和 F 可由综合实验数据确定。

表4.2给出了各种表面形状简单的物体的几何结构、特性长度,以及关系式应用的瑞利数的范围。表中的所有流体物性参数都是根据温度 $T_f = 0.5(T_w + T_\infty)$ 所确定的。由表4.2可以求出努塞尔数,再根据努塞尔数由式(4.89)求出相应的自然对流换热系数,然后根据牛顿冷却定律由下式算出传热量:

$$q = hA_w(T_w - T_\infty) \tag{4.124}$$

表4.2 努塞尔数计算方法

几何形状	特征长度 L_c	Ra 的范围	Nu
竖直平板	L	$10^4 \sim 10^9$	$Nu = 0.59Ra_L^{1/4}$, $Nu = 0.1Ra_L^{1/3}$
		$10^9 \sim 10^{13}$ 全部范围	$Nu = \left\{ 0.825 + \dfrac{0.387Ra_L^{1/6}}{[1 + (0.492/Pr)^{9/16}]^{8/27}} \right\}^2$
倾斜平板	L		冷板的上表面和热板的下表面用竖直板的方程 $Ra < 10^9$ 时用 $g\cos\theta$ 代替 g
水平板(表面积 A,周长 p) a. 热板的上表面 (或冷板的下表面)	A_s/p	$10^4 \sim 10^7$	$Nu = 0.59Ra_L^{1/4}$
		$10^7 \sim 10^{11}$	$Nu = 0.1Ra_L^{1/3}$
b. 热板的下表面 (或冷板的上表面)		$10^5 \sim 10^{11}$	$Nu = 0.27Ra_L^{1/4}$
竖直圆柱	L		当 $D \geqslant \dfrac{35L}{Gr_L^{1/4}}$ 时竖直圆柱可以当作竖直平板计算

表 4.2(续)

几何形状	特征长度 L_c	Ra 的范围	Nu
水平圆柱 T_w D	D	$Ra_D \leqslant 10^{12}$	$Nu = \left\{ 0.6 + \dfrac{0.387 Ra_D^{1/6}}{[1 + (0.559/Pr)^{9/16}]^{8/27}} \right\}^2$
球 D	D	$Ra_D \leqslant 10^{11}$ $(Pr \geqslant 0.7)$	$Nu = 2 + \dfrac{0.589 Ra_D^{1/4}}{[1 + (0.469/Pr)^{9/16}]^{4/9}}$

2. 强迫对流换热

(1)管内对流换热系数的计算

管内对流换热系数的计算一般都是根据式(4.89),其中需要根据具体的对象先算出努塞尔数,而努塞尔数主要与管内流动状态有关。下面分别介绍不同情况下努塞尔数的计算方法。

①层流换热

当管内层流时,西得和塔特提出用下式计算努塞尔数:

$$Nu = 1.86 Re^{0.33} Pr^{0.33} \left(\frac{d}{L}\right)^{0.33} \left(\frac{\mu_f}{\mu_w}\right)^{0.14} \tag{4.125}$$

式中,μ_f、μ_w 分别为流体温度下和壁温下的动力黏度。公式的适用范围:$0.48 < Pr < 16\,700$,$0.004\,4 < \dfrac{\mu_f}{\mu_w} < 9.75$。

②过渡流区换热

在层流和旺盛紊流区之间存在一个过渡区。由于流动中出现了紊流涡旋,过渡区的换热系数将随 Re 的增大而增加,而且随着紊流的传递作用增长,在整个过渡区,换热规律是多变的。对于液体和气体分别采用下面的经验关联式:

对于液体,$1.5 < Pr < 500$,$0.05 \leqslant \dfrac{Pr_f}{Pr_w} < 20$,$2\,300 < Re < 10^4$,有

$$Nu = 0.012(Re^{0.87} - 287) Pr^{0.4} \left[1 + \left(\frac{d}{L}\right)^{\frac{2}{3}}\right] \left(\frac{Pr_f}{Pr_w}\right)^{0.11} \tag{4.126}$$

式中,Pr_f、Pr_w 分别为流体温度下和壁温下的普朗特数。

对于气体,$0.6 < Pr_f < 1.5$,$0.5 < T_f/T_w < 1.5$,$2\,300 < Re < 10^4$,有

$$Nu = 0.021\,4(Re^{0.8} - 100) Pr^{0.4} \left[1 + \left(\frac{d}{L}\right)^{\frac{2}{3}}\right] \left(\frac{T_f}{T_w}\right)^{0.45} \tag{4.127}$$

③湍流区

在无相变的强迫对流系统中,努塞尔数一般可以表示成

$$Nu = cRe^n Pr^m \tag{4.128}$$

在湍流情况下努塞尔数的计算公式较多,比较常用的计算公式是迪图斯-贝尔特公式:

$$Nu = 0.023Re^{0.8}Pr^{0.4} \tag{4.129}$$

该公式的适用范围: $Re = 10^4 \sim 1.2 \times 10^5$, $Pr = 0.7 \sim 120$, $\dfrac{L}{d} > 60$,壁温大于液体温度(壁面加热),当液体温度大于壁面温度时,普朗特数的指数为 0.3,其他各系数不变。对于非圆形通道,可以采用式(4.129),但定性尺寸采用当量直径 D_e。

迪图斯-贝尔特公式适用于加热表面温度与流体温度差值不是很大的情况。当流体与壁面之间存在较大温差,且流体的黏度变化很大时,用下式计算努塞尔数:

$$Nu = 0.027Re^{0.8}Pr^{1/3}\left(\frac{\mu_f}{\mu_w}\right)^{0.14} \tag{4.130}$$

式中, μ_f、μ_w 分别为流体温度下和壁温下流体的动力黏度,N · s/m^2。

对于大多数气体来说, Pr 的范围一般为 $0.65 \sim 0.8$,因此在计算努塞尔数时可取 Pr 的指数项作为一个常数处理。

对于气体努塞尔数可用下式求得:

$$Nu = 0.02Re^{0.8} \tag{4.131}$$

对于液态金属,努塞尔数用下式求得:

$$Nu = a + bPe^c \tag{4.132}$$

式中, Pe 为佩克莱数, $Pe = Re \cdot Pr$; a、b、c 为常数。常数是由实验给出的,不同的研究人员给出不同的实验常数,具体见表 4.3。

表 4.3　式(4.132)中的常数

作者	a	b	c
Seban Shimazaki	5	0.025	0.8
Martinlli Lyon	7	0.025	0.8
Baker Sesonske	6.05	0.007 4	0.95

(2)流体平行流经棒束时的换热系数

在反应堆堆芯内,冷却剂平行流经燃料元件棒束,过去在计算这种情况的传热系数时,往往采用圆管内流动的换热系数公式,只是用当量直径代替棒束通道的直径。但由于冷却剂流经棒束时所形成的速度场和温度场与圆管的情况有区别,计算圆管的传热系数公式不能简单地适用于棒束。影响棒束内传热的主要因素是元件棒的栅距 p'(两棒之间的中心距)和元件棒直径 d 的比值 p'/d。在目前的传热系数计算公式中,仍然采用式(4.128)的形式,但常数 c 值的计算方法不同, c 由下式给出:

$$c = a\frac{p'}{d} + b \tag{4.133}$$

式中, a 和 b 是常数,可由表 4.4 中查出,然后算出 c 值。

表 4.4　式(4.128)和式(4.133)中的常数值

作者	n	m	c	适用范围
Weisman	0.8	0.4	$a = 0.026$ $b = -0.006$	三角形排列 $1.1 \leqslant \dfrac{p'}{d} \leqslant 1.5$
			$a = 0.042$ $b = -0.024$	正方形排列 $1.1 \leqslant \dfrac{p'}{d} \leqslant 1.3$
Miller	0.8	0.3	0.036	$P'/d = 1.46, Pr = 1.1 \sim 2.752$ $Re = 90\,000 \sim 7 \times 10^5$
Rieger	0.86	0.4	$0.122 + 0.002\,45 \dfrac{p'}{d}$	$1.5 \leqslant \dfrac{p'}{d} \leqslant 1.6$
Simoned	0.8	0.4	0.026	$p'/d = 1.4, Pr = 0.7$ $Re = 2 \times 10^5 \sim 7 \times 10^5$

液态金属流经三角形排列的棒束时的换热系数可采用 Dwyer 的公式:

$$Nu = 6.66 + 3.126\left(\frac{p'}{d}\right) + 1.184\left(\frac{p'}{d}\right)^2 \tag{4.134}$$

4.3.2　沸腾换热

在目前的大型电站压水堆中,正常工况下都允许堆芯内出现泡核沸腾。这样不但可以提高燃料元件的传热效率,还可以提高堆芯的平均出口温度,从而使电站的总体热效率提高。对于沸水堆,沸腾换热是堆芯内的主要传热方式,堆芯内不但存在欠热沸腾,也产生容积沸腾。

在沸腾换热过程中,伴随有气泡的生成、长大、脱离加热面等现象,这些对沸腾换热都有较大影响。另外,沸腾传热过程常伴随着热力学不平衡现象,并受流道的结构参数和流体运动参数的影响,因此使沸腾换热的过程相当复杂。沸腾换热中的沸腾起始点、沸腾临界点都是很难确定的参数,但这些参数在工程中又占有很重要的地位。例如,沸腾临界点的确定不但影响核动力装置的热效率,还与核反应堆安全有重要关系。因此,目前在反应堆热工研究中,沸腾换热的研究占有很大的比重。

1. 沸腾换热曲线

沸腾换热的最早研究是从大容积沸腾开始的,早期的研究结果发现,在大容积沸腾情况下,加热表面的热流密度 q'' 与壁面和流体的温差 ΔT 之间存在着确定的关系,图 4.26 给出了它们之间的关系。曲线的 A—B 段表示纯液相加热,在这种情况下,加热面的温度高于冷却剂的工作温度,但低于冷却剂工作压力下的饱和温度,因而不会有气泡产生。在自然对流情况下 q'' 大约与 ΔT 的 1.25 次方成正比,在强迫对流情况下 ΔT 的指数大于 1.25,在这一段热流密度 q'' 随着 ΔT 的增高而缓慢增加。

如果加热面的温度升高,ΔT 会相应提高,当壁面温度超过饱和温度时,在加热表面上会有气泡产生。气泡产生的密度随着壁面过热度($T_w - T_s$)的升高而增加。B—C 段称为泡核沸腾工况。这一段的传热特点是在加热面上不断有气泡产生和脱离,使流体产生很大搅动,因此该段的传热系数较大。从图 4.26 中可以看出,$B—C$ 段的斜率明显比 $A—B$ 段的陡峭,即热流密度对温度的变化率 dq''/dT 较大。在 $B—C$ 段,由于气泡搅混使换热系数提高,故在中等的 $(T_w - T_s)$ 值下,可以给出很大的热流密度。

图 4.26 中的 C 点是沸腾传热中的很重要一点,也是核反应堆设计中的关键计算点。这一点是由泡核沸腾转变成膜态沸腾的点。当热流密度达到 C 点所对应

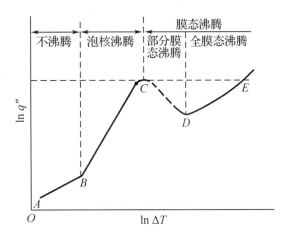

图 4.26 沸 腾 曲 线

的值时,加热表面上的气泡很多,以致使很多气泡连成一片,覆盖了部分加热面。由于汽膜的换热系数低,加热面的温度会很快升高,从而使加热面烧毁。C 点有许多不同的名字,诸如沸腾临界点、偏离泡核沸腾(departure from nuclear boiling,DNB)或临界热流密度(critical heat flux,CHF)。

当加热壁面与冷却剂之间的温差超过 C 点所对应的值时,沸腾传热的特征由图 4.26 中的 $C—D$ 段表示。此时加热表面上的气泡很多,这些气泡在加热面附近合并成一片一片的气泡膜,这些气泡膜是不稳定的,加热面是间断湿润的。由于气泡膜的导热性能差,因此这一区内随着温差的升高,表面热流密度下降,这一过程也称为过渡沸腾。在过渡沸腾段,膜态沸腾和泡核沸腾共存并交替转换。随着壁温的不断升高,汽膜覆盖的百分比增加,达到 D 点时,加热面上形成稳定的汽膜。当加热面上形成稳定的蒸汽膜后,汽膜周期性地释放出蒸汽,不断地有气泡逸出汽膜。由于液体主流与加热壁面之间被汽膜隔开,所以对流换热强度大大削弱。但随着壁温的迅速升高,辐射换热量增加,所以沸腾曲线又恢复为上升形式,即热流密度随温差的升高而增加,但曲线的斜率较泡核沸腾阶段低,即热流密度增长缓慢。

2. 流动欠热沸腾起始点

核反应堆内出现的沸腾大多数是流动沸腾。在流动沸腾中,影响沸腾传热的因素比大容积沸腾还多。例如欠热沸腾问题对流动沸腾有很大的影响,而欠热沸腾起始点的确定在传热计算中有重要意义。

(1)加热通道内流动区域的划分

当欠热液体进入加热通道时,由壁面输入的热量把欠热液体加热,变成汽水两相混合物,其过程如图 4.27 所示。整个过程经过以下几个区域。

①单相流区 Ⅰ

在 Ⅰ 区中,加热面上和通道内主流液体都没有达到饱和温度,通道中不存在气泡,此时为液体单相流。

②深度欠热区 Ⅱ(由 A 点到 B 点)

在 Ⅱ 区中,主流的大部分仍然是欠热的,但是贴近加热壁面的液层达到了饱和温度,这

时壁面上开始生成气泡,A点称为欠热(过冷)沸腾起始点。因为此区中欠热度还很大,小气泡附在壁面上,不能跃离壁面而在主流中生存,所以表现为"壁面效应"。

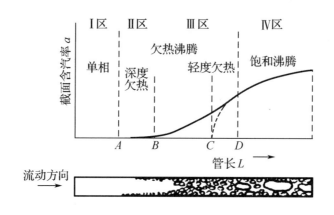

图4.27 流动欠热沸腾分区

③轻度欠热区Ⅲ(B点到D点)

当深度欠热区内的流体在流动中不断被加热时,壁面上产生的气泡会越来越多。在B点以后,由于主流的欠热度降低了,因此气泡可以脱离壁面在主流中生存。B点称为气泡脱离壁面起始点,也称净蒸汽产生起始点。在B点后的第Ⅲ区中,截面含汽率急剧增长,表现为"容积效应"。此时气泡不断进入主流,一部分被主流中欠热液体冷凝变为液体,另一部分则来不及冷凝而被主流带出Ⅲ区。

④饱和沸腾区Ⅳ

图4.27中的C点是用热平衡原理计算得到的主流达到饱和温度的点,但实际上该点主流没有达到饱和温度。这是由于在C点以前壁面传给流体的热量没有全部用来提高液体温度,有一部分变成了生成气泡的汽化潜热,所以主流只有在C点以后的D点才完全达到饱和温度。D点以后称为饱和沸腾区,此区中加入的热量完全用来产生蒸汽。

在20世纪60年代以前,人们对欠热沸腾问题没有进行过深入的研究。当时都回避了这一问题,即忽略欠热沸腾区气泡的影响。后来,随着核反应堆及高热流密度换热器的出现,人们越来越认识到欠热沸腾问题的重要性。因为在反应堆堆芯通道内,欠热沸腾产生的空泡会达到很高值,对流道内的压降特性及中子慢化特性都有明显的影响,所以不能忽略不计。在20世纪60年代以后,国内外很多核反应堆热工研究部门对这个问题进行了大量的研究,并取得了一定的研究成果。从其结果看,可以得到以下两点定性的结论:

a.随着热流密度q''升高,欠热沸腾影响变大;

b.随着系统的质量流速G和压力p升高,欠热沸腾影响变小。

(2)欠热沸腾起始点A的确定

关于A点的定义,各种文献的说法不一,很多文献认为,第一个气泡开始出现的那一点就是欠热沸腾起始点。这种论点理论上是正确的,但是没有实际意义。因为气泡的产生是一个统计过程,第一个气泡产生点是不确定的,往往与液体中溶解气体的情况、加热面的性质和清洁度等许多不确定的因素有关。因此,实际上的欠热沸腾起始点往往是用欠热沸腾表现出来的对热工参数的实际影响来间接确定的。目前,主要是用壁温的变平或流体局部欠热度来判定A点。下面介绍一种确定方法。

由热平衡关系式有

$$q''\pi D z_A = M c_p (T_A - T_i) \qquad (4.135)$$

式中,z_A 为由入口到 A 点的管长,m;M 为流体的质量流量,kg/s;c_p 为水的定压比热容,J/(kg·℃);T_A 为 A 点的主流温度,℃;T_i 为入口温度,℃;q'' 为表面热流密度,W/m²。

由式(4.135)得

$$T_A = \frac{q''\pi D z_A}{M c_p} + T_i \qquad (4.136)$$

$$\Delta T_A = T_s - T_A = T_s - \frac{q''\pi D z_A}{M c_p} - T_i \qquad (4.137)$$

式(4.137)中 ΔT_A 和 z_A 都是未知量,因此通过式(4.137)还不能确定 A 点。詹斯-洛特斯(Jens-Lottes)经过大量的实验工作,给出了欠热沸腾区传热计算的经验公式:

$$T_w - T_s = 25 \left(\frac{q''}{10^6} \right)^{0.25} \exp(-p/6.2) \qquad (4.138)$$

因此有

$$T_w = T_s + 25 \left(\frac{q''}{10^6} \right)^{0.25} \exp(-p/6.2) \qquad (4.139)$$

由对流换热计算公式有

$$T_w = \frac{q''}{h_f} + T_f \qquad (4.140)$$

式中,T_w 为加热表面温度,℃。

在沸腾起始点处壁温 T_w 应该相等,由以上两式得

$$T_s + 25 \left(\frac{q''}{10^6} \right)^{0.25} \exp(-p/6.2) = \frac{q''}{h_f} + T_f \qquad (4.141)$$

式中,h_f 为对流换热系数,W/(m²·℃);p 为系统压力,MPa。

由式(4.141)可得

$$T_s - T_f = \Delta T_A = \frac{q''}{h_f} - 25 \left(\frac{q''}{10^6} \right)^{0.25} \exp(-p/6.2) = T_s - \frac{q''\pi D z_A}{M c_p} - T_i \qquad (4.142)$$

$$z_A = \frac{M c_p \left[T_s - T_i - \dfrac{q''}{h_f} + 25 \left(\dfrac{q''}{10^6} \right)^{0.25} \exp(-p/6.2) \right]}{\pi D q''} \qquad (4.143)$$

式中,z_A 是入口距 A 点的通道长度,如果把此长度计算出来,A 点也就确定了。

(3)气泡脱离壁面起点 B 的确定

B 点也称为净蒸汽产生起始点。这一点的确定对欠热沸腾的研究有十分重要的意义。在计算轻度欠热区截面含汽率时,要首先确定 B 点,然后才能计算此区的截面含汽率。目前,国外在这方面的资料比较多,这里我们介绍萨哈-朱伯的方法。

1979 年,萨哈(Saha)和朱伯(Zuber)在第五届国际热工会议上提出了一种计算 B 点及其轻度欠热区含汽率的方法。这是目前被认为比较好的一种方法,被许多学者所引用。

萨哈和朱伯等人认为,净蒸汽产生点必须满足热力学和流体动力学两个方面的限制,在低质量流量时,气泡的冷凝取决于扩散过程,因此对于热支配区,即在低质量流量时,可以认为局部努塞尔数

$$Nu = \frac{q''D_e}{k_f(T_s - T_B)} \tag{4.144}$$

是一个相似参数。

另一方面,在高质量流量时,即在流体动力支配区,如果认为附在壁面上的气泡像表面粗糙度那样影响流动,那么脱离的气泡应当相应于某个特定的粗糙度。在高质量流量情况下,可以认为局部斯坦顿数

$$St = \frac{q''}{Gc_p(T_s - T_B)} \tag{4.145}$$

将是合适的准则数。

为了确定方程(4.144)还是方程(4.145)是合适的准则数,需要消去相关变量,即在两个方程中消去局部欠热度,引入佩克莱数 Pe 可以做到这一点。萨哈和朱伯把他们得到的试验数据绘在 St-Pe 坐标系中(见图4.28),从图中可以很容易地辨认出两个不同的区域。当佩克莱数小于70 000时,实验数据落在斜率为-1的直线上,这意味着局部努塞尔数是一个常数。当贝克莱数大于70 000时,数据点落在斯坦顿数为常数的直线上。由以上的分析可以得到净蒸汽产生点完整的表达式:

当 $Pe \leqslant 70\ 000$ 时

$$Nu = \frac{q''D_e}{k_f \Delta T_B} = 455 \tag{4.146}$$

$$\Delta T_B = 0.002\ 2\ \frac{q''D_e}{k_f} \tag{4.147}$$

当 $Pe > 70\ 000$ 时
$$St = \frac{q''}{GC_p \Delta T_B} = 0.006\ 5 \tag{4.148}$$

$$\Delta T_B = 154\ \frac{q''}{Gc_p} \tag{4.149}$$

因为 $Pe = Re \cdot Pr$,所以在判断流动工况时根据雷诺数很容易算出佩克莱数,然后用以上公式把 B 点的欠热度计算出来,从而可以确定入口距 B 点的长度 z_B。

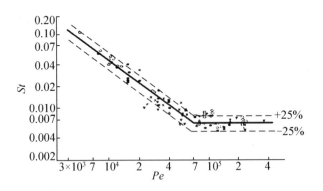

图4.28　气泡脱离壁面的条件

3. 轻度欠热区截面含汽率的计算

B 点的欠热度 ΔT_B 确定后就可以算出该点的热平衡含汽率,从而可以计算出轻度欠热

区内任意一点的截面含汽率。

由热量平衡方程可以得到 B 点的热平衡含汽率为

$$x_B = \frac{H_B - H_{fs}}{H_{fg}} = -\frac{C_p \Delta T_B}{H_{fg}} \quad (4.150)$$

式中，ΔT_B 为 B 点所对应的流体欠热度，℃；H_B 为 B 点处流体焓值；H_{fs} 为当地压力下饱和液体焓值；H_{fg} 为汽化潜热。

将式（4.147）和式（4.149）代入式（4.150），得出以下关系：

当 $Pe \leqslant 70\,000$ 时

$$x_B = -0.002\,2\frac{c_p q'' D_e}{k_f H_{fg}} \quad (4.151)$$

当 $Pe > 70\,000$ 时

$$x_B = -154\frac{q''}{G H_{fg}} \quad (4.152)$$

轻度欠热区任一点的热平衡含汽率都可以由热平衡方程算出来，即

$$x' = \frac{H - H_{fs}}{H_{fg}} \quad (4.153)$$

式中，x' 为轻度欠热区任意一点的含汽率；H 为该点的流体总焓值。

由于通道内存在欠热沸腾，因此用这种热平衡算出的含汽率还不是真实的含汽率。确定了 x_B、x' 后就可以得到轻度欠热区任意一点的真实含汽率。萨哈和朱伯建议用以下公式计算真实含汽率：

$$x_T = \frac{x' - x_B \exp(x'/x_B - 1)}{1 - x_B \exp(x'/x_B - 1)} \quad (4.154)$$

式中，x_T 为轻度欠热区的真实含汽率；x' 为计算点的热平衡含汽率。

x_T 算出后，就可以计算该点的截面含汽率 $\langle \alpha \rangle$。萨哈和朱伯建议用下式计算欠热区的 α 值：

$$\langle \alpha \rangle = \frac{x_T}{C_0\left[\dfrac{x_T(\rho_f - \rho_g)}{\rho_f} + \dfrac{\rho_g}{\rho_f}\right] + \dfrac{\rho_g \overline{W}_{gm}}{G}} \quad (4.155)$$

式中，C_0 可取 1.13，$\overline{W}_{gm}$ 为加权气体漂移流速，且

$$\overline{W}_{gm} = 1.41\left[\frac{\sigma g(\rho_f - \rho_g)}{\rho_f^2}\right]^{1/4} \quad (4.156)$$

4. 流动沸腾传热

由于沸腾换热过程十分复杂，沸腾换热过程的机理还没有彻底弄清，该过程中的一些物理现象还不能完全用理论来解释。因此，目前沸腾换热的计算还主要依赖经验公式。下面分别介绍用于反应堆热工计算的沸腾传热计算公式。

（1）欠热沸腾区的传热计算

在压水反应堆堆芯内，正常工况下的流动沸腾主要是欠热沸腾，这种情况可以用以下关系式计算传热。

①Rohsenow 关系式

Rohsenow 给出的计算欠热泡核沸腾的经验关系式为

$$\frac{c_p \Delta T_{sat}}{H_{fg}} = C_{sf} \left[\frac{q''}{\mu_f H_{fg}} \sqrt{\frac{\sigma}{g(\rho_f - \rho_g)}} \right]^{0.33} \left(\frac{C_p \mu_f}{k_f} \right)^{1.7} \tag{4.157}$$

式中,ΔT_{sat} 为壁面温度与流体饱和温度的差值;C_{sf} 是一特性常数,取 $C_{sf} = 0.006$。

②Thom 关系式

Thom 给出轻度欠热沸腾区换热温差和表面热流密度之间的关系为

$$\Delta T_{sat} = 0.022\,55 q''^{0.5} e^{-p/8.7} \tag{4.158}$$

式中,q'' 为表面热流密度,MW/m^2;p 为系统压力,MPa,公式适用的压力范围为 $5.2 \sim 14\ MPa$。

(2)饱和沸腾区的传热

饱和沸腾区的传热计算公式较多,但目前在反应堆热工分析中使用较多的是 Chen 公式。Chen 认为在饱和沸腾区沸腾传热的热流密度可表示为

$$q'' = h_{TP}(T_w - T_s) \tag{4.159}$$

式中,h_{TP} 是总传热系数,它由两部分组成,即

$$h_{TP} = h_b + h_f \tag{4.160}$$

式中,h_b 是泡核沸腾传热系数;h_f 是强迫对流传热系数。强迫对流传热系数可用 Dittus-Boelter 关系式计算:

$$h_f = 0.023 F \left[\frac{G(1-x)D_e}{\mu_f} \right]^{0.8} Pr^{0.4} \frac{k_f}{D_e} \tag{4.161}$$

对于沸腾传热,传热系数表达式为

$$h_b = 0.001\,22 S \left(\frac{k_f^{0.79} C_p^{0.45} \rho_f^{0.49}}{\sigma^{0.5} \mu_f^{0.29} H_{fg}^{0.24} \rho_g^{0.24}} \right) \Delta T_{sat}^{0.24} (P_w - P_{fs})^{0.75} \tag{4.162}$$

式中,ΔT_{sat} 是表面过热度;P_w 是对应于表面温度 T_w 的饱和压力,Pa;P_s 是对应于液体饱和温度 T_s 的饱和压力,Pa。

式(4.161)和式(4.162)中 F 和 S 都是图解函数,由图 4.29 给出。

F 和 S 也可用以下公式计算得出:

$$F = \begin{cases} 1.0, & \dfrac{1}{X_{tt}} \leqslant 0.10 \\ 2.35 \left(\dfrac{1}{X_{tt}} + 0.213 \right)^{0.736}, & \dfrac{1}{X_{tt}} > 0.10 \end{cases} \tag{4.163}$$

$$S = \begin{cases} [1 + 0.12(Re_{Tp})^{1.14}]^{-1}, & Re_{Tp} < 32.5 \\ [1 + 0.42(Re_{Tp})^{0.78}]^{-1}, & 32.5 \leqslant Re_{Tp} < 70 \\ 0.1, & Re_{Tp} \geqslant 70 \end{cases} \tag{4.164}$$

$$Re_{Tp} = \frac{G(1-x)D_e}{\mu_f} F^{1.25} \times 10^{-4} \tag{4.165}$$

式中,X_{tt} 是 Martinelli 参数,即

$$\frac{1}{X_{tt}} = \left(\frac{x}{1-x} \right)^{0.9} \left(\frac{\rho_f}{\rho_g} \right)^{0.5} \left(\frac{\mu_g}{\mu_f} \right)^{0.1} \tag{4.166}$$

以上的 Chen 公式是经过大量的实验数据整理得出的,在目前大型反应堆热工水力计算程序中使用比较多。

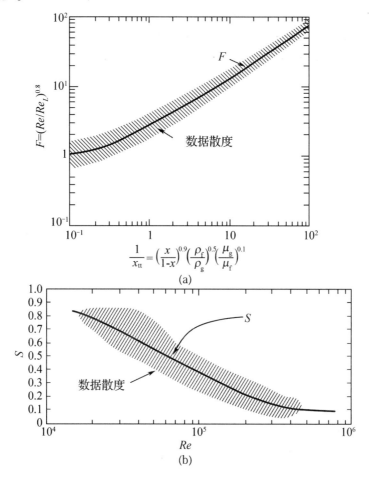

图 4. 29　*F* 和 *S* 函数

复习思考题

4-1　反应堆大破口事故中的再灌水阶段和再淹没阶段有何区别?

4-2　减缓小破口事故后果的措施有哪些?

4-3　安全壳功能的最终保障有哪些途径?

4-4　影响强迫对流传热的因素有哪几个?

4-5　强迫对流传热与自然对流传热有什么不同?

4-6　短通道内的临界流与长通道内的临界流有何区别?

4-7　福斯克模型与莫狄模型的主要区别在哪里?

4-8　滞止焓是如何定义的?

4-9　是否所有的喷放过程都是临界流动?

4-10　W-3 公式和 W-2 公式的适用范围有何差别?

4-11　稳定膜态沸腾传热的主要机理是什么？

4-12　何谓临界热流密度？

4-13　何谓泡核沸腾，它有什么特点？

4-14　沸腾临界分几类，它们可能分别发生在什么样的情况下？

4-15　为什么在高热流密度下(例如压水堆情况)会发生 DNB？

4-16　大破口事故共分几个阶段,各是什么？

第5章　沸腾临界后传热

5.1　流动沸腾临界

5.1.1　流动沸腾临界分类

沸腾临界一般是指在沸腾过程中加热壁面温度突然升高,壁面与流体传热受到阻滞的现象。在池式沸腾中,由于介质的物性是定值,沸腾的临界状态只与热流密度有关。而在流动沸腾中,沸腾的临界状态很复杂,它不但与流体物性有关,还与介质的流速、局部含汽率、通道形状等因素有关。与大容积沸腾的情况不同,影响流动沸腾临界的因素有很多,这些都给流动沸腾临界的确定带来困难。目前有关沸腾临界的假说比较多,各假说之间也有一些分歧,下面介绍一种典型的假说。

1. 低含汽率时的沸腾临界

当加热表面的热流密度很高,在通道内含汽率较低时就会出现沸腾临界,其出现的机理如图 5.1 所示。图 5.1(a)一般出现在热流密度很高的情况下,这时主流流体往往处于欠热状态。在这种情况下,由于高热流密度的作用,壁面上的气泡受热后急剧长大,热量没有及时传到主流中,从而使气泡覆盖下的局部加热面温度快速升高而造成沸腾临界。图 5.1(b)往往出现在热流密度比图 5.1(a)的情况低时,这时上游壁面产生的气泡滑动到下游,下游气泡产生堆积,使加热面形成气泡层,该气泡层

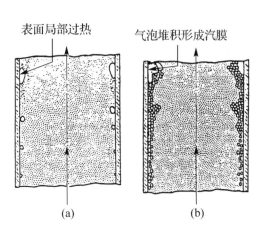

图 5.1　低含汽率时的沸腾临界

阻碍了液体与加热面的接触,使壁面不能很好地冷却,壁温迅速升高,从而达到沸腾临界。这种情况就是比较典型的偏离泡核沸腾(DNB),这种情况下主流流体也往往处于欠热状态,但也可能是饱和状态。

2. 高含汽率时的沸腾临界

当加热表面的热流密度不是很高,在低含汽率时一般不会出现沸腾临界。沸腾临界一般出现在高含汽率时,这时加热通道往往是环状流,由于气相密度较小,介质流动速度较

高,在加热表面热流密度和介质动量冲击的双重作用下,局部液膜从加热表面消失,液层被撕裂成液滴,于是传热减弱、壁温升高,如图 5.2(a)所示。

这种沸腾临界工况主要受两个因素的影响:一个是介质的流速;另一个是表面热流密度。如果通道内的质量流速和表面热流密度都很低,一般会出现如图 5.2(b)所示的情况,此时通道的含汽率很高,壁面的液膜被全部蒸干,使壁面与流体之间的传热减弱,从而造成壁温升高。由于在高含汽率区沸腾临界的出现都是由于壁面上液膜消失造成的,因此这种沸腾临界往往被称为"干涸"(dryout)。

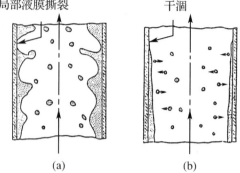

图 5.2　高含汽率时的沸腾临界

5.1.2　各参数对沸腾临界的影响

流动沸腾是一个很复杂的过程,而流动沸腾的临界状况受很多参数的影响,为了对沸腾临界进行理论分析和实验数据的拟合,需要找出这些影响参数与沸腾临界状态的相关性。由流体力学和传热学的基本知识可知,最好的相关拟合是无因次参量的拟合。无因次化处理后拟合的参量比较少,易于进行实验数据处理。但截至目前,临界状态的无因次参量的表达式仍不能令人满意。这是因为组成无因次量的参数对临界状态的影响不是单方面的,例如介质速度对临界热流密度 q_c 的影响有时是正方向的,有时则是负方向的。流速增大会使临界含汽率 x_c(即发生临界状况的当地含汽率)有时增大、有时减小,这种现象称为"参数畸变效应"。因此目前仍用有因次参量的关系式来表达临界状况。与临界状况有关的影响参数又有很多,这就需要将这些变量分为独立变量和二次变量。在临界状态参数的分析或实验数据的拟合过程中,主要考虑独立变量、二次变量作为修正因素处理,这样所拟合的公式将会有一定的适用范围。

影响临界状态的两相流参数有介质的质量流速(G)、流入流道的介质进口比焓($\Delta H_i = H_s - H_i$)或过冷度($\Delta T_{sub} = T_s - T_i$)、发生临界处的热流密度($q_c$)和含汽率($x_c$)、介质的系统压力($p$)、流道尺寸($D_e$ 和 L)、沸腾段长度($L_B = L - L_{sub}$),等等。因此可以写出下述函数关系:

$$q_c = f_1(x_c, \Delta H_i, L, D_e, p, G, L_B) \qquad (5.1)$$

从能量平衡角度来考虑,x 和 ΔH_i 与 q 彼此相关,即

$$q = f_2(x, \Delta H_i)$$

或　　　　　　　$q = GD(xH_{fg} + \Delta H_i)/4L$ 和 $q = GDxH_{fg}/4L_B$ 　　　(5.2)

式中,H_{fg} 为汽化潜热。

所以式(5.1)也可写成

$$q_c = f_3(\Delta H_i, L, D_e, p, G) \qquad (5.3)$$

或　　　　　　　　　$q = f_4(x, L, D_e, p, G)$ 　　　　　　　(5.4)

式(5.3)和式(5.4)即为描述临界状况的参数关联式。式(5.3)称为系统参数概念式,式(5.4)称为局部参数概念式,ΔH_i 是系统参数,x_c 是发生临界状况的局部参数。L(包括

L_B)除与热平衡有关之外,还反映临界状况的记忆效应(上游历史效应)。对于一定的结构尺寸、一定的工作介质和物性参数(压力),可以取 q_c、ΔH_i、x_c、G、L_B 为独立变量,其余的作为二次变量。描述流动沸腾临界状况的非定性参数,可以选用 q_c,也可以选用 x_c,所以独立变量的组合可以有几种方式。例如 $F(q_c, \Delta H_i, G)$、$F(q_c, x_c, G)$ 和 $F(x_c, G, L_B)$,用三个独立变量描述特性,就可以在二维坐标上表示出临界状况受参数的影响。

对于一个均匀受热的流道(不均匀受热的流道同样处理),发生临界状况时,总加热功率为 P,则

$$P = \pi D L q_c \qquad (5.5)$$

介质热平衡条件为

$$P = G(\pi D^2/4)(\Delta H_i + x_e H_{fg}) \qquad (5.6)$$

式中,x_e 为流道出口处的介质含汽率。对于均匀加热的流道,临界工况一般发生在流道出口,所以 $x_c = x_e$(非均匀流道则不一定)。如果在流道出口处发生临界工况,其中蒸发段长度为 L_B。L_B 段的加热功率为 $P_0 = \pi D L_B q = G(\pi D^2/4)x_e H_{fg}$,此即 $\Delta H_i = 0$ 时的加热功率。于是可以列出下列关系式:

$$P = P_0 + G(\pi D^2/4)\Delta H_i \qquad (5.7)$$

但在实际情况下,大量的临界工况实验表明,发生临界工况时上式应为

$$P = P_0 + \gamma G(\pi D^2/4)\Delta H_i \qquad (5.8)$$

此处 $\gamma < 1$。这表明,发生临界工况时所需功率比根据此临界工况下的工作参数(x,G,ΔH_i,D,λ)按热平衡条件所算得的加热功率小,即临界工况会提早发生。从另一角度看,如果 $\Delta H_i \neq 0$ 时的临界热流密度为 q_c,$\Delta H_i = 0$ 时,为 q_{c0},则 $q_c < q_{c0}$,或者说 $\Delta H_i \neq 0$ 时的临界干度 x_c 比 $\Delta H_i = 0$ 的临界干度 x_{c0} 小,这就是所谓记忆效应,γ 称为记忆因子。γ 越小,记忆效应越大。记忆效应随 ΔH_i 增大而增大,即 γ 要减小,其极限为1。随着 G 的加大,记忆效应减小,而 γ 增大。因为流速越高,上游历史过程越短,对下游的影响也越小。γ 值只能由实验得到。下面给出在 D_e、L、p 不变的条件下,不同 G 时临界热流密度计算的关联式。

1. q_c 与 ΔH_i 的关联式

对 D_e 与 L 相同的流道,设 $\Delta H_i = 0$ 时,发生临界工况的热流密度与热功率分别为 q_{c0} 和 P_{c0},则由式(5.8)和 $P_{c0} = \pi D L q_{c0}$ 可得

$$q/q_{c0} = P/P_{c0} = 1 + \gamma G D \Delta H_i/(4 L q_{c0})$$
$$(5.9)$$

这就是 q 与 ΔH_i 的临界工况关联式,见图 5.3。由图可见,随着 G 的加大,γ 增大,即曲线斜率增大。图中箭头指明 G 加大的方向。图中用直线表示关联式的趋势,实际情况中可能并非直线。

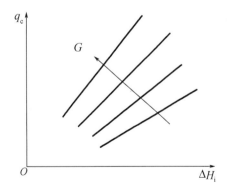

图 5.3　临界热流密度与过冷焓的关系

2. q_c 与 x_c 的关联式

由式(5.6)和 $P_{c0} = \pi D L q_{c0} = (\pi D^2/4)Gx_{c0}H_{fg}$(此处 x_{c0} 为 $\Delta H_i = 0$ 时,流道末端发生临界

工况的介质含汽率)可知

$$\frac{q_c}{q_{c0}} = \frac{P_c}{P_{c0}} = \frac{\Delta H_i + x_c H_{fg}}{x_{c0} H_{fg}} = \frac{\Delta H_i}{x_{c0} H_{fg}} + \frac{x_c}{x_{c0}} = \frac{\Delta H_i}{4 P_{c0}/(G \pi D^2)} + \frac{x_c}{x_{c0}}$$

由式(5.9)可知 $\Delta H_i = \left(\dfrac{q_c}{q_{c0}} - 1\right) \Big/ \left(\dfrac{\gamma G D}{4 L q_{c0}}\right)$,这样可得

$$
\begin{aligned}
\frac{q_c}{q_{c0}} &= \left(\frac{q_c}{q_{c0}} - 1\right) \Big/ \left(\frac{\gamma G D}{4 L q_{c0}} \frac{4 P_{c0}}{G \pi D^2}\right) + \frac{x_c}{x_{c0}} \\
&= \left(\frac{q_c}{q_{c0}} - 1\right) \Big/ \left(\frac{\gamma P_{c0}}{L q_{c0} \pi D}\right) + \frac{x_c}{x_{c0}} \\
&= \left(\frac{q_c}{q_{c0}} - 1\right) \Big/ \gamma + \frac{x_c}{x_{c0}} \\
&= \frac{1}{1-\gamma} - \frac{\gamma}{1-\gamma} \frac{x_c}{x_{c0}}
\end{aligned}
\tag{5.10}
$$

式中,q_c 为发生临界状况时的热流密度;q_{c0} 为 $\Delta H_i = 0$ 时的临界热流密度;γ 为记忆因子;x_c 为临界干度,x_{c0} 为 $\Delta H_i = 0$ 时的临界干度。

式(5.10)就是 q_c 与 x_c 的临界工况关联式,相互关系见图5.4。图5.4是当 x_c 为半幅度的情况。随 G 的增大,γ 增大,$\gamma/(1-\gamma)$ 数值也增大,所以由曲线的斜率来看,随着 G 增大,斜率 $[-\gamma/(1-\gamma)]$ 是减小的(曲线负斜度加大),箭头所指为 G 增大的方向。图5.5是 x_c 为全幅度的情况。在 x_c 为负时,即在过冷沸腾下发生临界现象时,由式(5.10)可以看出,因为 $\gamma/(1-\gamma)$ 永远是正值,而 x_c 此时为负,随 x_c 减小(x_c 绝对值增大),q_c 会增大,且随 G 增大,曲线斜率也是减小的[负值 $-\gamma/(\gamma-1)$ 增大]。在 x_c 从 -1 到 $+1$ 之间,曲线是连续的。对于不同 G 值,曲线的汇聚点(不一定是交点)处在正 x_c 区域。在汇聚点两侧,右方随 G 增大,q_c 减小,左方随 G 增大,q_c 增大。流速增大会使临界干度 x_c 有时增大,有时减小,这种现象称为参数畸变效应,这种现象使流动沸腾临界工况更加复杂。

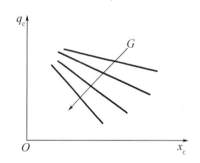

图5.4　临界热流密度与出口干度的关系

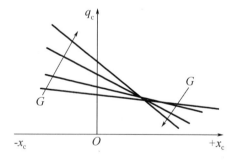

图5.5　临界热流密度与全干度的关系

3. x_c 与 L_B 的临界工况关联式

在 D_e、L、p 不变的条件下,不同 G 时的关联式给第二类临界工况的研究带来方便。因为第二类临界工况的发生主要决定于干度。由式(5.10)可知

$$\frac{x_c}{x_{c0}} = \frac{1}{\gamma} - \left(\frac{1}{\gamma} - 1\right) \frac{q_c}{q_{c0}} \tag{5.11}$$

由式(5.9) $q_{c0} = q_c - \gamma(GD\Delta H_i / 4L)$，得

$$\frac{x_c}{x_{c0}} = \frac{1}{\gamma} - \left(\frac{1}{\gamma} - 1\right) q_c \bigg/ \left(q_c - \frac{\gamma GD\Delta H_i}{4L}\right) \tag{5.12}$$

而 $q_c = GD(\Delta H_i + x_c H_{fg}) / (4L)$，则

$$\frac{x_c}{x_{c0}} = \frac{1}{\gamma} - \left(\frac{1}{\gamma} - 1\right) \frac{\Delta H_i + x_c H_{fg}}{\Delta H_i + x_c H_{fg} - \gamma \Delta H_i} \tag{5.13}$$

由于

$$4q_c L = GD(\Delta H_i + x_c H_{fg}) \tag{5.14}$$

$$4q_c L_B = GD x_c H_{fg} \tag{5.15}$$

$$4q_{c0} L = GD x_{c0} H_{fg} \tag{5.16}$$

再由式(5.15)和式(5.16)得 $(L/L_B)(x_c/x_{c0}) = q_c/q_{c0}$。由式(5.14)和式(5.15)得

$$\frac{x_c}{x_{c0}} = \frac{1}{\gamma} - \left(\frac{1}{\gamma} - 1\right) \bigg/ \left[1 - \gamma\left(1 - \frac{L_B}{L}\right)\right] = \frac{1}{\gamma}\left[1 - \frac{1-\gamma}{1 - \gamma + \gamma(L_B/L)}\right]$$

即

$$\frac{x_c}{x_{c0}} = \frac{L_B/L}{1 - \gamma + \gamma(L_B/L)} = \frac{L_B/L}{1 + \gamma(L_B/L - 1)} \tag{5.17}$$

这就是 x_c 与 L_B 的临界工况关联式，见图 5.6。由图可见，随着 G 的增大，γ 增大，在 L 一定时，随 G 的增大，通过 γ 使 x_c 减小。这就充分说明第二类临界工况的基本性质。

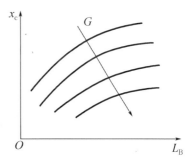

图 5.6　临界干度与沸腾段长度的关系

用 x_e（即 x_c）来描述临界工况是属于局部参数特性的表达式，如式(5.13)和式(5.17)。用 q_c 描述临界工况是属于系统参数特性表达式，如式(5.19)和式(5.10)。局部参数特性式更易出现参数畸变现象。

4. 质量流速对临界工况的影响

由前述可以看出 G 作为参变量在三种不同临界工况下的作用。在 q_c-ΔH_i 特性中，很容易看出，随着 G 的增大，q_c 也增大。在 q_c-x_c 和 x_c-L_B 特性中，如果给定 ΔH_i 不变，则这两个特性的热平衡关系如下：

$$x_c = 4q_c L / (DGH_{fg}) - \Delta H_i / H_{fg} \tag{5.18}$$

$$4L_B q_c / (DGH_{fg}) = x_c \tag{5.19}$$

由式(5.18)可知，当 L、D、p 保持不变，且 ΔH_i 为定值时，随着 G 的增大，q_c 增大。由式(5.19)可知，当 L、D、p 保持不变时，在达到一定的临界干度 x_c 下，q_c 也是随 G 增大而增加的，所以 G 对临界工况的影响是一致的。Macbeth(1994)分析了大量实验数据后，发现 G 对 q_c 的影响大小有一定的区域性。在低 G 区，影响大于高 G 区，如图 5.7(a)所示。其主要影响在(A)区，(A)、(B)两区的分界与 p、L/D 有关，见图 5.7(b)。Macbeth 认为，这种 G 对 q_c 的分析区影响说明在高影响区(B)区是主流隔绝临界工况，在低影响区(A)区是主流控制临界工况。许多实验结果都表明，凡是出现气泡沸腾的临界工况，都是在大流量下的 DNB，而流量小时则出现高干度的干涸现象。所以主流质量流速对发生临界工况的影响多表现在低流量的情况。

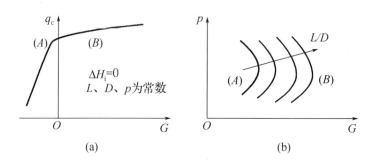

图 5.7　质量流速对 q_c 的影响

其余三个二次变量 p、L、D 对 q_c 的影响规律很复杂。L 对 q_c 的影响已在记忆因子中表现出来，即 L 越大，q_c 越小。D 的影响可以通过图 5.8 看出。图 5.8(a) 是在 x_c、p、ΔH_i 一定的情况下，D 对 q_c 的影响。在某一 G 下，D 增大，介质流量 M 按 D^2 比率增大，在给定的 ΔH_i 下，对于一定 L 值，需要较大的 q_c。最后表现为 D 增大，q_c 增大。图 5.8(b) 是在一定的 p、L、G 下，D 对 q_c 的影响。在某一 x_e 下 D 增大，要求 L 加长使能达到此 x_e 值(因流量 W 按 D^2 改变，而 P 按 D 改变)，而 L 加长，γ 减小，所以 q_c 减小。最后表现为 D 增大，q_c 减小。两种情况得出的结论相反，这也是一种参数畸变的现象。实际上，图 5.8(a) 的情况除 D 的影响之外，还隐含着 x_e 的影响。而图 5.8(b) 的情况，除 D 之外，还隐含着 ΔH_i 的影响。处理这种关联时，要特别清楚内含因素的作用，以便取得正确的结论。

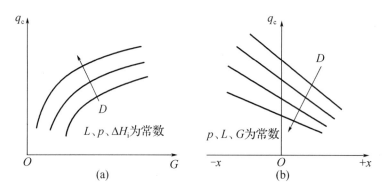

图 5.8　通道直径对 q_c 的影响

有关压力 p 对 q_c 的影响也是复杂的。对于流动沸腾，每个由 p 所决定的介质物性参数，对 q_c 可能有不同的影响。而通过系统参量(G、ΔH_i、L 等)，各物性参数又会出现畸变效应。所以 p 不像在容积沸腾中那样只是单值参量，使 q_c 有个最大值(对水来说，$p = 0.3p_{crit}$ 时 q_c 最大)。在流动沸腾中，p 对 q_c 的影响可以通过图 5.9 看出，这是由两组实验数据整理出的关联图。图 5.9(a) 中，除 p 的影响之外，还隐含着 T_i(即 ΔH_i) 的影响；而图 5.9(b) 中，除 p 之外，还隐含着 x_e 的影响。两个图表示出完全不同的压力对临界状况的影响性质，而得不到一致的结论。要想得出 p 对临界工况具体确切的作用，只能就具体情况进行具体分析。

此外，一些特殊条件，如极短暂、极高流速、流道特殊布置、流动不稳定、特殊流通截面、极窄流道、热负荷不均及瞬态过程等，都会使临界工况呈现出不同的变化规律。在实验数据的处理和其关联式的拟合中，必须特别注意现象的真伪和特殊性与普遍性的关系。

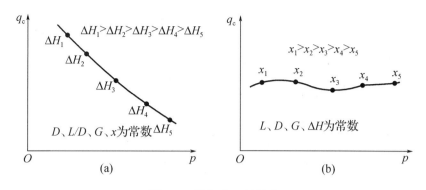

图 5.9 压力对 q_c 的影响

5.1.3 临界热流密度计算关系式

在核反应堆内,燃料元件内的核燃料释热率的限制主要来自临界热流密度。当燃料元件的热流密度超过临界热流密度时,燃料元件表面温度快速升高,燃料元件就会出现烧毁,而造成放射性外漏。为此,临界热流密度的确定是反应堆热工设计的一个最重要的内容。在前节参数分析的基础上,借助大量实验数据,研究人员已拟合出许多临界热流密度的计算关联式供设计使用。目前各种资料发表的计算临界热流密度的公式很多,这些公式都是根据实验数据拟合整理而成的,它们各自都有一定的使用条件和范围,一般不能外推使用,因此在选用这些公式时应加以注意。下面列举出常用的计算关联式。

在水冷核反应堆中,堆芯的输出功率能力受到沸腾临界的限制。而在绝大部分情况下,在反应堆内出现的沸腾临界是 DNB。因此对于反应堆热工设计来讲,DNB 点热流密度的计算十分重要。下面介绍目前在反应堆设计中常用的临界热流密度的计算关系式。

1. W-3 关系式

汤焕孙(L S Tong)等人,对动力反应堆运行参数范围的沸腾临界数据进行了分析处理。他们认为沸腾临界与关系函数 $F(x,p)$、$F(x,G)$、$F(D_e)$ 和 $F(H_{in})$ 有关。他们在确定其他参量不变的情况下,建立这些关系函数与临界热流密度之间的关系。最后得到均匀热流密度情况下的 W-3 公式:

$$q''_{crit,EU} = F(x,p) \cdot F(x,G) \cdot F(D_e) \cdot F(H_{in}) \tag{5.20}$$

式中的关系函数分别为

$$F(x,p) = \big[(2.022 - 0.000\,430\,2p) + (0.172\,2 - 0.000\,098\,4p) \times$$
$$\exp(18.177 - 0.004\,129p)x \big](1.157 - 0.869x) \tag{5.21}$$

$$F(x,G) = (0.148\,4 - 1.596x + 0.172\,9x|x|)\frac{G}{10^6} + 1.037 \tag{5.22}$$

$$F(D_e) = 0.266\,4 + 0.835\,7\exp(-3.151D_e) \tag{5.23}$$

$$F(H_{in}) = 0.825\,8 + 0.000\,794(H_{sat} - H_{in}) \tag{5.24}$$

式(5.21)~式(5.24)中各有因次的量均为英制单位,把英制单位转化为国际单位,代入式(5.20)中,经整理后得

$$q''_{crit,EU} = 3.154 \times 10^6 \{ (2.022 - 6.238 \times 10^{-8}p) + (0.172\,2 - 1.43 \times 10^{-8}p) \times$$

$$\exp\left[\,(18.177 - 5.987 \times 10^{-7}p)x\,\right]\}\left[\,1.157 - 0.869x\,\right] \times$$

$$\left[\,(0.148\,4 - 1.596x + 0.172\,9x\,|\,x\,|)\,\frac{G}{10^6} \times 0.204\,8 + 1.037\,\right] \times$$

$$\left[\,0.266\,4 + 0.835\,7\exp(-124D_{\mathrm e})\,\right] \times$$

$$\left[\,0.825\,8 + 0.341 \times 10^{-6}(H_{\mathrm{sat}} - H_{\mathrm{in}})\,\right]F_{\mathrm s} \tag{5.25}$$

式中,$q''_{\mathrm{crit,EU}}$ 为轴向均匀加热时的临界热流密度,W/m^2;p 为系统压力,MPa;G 为冷却剂的质量流密度,kg/(m$^2\cdot$h);H_{sat} 为饱和水的焓,J/kg;$F_{\mathrm s}$ 为定位格架修正因子。

定位格架修正因子是考虑定位格架搅混因素对临界热流密度影响的修正系数。对于目前通常使用的蜂窝状定位格架,该修正因子可用下式进行计算:

$$F_{\mathrm s} = 1.0 + 0.03\left(\frac{G}{4.882 \times 10^6}\right)\left(\frac{a}{0.019}\right)^{0.35} \tag{5.26}$$

式中,a 为定位格架的混流扩散系数,且

$$a = \frac{\varepsilon}{ws} \tag{5.27}$$

式中,ε 为交混系数,m^2/s;w 为冷却剂轴向流速,m/s;s 为两相邻棒间的节距,m。

当温度在 260~300 ℃之间时,$a = 0.019\sim0.060$。

式(5.26)的适用范围:$G = 2.44 \times 10^6\sim2.44\times10^7$ kg/(m$^2\cdot$h);$p = 6.677\sim15.39$ MPa;通道高度 $L = 0.254\sim3.66$ m;通道当量直径 $D_{\mathrm e} = 5.3\times10^{-4}\sim1.78\times10^{-3}$ m;加热周长与湿润周长之比为 $0.88\sim1.0$;入口焓 $H_{\mathrm{in}} \geqslant 9.3\times10^5$ J/kg;计算点含汽率 x 为 $-0.15\sim0.15$。

W-3 公式是在不同的实验回路上测得的几千个实验数据回归后得到的,将 W-3 公式的计算值作为横坐标,实验测量值作为纵坐标,绘出公式与数据点的符合关系,如图 5.10 所示。

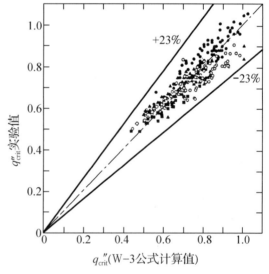

图 5.10　W-3 公式与实验点的符合情况

2. Macbeth 等人的 AEEW 关联式

Macbeth 等人的 AEEW(Atomic Energy Establishment of Winfrith)关联式是有关流动沸腾关联式的较早形式。以其思路为基础,后来人们又提出了很多同类型的关联式。Macbeth 关联式的基本形式是

$$q_{\mathrm c} = A - Bx_{\mathrm c} \tag{5.28}$$

根据热平衡条件 $x = 4qL/(DGH_{\mathrm{fg}}) - \Delta H_{\mathrm i}/H_{\mathrm{fg}}$,并使 $C = 4B/(DGH_{\mathrm{fg}})$,式(5.28)可写成

$$q_{\mathrm c} = \frac{A + CDG\Delta H_{\mathrm i}/4}{1 + CL} \tag{5.29}$$

因为 $B=CDGH_{fg}/4$，所以式(5.28)也可写成

$$q_c = A - \frac{CDGH_{fg}}{4}x_c \qquad (5.30)$$

式(5.29)和式(5.30)即为 Macbeth 公式的基本形式。并且在一定的 p 下，A、C 都是 D 与 G 的函数，即

$$A = y_0 D^{y_1} G^{y_2}, C = y_3 D^{y_4} G^{y_5}$$

用棒束实验所取得的数据进行最佳拟合，得到

$$q_c = \frac{A' + 0.25D(G/10^6)\Delta H_i}{B' + L} \times 10^6 \qquad (5.31)$$

式中，$A' = 67.6D^{0.83}(G/10^6)^{0.57}$，$B' = 47.3D^{0.57}(G/10^6)^{0.27}$。此式适用于以 1 000 psi(英制压力单位，1 psi = 6.895 kPa)的水作介质的棒束，其中参量均用英制。

Macbeth 体系中最引人注意的是 Bowring 关联式和 Thomson-Macbeth 关联式。前者计算简单，可用于各种普通形式的单通道，也可用于棒束，并可用于不同介质。后者计算稍复杂，但适应性较好。

Bowring 关联式如下：

$$q_c = \frac{A + B\Delta H_i}{C + L} \quad (W/m^2) \qquad (5.32)$$

其中 $A = 2.317(H_{fg}D_e G/4)F_1/(1+0.014\ 3F_2 D_e^{0.5}G)$

$B = D_e G/4$

$C = 0.077F_3 D_e G/[1+0.347F_4(G/1\ 356)^D]$

$D_e = 2.0-0.5p_r = 2.0-0.725\times10^{-6}p(p$ 以 Pa 为单位)

当 $p_r = 0.145\times10^{-6}p[p_r$ 为相对压力，即系统压力(MPa)与 56.896 MPa 之比]。

当 $p_r \leq 1$ 时 $F_1 = [p_r^{18.942}e^{20.89(1-p_r)}+0.917]/1.917$

$F_1/F_2 = [p_r^{1.316}e^{2.444(1-p_r)}+0.309]/1.309$

$F_3 = [p_r^{17.023}e^{16.658(1-p_r)}+0.667]/1.667$

$F_4 = F_3 p_r^{1.649}$

当 $p_r > 1$ 时 $F_1 = p_r^{-0.368}e^{0.648(1-p_r)}$

$F_1/F_2 = p_r^{-0.448}e^{0.245(1-p_r)}$

$F_3 = p_r^{0.219}$

$F_4 = F_3 p_r^{1.649}$

以上各式中，p 的单位是 Pa；D_e、L 的单位是 m；H_{fg} 的单位是 J/kg；ΔH_i 的单位是 J/kg；G 的单位是 kg/(m²·s)。其适用范围：$p = 2 \sim 190$ bar[①]，$D = 2 \sim 45$ mm，$L = 0.15 \sim 3.7$ m，$G = 136 \sim 18\ 600$ kg/(m²·s)。

Thomson-Macbeth 关联式与上式相似，也是属于 $q_c \sim x_c$ 的关联式，公式分高质量流速 G 与低质量流速两个区域，可用于圆管和矩形管。

---

① 1 bar = 100 kPa。

3. Biasi 公式(1967)

对于低干度区,公式为

$$q_c = \frac{1.883 \times 10^3}{D^n G^{1/6}} \left[\frac{f(p)}{G^{1/6}} - x(z) \right] \quad (W/cm^2) \tag{5.33}$$

对于高干度区,公式为

$$q_c = \frac{3.78 \times 10^3 f'(p)}{D^n G^{1/6}} [1 - x(z)] \quad (W/cm^2) \tag{5.34}$$

式中,当 $D \geqslant 1$ cm 时,$n = 0.4$;$D < 1$ cm 时,$n = 0.6$。且

$$f(p) = 0.724\,9 + 0.099 p\exp(-0.032p) \tag{5.35}$$

$$f(p) = -1.159 + 0.149 p\exp(-0.019p) + 8.99/(10 + p^2) \tag{5.36}$$

上式适用范围如下:

$$0.3 \text{ cm} < D < 3.75 \text{ cm}$$

$$20 \text{ cm} < z < 600 \text{ cm}$$

$$2.7 \text{ bar} < p < 140 \text{ bar}$$

$$10 \text{ g/(cm}^2 \cdot \text{s}) < G < 600 \text{ g/(cm}^2 \cdot \text{s})$$

$$1/(1 + p_1/p_2) < x(z) < 1$$

临界热流密度的求法如下所述,由式(5.33)、式(5.34)和热平衡式得

$$x(z) = \frac{1}{H_{fg}} \left(\frac{4qz}{DG} - \Delta H_i \right) \tag{5.37}$$

分别联立求解,其中较高的数值即为临界热流密度值。通常 $G < 30$ g/($m^2 \cdot s$) 时,可用式(5.34)求 q_c,误差约为 7.26%。

4. B&W 方法

Gallerstedt(1969)提出计算临界热流密度的公式如下:

$$q_c = 3.154 \frac{(a - bD_e)[A_1(A_2 G)^{A_3 + A_4(145.05p \times 10^{-3} - 2)} - A_9 GxH_{fg}]}{A_5(A_6)^{A_7 + A_8(145.05p \times 10^{-3} - 2)}} \quad (W/m^2) \tag{5.38}$$

式中,系数 $a = 1.155\,09$;$b = 16.02$;$A_1 = 0.370\,2 \times 10^8$;$A_2 = 0.121\,8 \times 10^{-6}$;$A_3 = 0.830\,4$;$A_4 = 0.685\,2$;$A_5 = 12.71$;$A_6 = 0.629\,7 \times 10^6$;$A_7 = 0.711\,86$;$A_8 = 0.207\,3$;$A_9 = 0.013\,46$。使用范围为 $p = 13.787 \sim 16.547$ MPa;$G = (3.65 \sim 19.5) \times 10^6$ kg/($m^2 \cdot s$);$D_e = 0.005\,08 \sim 0.012\,7$ m;$x = -0.03 \sim 0.2$。

5. Shi Z M(1989)公式

1989 年我国核动力研究设计院史重森等通过为核电站反应堆棒束所做的临界热流密度实验得出下列不考虑与考虑定位格架的计算式。

不考虑定位格架的公式为

$$q_c/10^6 = [1.275 + 0.071\,3(G/10^6)] - [0.86 + 0.405(G/10^6)]x_c \quad (W/m^2) \tag{5.39}$$

考虑定位格架的公式为

$$q_c/10^6 = [1.275 + 0.057(G/10^6)] - [1.05 + 0.43(G/10^6)]x_c \quad (W/m^2) \tag{5.40}$$

式中,G 的单位为 kg/(m²·h)。公式适用范围:$p=150$ kg/cm² $=14.7$ MPa,$G=(4\sim12)\times 10^6$ kg/(m²·h),$x=-0.2\sim0.1$。

实验所用棒束为 2×2 棒束,棒径 10 mm,棒间距 3.3 mm。

5.1.4　不均匀加热对沸腾临界的影响

流道的热流密度不均匀,对临界工况的发生部位和临界热流密度的大小有明显的影响。沿圆周方向(周界方向)受热不均时,临界工况发生在热流密度较大的部位。由于沿受热壁面周向的导热不均,当不均匀受热的平均热流密度与均匀受热的热流密度相等时,不均匀受热时的 q_c 较均匀受热时稍高。因此,按最高热流密度估计 q_c 时要留有一定的安全裕量。q_c 的大小与周向热流密度不均因子(q_{max}/q_{ave})和管间距大小有关。

轴向受热不均情况较为复杂,但却更有实际意义。由于最大干度 x_{max} 和最大热流密度 q_{max} 不在同一位置,所以 q_c 不一定发生在流道出口处(即 x 最大处),参照图 5.11。对于干涸现象,轴向不均对 q_c 的影响可能要小一些,因为干涸只与局部干度有关,而 x 受轴向加热不均的影响是间接的。对于 DNB,则并非如此。DNB 时的 q_c 与 q 的轴向分布密切相关。热流密度分布有突变时,情况更为复杂。由图 5.11 可以看出,两种临界工况(DNB 与 DO)在性质上不同。对于 DNB,有突变的热流密度分布时比均匀分布时的 q_c 要小。而对于 DO,二者几乎相同。

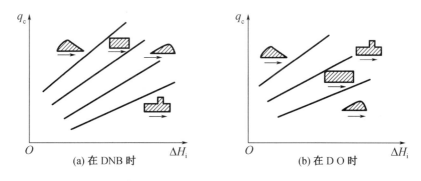

图 5.11　轴向受热不均对 q_c 的影响

下面讨论确定轴向受热不均时的 q_c。设在坐标图上[见图 5.12(a)左侧],不均匀轴向热流密度的最大热流密度与均匀热流密度的值相等。先按下列热平衡关系计算干度:

$$x=\frac{4}{H_{fg}DG}\int_0^L q(z)\,\mathrm{d}z-\frac{\Delta H_i}{H_{fg}} \tag{5.41}$$

将此两条热流密度线画在 q_c-x 坐标上。不均匀热流密度的流道各处的临界热流密度 q_c 都在均匀热流密度的临界热流密度 $q_{c(un)}$ 之上,见图 5.12(a)右侧。因为在相同 G 下,$q<q_{un}$,且热流密度集中,记忆因子大,所以 q_c 将会大于 $q_{c(un)}$。同理,当 $q_{max}>q_{un}$ 时[见图 5.12(b)左侧],则在一定距离范围内(相当于 L_a、L_b 的 a、b 两点之间),可能 $q_c<q_{c(un)}$[见图 5.12(b)右侧]。但这并非是说在此范围内,即会发生临界工况。因为在此范围内,并非都满足要求的 x_c,而且记忆效应也不同。为了确定发生临界工况的位置,可将不均匀热流密度下临界热流密度与临界干度的曲线画出 q_c-x 关系,再将 q-x 曲线作于同一坐标图中,如

图 5.13 所示。如此作出四条曲线,q_c 与 q 曲线相切或相交时,即为发生临界工况的位置(以 x 表示,再折算为 L)。例如,当总的加热功率比 $P/P_{un} = 0.92$,记忆因子 $\gamma = 0.4$ 时,通过作图可以得到临界工况首先发生在 $L_c/L = 0.55$ 的位置。也可以用 x_c-L_B 临界工况关系图求解。如图 5.14 所示,再将 x_c-L_B 曲线画出(同样借助热平衡关系),二者相切或相交的点,即为发生临界工况的位置。对前述的情况,用后面的关联图可以得到 $L_c/L = 0.67$。二者有一定的差别,误差为 18% 左右。这主要是因为临界热流密度曲线与不均匀热流密度曲线在不同坐标上的线性相关不一致。即 q_c-x 与 x_c-L_B 对 q-L 分布曲线的线性特性是不一致的。一般认为用 x_c-L_B 关系取得的结果更接近实际。

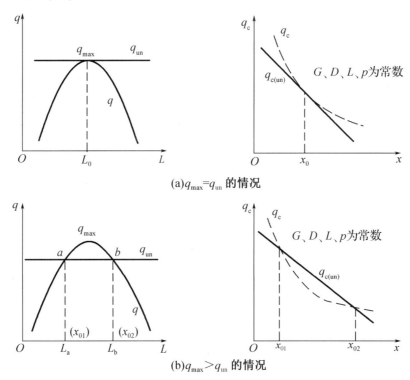

(a) $q_{max} = q_{un}$ 的情况

(b) $q_{max} > q_{un}$ 的情况

图 5.12 热流密度不均时 q_c 位置的确定

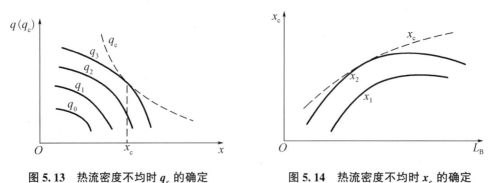

图 5.13 热流密度不均时 q_c 的确定   图 5.14 热流密度不均时 x_c 的确定

Kirby(1996)根据 Macbeth 关联式进行了不均匀轴向热流密度的临界工况分析。设热流密度分布为

$$q(z) = q_{\max} f(z) \tag{5.42}$$

于是热平衡关系式为

$$xH_{fg} = \frac{4q_{\max}}{DG}\int_0^z f(z)\,\mathrm{d}z - \Delta H_i \tag{5.43}$$

代入 Macbeth 公式 $q_c = A - CDGxH_{fg}/4$，可得

$$q_c = A - CDG\left[\frac{4q_{\max}}{DG}\int_0^z f(z)\,\mathrm{d}z - \Delta H_i\right]/4 \tag{5.44}$$

设在 z 点发生临界工况，则

$$q_c = q(z) = q_{\max} f(z)$$

$$q_{\max} f(z) = A - \left[Cq_{\max}\int_0^z f(z)\,\mathrm{d}z - CDG\Delta H_i/4\right] \tag{5.45}$$

$$q_{\max} = (4A + DGC\Delta H_i)/4\left[f(z) + C\int_0^z f(z)\,\mathrm{d}z\right] \tag{5.46}$$

上式中，$q_{\max}$ 表示在 z 点发生临界工况时不均匀受热的最大热流密度。它本身并非就是发生临界工况的 z 点的热流密度。对于一定的热流密度分布 $f(z)$，在什么地方发生临界工况都有可能，只能由 Macbeth 关联式决定。但其中只有一点使 $q_{\max}$ 最小，此点满足以下条件：

$$\frac{\mathrm{d}}{\mathrm{d}z}\left[f(z) + C\int_0^z f(z)\,\mathrm{d}x\right] = 0 \tag{5.47}$$

这就是发生临界工况的最低限度，据此可以求出一个 $q_{\max}$，大于此 $q_{\max}$ 的各种情况（用 $q_{\max}$ 代表），当然都有发生临界工况的可能，但其发生均后于此临界工况，因此都没有实际意义。关联式中的系数 A 和 C 原则上要用不均匀热流密度下的临界工况实际求出，但有时也可应用均匀热流密度下的实验数据。

目前在工程应用（尤其是反应堆工程）中，为人们所注意的是美国西屋公司的 Tong L S 在 1966 年提出的 F 因子法（F-factor mathod）。此法是根据记忆效应对临界工况产生影响的气泡云机理推导出来的。首先推导气泡云层下面过热液层的能量平衡条件（见图 5.15）：

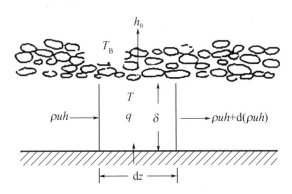

图 5.15 气泡云机理模型

$$\frac{\mathrm{d}}{\mathrm{d}z}(\rho u C'h\delta) + h_{tr}C'(T - T_B) = qC' \tag{5.48}$$

或者

$$\frac{\mathrm{d}}{\mathrm{d}z}(\rho u C'h\delta) + \frac{h_{tr}C'(h - h_B)}{c_p} = qC' \tag{5.49}$$

式中，u 为过热液层流速；h_{tr} 为气泡层和过热液层交界面的传热系数；ρ、h、T 分别为过热液

层的密度、比焓和温度; T_B 为气泡层中的液温; C' 为传热周界。将式(5.49)除以 $\rho u C'\delta$,可得

$$\frac{\mathrm{d}(h - h_B)}{\mathrm{d}z} + C(h - h_B) = C\frac{c_p q}{h_{tr}} \tag{5.50}$$

式中, $C = h_{tr}/(\rho u\delta c_p)$,此处暂定为常量。针对均匀热流密度 q_0 情况,使用式(5.50)并进行积分,得

$$(h - h_B)\mathrm{e}^{\int C\mathrm{d}z} = \int C\frac{c_p q_0}{h_{tr}}\mathrm{e}^{\int C\mathrm{d}z}\,\mathrm{d}z \tag{5.51}$$

$$(h - h_B)\mathrm{e}^{Cz} = \frac{Cc_p q_0}{h_{tr}}\int \mathrm{e}^{Cz}\,\mathrm{d}z \tag{5.52}$$

$$(h - h_B)\mathrm{e}^{Cz} = \frac{c_p q_0}{h_{tr}}\mathrm{e}^{Cz} + C_1 \tag{5.53}$$

当 $z=0$ 时,沸腾起始点处介质层为饱和液层,即 $h - h_B = h_B - h_B = 0$,所以 $C_1 = -q_0 c_p/h_{tr}$,则式(5.53)成为

$$(h - h_B) = \frac{c_p q_0}{h_{tr}}(1 - \mathrm{e}^{-Cz}) \tag{5.54}$$

对于非均匀热流密度情况,同样可进行如上积分:

$$(h - h_B)\mathrm{e}^{\int C\mathrm{d}z} = \int_0^z C\frac{c_p}{h_{tr}}q(z')\mathrm{e}^{\int C\mathrm{d}z'}\,\mathrm{d}z' \tag{5.55}$$

$$(h - h_B)\mathrm{e}^{Cz} = \frac{Cc_p}{h_{tr}}\int_0^z q(z')\mathrm{e}^{Cz'}\,\mathrm{d}z' \tag{5.56}$$

$$h - h_B = \frac{Cc_p}{h_{tr}}\int_0^z q(z')\mathrm{e}^{C(z'-z)}\,\mathrm{d}z' \tag{5.57}$$

式中, z 为所讨论的发生临界工况的位置; z' 为积分变量,其积分范围为 $0\sim z$。如果认为只有介质液层达到一定的比焓(即出现 DNB 或 D O 的参数)时,才会发生临界工况,则均匀与非均匀热流密度两种情况的 $(h - h_B)$ 应相等(对于同样压力下的介质),则

$$\frac{c_p q_0}{h_{tr}}(1 - \mathrm{e}^{-Cz}) = \frac{Cc_p}{h_{tr}}\int_0^z q(z')\mathrm{e}^{C(z'-z)}\,\mathrm{d}z' = \frac{Cc_p}{h_{tr}\mathrm{e}^{Cz}}\int_0^z q(z')\mathrm{e}^{Cz'}\,\mathrm{d}z' \tag{5.58}$$

或

$$q_0 = \frac{C}{1 - \mathrm{e}^{-Cz}}\int_0^z q(z')\mathrm{e}^{C(z'-z)}\,\mathrm{d}z' = \frac{C}{\mathrm{e}^{Cz}(1 - \mathrm{e}^{-Cz})}\int_0^z q(z')\mathrm{e}^{Cz'}\,\mathrm{d}z' \tag{5.59}$$

式中, q_0 为与承受不均匀热流密度 $q(z)$ 的流道 z 处的介质工况相同时的均匀热流密度大小,这里所说的工况是指 ΔH_i、c_p、h、x 等参量。令相应的比值 $q_0/q(z)_c = F$, F 描述不均匀热流密度的局部分布特性和与其相应的均匀热流密度特性之比,凡具有这种分布特性 $[q\text{-}f(z)]$ 的不均匀热流密度,不管其数值高低,它和与其相应的均匀热流密度在临界工况下的对应关系,即 F 因子都相同。于是 F 因子只说明热流密度局部分布和记忆因子的影响。不同的热流密度分布特性, F 数值不会相同。所以,沿流道各处, F 因子是不同的。由前面公式可知

$$F = \frac{C}{q(z)\mathrm{e}^{Cz}(1 - \mathrm{e}^{-Cz})}\int_0^z q(z')\mathrm{e}^{Cz'}\,\mathrm{d}z' \tag{5.60}$$

按照式(5.60),可以求出流道任意处的 F 因子,再根据该处的实际 ΔH_i、c_p、h、G、x 等特性参量,按均匀热流密度公式求出 q_c,则可由式

$$q(z)_c = q_0/F$$

求得与 q_0(其热力参数工况与 $q(z)$ 点相同)相应的不均匀热流密度下的临界热流密度 $q(z)_c$。如果 $q(z)_c$ 与此点的实际热流密度 $q(z)$ 相等,则说明 z 处能够发生临界工况。当 $q(z)_c > q(z)$ 时,系统安全,否则不安全。$q(z)_c/q(z)$ 称为烧毁比(DNBR)。烧毁比越大,系统越安全。

实验证明,系数 C 并非常数。Tong 认为它与 G 和 x 有关。在前面的推导中,只有在局部区域将均匀热流密度工况与不均匀热流密度工况进行对比时,才认为 C 为常数。在任何其他区域,C 并不相同。通过实验数据归纳可得

$$C = 0.44 \frac{(1-x)^{7.9}}{(G/10^6)^{1.72}} \quad (\text{in}^{-1}) \tag{5.61}$$

式中,G 的单位为 $\text{lb/ft}^2\text{h}$,或用国际单位制为

$$C = 4.25 \times 10^6 \frac{(1-x)^{7.9}}{G^{1.72}} \quad (\text{m}^{-1}) \tag{5.62}$$

式中,G 的单位为 $\text{kg/(m}^2 \cdot \text{s)}$。

后来又提出几种 C 的计算式。1965 年 Tong 提出

$$C = \frac{264.9(1-x)^{7.9}}{(G/10^6)^{1.72}} \quad (\text{m}^{-1}) \tag{5.63}$$

式中,G 的单位为 $\text{kg/(m}^2 \cdot \text{h)}$。

1968 年 Tong 又提出修正式

$$C = \frac{235(1-x)^{4.31}}{(G/10^6)^{0.478}} \quad (\text{m}^{-1}) \tag{5.64}$$

式(5.63)和式(5.64)的计算结果与式(5.62)颇为相近。

在只有相对热流密度分布的加热设备(通常大型电站锅炉或余热锅炉中常常遇到这种情况)中,估算临界工况发生的位置时,由于确切的 $q(z)(\text{W/m}^2)$ 值不知道,介质干度 x 不能算出,C 与 F 的数值不能求得,若采用前述方法比较困难,但可以用下面的方法进行估算。

由 Macbeth-Bowring 公式可知,均匀热流密度时

$$q_{c(\text{un})} = \frac{A' + D_e G \Delta H_i/4}{C' + z} \tag{5.65}$$

将热平衡式 $\Delta H_i = 4q_{\text{un}}z/D_e G - xH_{\text{fg}}$ 代入上式,得

$$q_{c(\text{un})} = \frac{A' - D_e G x H_{\text{fg}}/4}{C'} = \frac{A' - D_e G [H(z) - H_{\text{fs}}]/4}{C'} \tag{5.66}$$

式中,$H(z)$ 为发生临界工况处的介质比焓。设不均匀热流密度为 $q = q_{\max} f(z)$,$f(z)$ 为分布函数。按热平衡关系,有

$$H(z) - H_{\text{fs}} = \frac{4q_{\max}}{D_e G} \int_0^z f(z)\,\mathrm{d}z - \Delta H_i \tag{5.67}$$

于是有

$$q_{c(\text{un})} = \frac{A' - \frac{GD_e}{4}\left[\frac{4q_{\max}}{D_e G}\int_0^z f(z)\,\mathrm{d}z - \Delta H_i\right]}{C'} = \frac{A' - q_{\max}\int_0^z f(z)\,\mathrm{d}z + \frac{GD_e \Delta H_i}{4}}{C'} \tag{5.68}$$

由 F 的定义,有

$$F = \frac{C}{q(z)(1 - e^{-Cz})e^{Cz}} \int_0^z q(z')e^{Cz'}dz' \qquad (5.69)$$

而 $q_{c(un)}/F = q_c$,所以式(5.68)成为

$$q_c = \frac{A' - q_{max}\int_0^z f(z)dz + \dfrac{D_eG\Delta H_i}{4}}{C'F} \qquad (5.70)$$

$$\begin{aligned}
C'Fq_c &= A' - q_{max}\int_0^z f(z)dz + \frac{D_eG\Delta H_i}{4} \\
&= A' - q_{max}f(z_c)\int_0^z \frac{f(z)}{f(z')}dz + \frac{D_eG\Delta H_i}{4} \\
&= A' - q_c\int_0^z \frac{f(z)}{f(z')}dz + \frac{D_eG\Delta H_i}{4}
\end{aligned}$$

所以

$$q_c = \frac{A' + \dfrac{D_eG\Delta H_i}{4}}{C'F + \displaystyle\int_0^z \frac{f(z)}{f(z')}dz} \qquad (5.71)$$

这里 $q_{max}f(z_c)$ 即为 q_c,而 $f(z_c)$ 为发生临界工况处的分布函数值。因为计算点即为发生临界工况点,所以 $f(z_c)$ 只与计算点位置有关,与式中的积分项无关,于是可以将其提出到积分符号外,而 $f(z)$ 即为 $q(z)/q_{max}$,q_{max} 为不均匀热流密度的最大热流密度。

此时为了计算 F 因子,Lee 经过对大量临界工况实验数据的整理,得出下面计算 C 的公式:

$$C = \frac{k\delta}{D_e(q_{max}/q_{ave})} \qquad (\text{in}^{-1}) \qquad (5.72)$$

式中,D_e 为流道当量直径(in);q_{ave} 为不均匀加热的平均热流密度;k 为系统压力函数,其取值见表5.1。

表5.1 k 的取值

p/psi	560	1 000	1 250	1 550	1 800	2 000
k	3.67	5.00	3.98	3.59	2.48	1.03

δ 为与热流密度分布有关的数值,且

$$\delta = \frac{d[q(z)/q_{ave}]_{q_{ave}}}{d(z/D_e)_{q_{ave}}} \qquad (5.73)$$

此式表示 $q(z)/q_{ave} = 1$ 处的相对热流密度变化率。Lee 提出的公式为英制,这里 D_e 与 z 都以英寸(in)为单位,C 的单位为 in^{-1}。Lee 所提出的 C 值计算式,认为 C 只与流道尺寸、系统压力以及热流密度分布特性有关。这与 Tong L S 认为 C 与局部区域干度 x 和质量流速 G 有关的看法是不同的。但实质上 Tong 认为 $C = h/(\rho u \delta c_p)$,可以看出这里除了与压力有关的物性参数外,还有流速 u 的影响。但此处的 u 并非是流道系统的质量流速(当然二者互相关联),而是发生临界工况时边界层中的流速 u,它与 q 和 D_e 是有关的。所以 Lee 与 Tong 的

看法并非完全矛盾。

使用 F 因子法计算轴向受热不均流道临界热流密度的步骤如下:

(1)根据热流密度分布函数(或离散的数据),将流道划分为 n 个单元;

(2)标出每单元长度 z(可以等距,也可以不等距);

(3)按热流密度分布(或离散数据),确定出每个节点处的 $q(z)$;

(4)按热平衡关系,计算相应各点的干度 x;

(5)根据任何一种均匀热流密度分布的临界热流密度计算式,计算相应点的临界热流密度;

(6)计算各相应点的 C 值;

(7)计算 F 因子;

(8)计算 $q_{c0}/F=q_c$;

(9)计算 $\mathrm{DNBR}=q_c/q$,DNBR 的最小点即为危险点。

5.1.5　沸腾临界传热机理模型

对于 DNB 型沸腾临界,其触发机理模型目前主要分为 4 类:边界层分离模型、近壁面汽泡壅塞模型、微液层蒸干模型和界面分离模型(见图 5.16)。

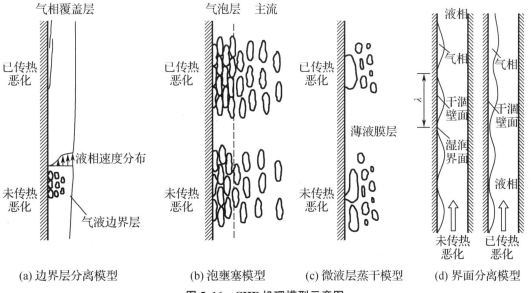

(a) 边界层分离模型　　(b) 泡壅塞模型　　(c) 微液层蒸干模型　　(d) 界面分离模型

图 5.16　CHF 机理模型示意图

边界层分离模型是最早建立起来的 CHF 预测模型。该模型建立在边界层理论的基础上,假设在沸腾传热时近壁面的边界层内液相的流动会受到换热面生成气相的阻碍作用;当沸腾临界发生时,边界层内气相将阻碍主流中液相对换热表面的液体补充,致使近壁区液相的消耗速度远高于其补充速度,最终导致液相不能接触加热面,使壁面局部出现传热恶化。但是后来的研究表明,该模型的物理基础薄弱,预测能力较差,所以该模型被逐渐淘汰。

1. 微液层蒸干模型

C H Lee 与 I Mudawwar 在 Haramura 和 Katto 模型的基础上提出了微液层蒸干模型。模型假设如下:

(1)汽泡产生之后堆积聚合形成大汽块。每个汽块不仅限制其周围汽泡的生长,而且阻碍流体进入微液层。因此,可以认为汽块的当量直径近似等于汽泡脱离壁面时的当量直径。微液层蒸发产生的汽泡会融合进汽块中,但是汽块的当量直径不改变,而是在流动方向上的长度增加。相邻的汽块最终会在周向上合并成连续的靠近管内壁的大汽块。

(2)汽块的速度由当地流体速度和汽块的相对速度叠加而成。相对速度可以由施加在汽块上的浮力与拖曳力受力平衡分析得出。

(3)微液层会被汽块与微液层交界面的 Helmholtz 不稳定性之后形成的干斑所打断。此时汽块的长度等于临界 Helmholtz 波长。

(4)主流进入微液层的流体少于微液层中蒸发损失的流体时,发生沸腾临界。

如图 5.17 所示,当 Helmholtz 不稳定性发生时,汽块会接触到加热壁面。如果进入微液层的过冷流体无法弥补因蒸发损失的微液层内流体时,沸腾临界就会发生。按照这一假设,可以给出如下热平衡关系式:

$$q_{\mathrm{CHF}} D_{\mathrm{b}} L_{\mathrm{m}} = D_{\mathrm{b}} G_{\mathrm{m}} \delta_{\mathrm{m}} \left[H_{\mathrm{fg}} + c_{\mathrm{PL}} (T_{\mathrm{sat}} - T_{\mathrm{m}}) \right] \tag{5.74}$$

式中,q_{CHF} 为临界热流密度;D_{b} 为汽块当量直径;L_{m} 为汽块长度;δ_{m} 为微液层厚度;G_{m} 为进入微液层的液体质量流速;H_{fg} 为汽化潜热;c_{PL} 为液体比热容;T_{sat} 为饱和液体的温度;T_{m} 为进入微液层液体的温度。

其中,进入微液层的液体过冷度可以近似地用式(5.75)表示:

$$T_{\mathrm{sat}} - T_{\mathrm{m}} = a_1 (T_{\mathrm{sat}} - T_{\mathrm{L}}) \tag{5.75}$$

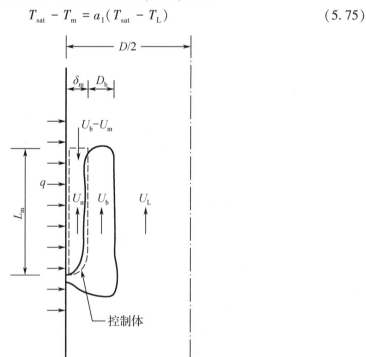

图 5.17　微液层蒸干示意图

将式(5.75)代入式(5.74)中,可得

$$q_{CHF} = \frac{G_m \delta_m [H_{fg} + a_1 c_{PL}(T_{sat} - T_L)]}{L_m} \qquad (5.76)$$

因此,为求出 q_{CHF},需要求出微液层的厚度、进入微液层的质量流速和汽块长度。

微液层液体速度相对汽块速度很小,所以

$$G_m = \rho_L U_b \qquad (5.77)$$

汽块长度等于 Helmholtz 临界波长:

$$L_m = \frac{2\pi\sigma(\rho_L + \rho_G)}{\rho_1\rho_G(U_b - U_m)^2} \qquad (5.78)$$

微液层厚度由下式给出:

$$\delta_m = \frac{0.421 a_2 Re^{a_3 - 0.1} G\rho_G H_{fg}^2 D_b}{[q_{CHF} - a_1 h_{sc}(T_{sat} - T_L)]^2}\left(1 + \frac{\delta_m}{\delta_m + D_b}\right)\left(\frac{L_m g\Delta\rho}{\rho_L C_D}\right)^{0.5} \qquad (5.79)$$

通过联立式(5.77)至式(5.79),便可以算得 q_{CHF}。

2. 汽泡壅塞模型

J Weisman,B S Pe 提出汽泡壅塞模型(见图 5.18)。汽泡壅塞模型基于如下假设:

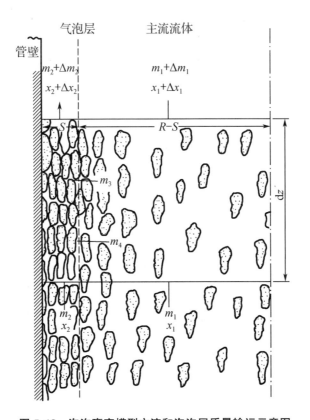

图 5.18　汽泡壅塞模型主流和汽泡层质量输运示意图

(1)在过冷沸腾低含汽率的条件下,沸腾临界只是一种局部现象。

(2)在过冷沸腾过程中,汽泡层沿着流动方向逐渐增厚直到其充满近壁区。在该区域,湍流涡旋的尺寸不足以将汽泡输运出去。发生沸腾临界时,汽泡层的厚度达到最大。

(3)当汽泡层中的蒸汽的体积份额超过临界空泡份额时,发生沸腾临界。

(4)汽泡层中蒸汽的体积份额取决于汽泡层-主流界面的蒸汽流出和液体流入的平衡。进入汽泡层的液体最终会接触到壁面。这说明了汽泡层的间隙充满着湍动的液体,而且汽泡和沸腾的强化会增加湍流强度。

对汽泡层控制体,不仅存在着轴向的流体的流进与流出,而且径向上也存在着汽泡层和主流区的质量交换。基于汽泡层整体满足质量守恒:

$$m_3 = \Delta m_2 + m_4 \tag{5.80}$$

基于汽泡层液体,其质量守恒方程为

$$m_3(1 - x_1) = \frac{q_b''(2\pi r)\Delta z}{H_{fg}} - m_2\Delta x_2 + \Delta m_2(1 - x_2) + m_4(1 - x_2) \tag{5.81}$$

结合式(5.80)和式(5.81)可以得到

$$m_3(x_2 - x_1) = \frac{q_b''(2\pi r)\Delta z}{H_{fg}} - m_2\Delta x_2 \tag{5.82}$$

用 $G_3 = 2\pi(r_0 - s)\Delta z$ 代替 m_3,可得

$$G_3(x_2 - x_1) = \frac{q_b''}{H_{fg}}\frac{r_0}{r_0 - s} - \frac{m_2}{2\pi(r_0 - s)}\frac{\Delta x_2}{\Delta z} \tag{5.83}$$

其中,$\dfrac{r_0}{r_0 - s}$ 近似等于1,而且假设上式第2项可以忽略不计,则

$$G_3(x_2 - x_1) = \frac{q_b''}{H_{fg}} \tag{5.84}$$

$$q_b'' = q''\frac{H_1 - H_{ld}}{H_f - H_{ld}} \tag{5.85}$$

最终可得

$$\frac{q''}{H_{fg}G_3}\frac{H_1 - H_{ld}}{H_f - H_{ld}} = x_2 - x_1 \tag{5.86}$$

当 x_2 等于临界空泡份额时,q'' 即为临界热流密度。其中,H_{fg} 为气化潜热;G_3 为主流到汽泡区的湍流质量流速;H_1 为液体焓;H_f 饱和液体焓;H_{ld} 为汽泡脱离壁面时的液体焓;x_2 为汽泡区的含汽率;x_1 为主流区的含汽率。

3. 界面提升模型

界面提升模型是 J. E. Galloway 和 I. Mudawar 基于实验观察提出的。他们在实验中发现,当沸腾临界现象临近发生时,加热面上会形成一系列大汽块并形成一层波浪状的蒸汽层,这些蒸汽层会阻碍其所覆盖区域壁面上的换热,使加热面仅依靠汽块间的湿润界面进行冷却。随着壁面热负荷的增加,不断增大汽块会覆盖部分湿润界面,而使剩余的湿润界面承担更大的换热负荷,致使更多的湿润界面被汽块所覆盖;当湿润界面全部消失后,传热恶化现象随之发生(见图5.19)。

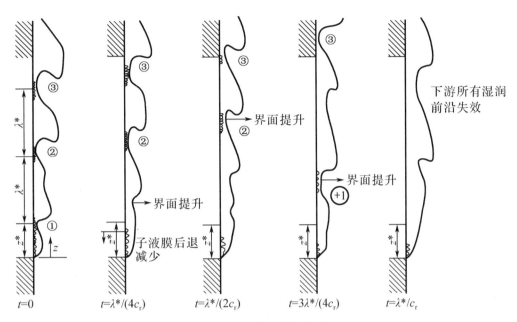

图 5.19　界面提升模型示意图

基于液体蒸汽界面的不稳定性,可以导出气液交界面两端的压强差:

$$P_f - P_g = -\rho_f k (c - U_f)^2 \frac{\cosh k(H_f - \eta)}{\sinh kH_f} \eta$$

$$- \rho_g k (U_g - c)^2 \frac{\cosh k(H_g - \eta)}{\sinh kH_g} \eta - (\rho_f - \rho_g) g_n \eta \qquad (5.87)$$

波动速度分为实部 c_r 和虚部 c_i,实部影响了波的传播速度。

$$c_r = \frac{\rho_g U_g \coth kH_g + \rho_f U_f \coth kH_f}{\rho_g \coth kH_g + \rho_f \coth kH_f} \qquad (5.88)$$

两个湿润界面中心距:

$$\lambda^* = 2\lambda_c \qquad (5.89)$$

基于分离流模型可以算得 U_f 和 U_g。

基于加热表面能量平衡可以得到

$$\int_0^\tau \int_0^L q_s \mathrm{d}z \mathrm{d}t = q_m \tau L \qquad (5.90)$$

式中,τ 表示湿润周期,可由下式计算得出

$$\tau = \frac{\lambda^*}{c_r} = \frac{2\lambda_c}{c_r} \qquad (5.91)$$

实验可以观察到两种不同的沸腾区域:加热起始段的连续沸腾区域和之后的间歇湿润区域。连续沸腾区域的热流密度等于 q_m。将上式左端拆分成两项:

$$q_m \tau L = \int_0^\tau \int_0^{z^*} q_s \mathrm{d}z \mathrm{d}t + \int_0^\tau \int_{z^*}^L q_s \mathrm{d}z \mathrm{d}t = q_m z^* \tau + \int_0^\tau \int_{z^*}^L q_s \mathrm{d}z \mathrm{d}t \qquad (5.92)$$

上式可以改写为

$$q_m = \frac{c_r/(2\lambda_c)}{L-z^*}\left(\int_0^\tau\int_{z^*}^L q_{s,1}dzdt + \cdots + \int_0^\tau\int_{z^*}^L q_{s,n-1}dzdt + \int_0^\tau\int_{z^*}^L q_{s,n}dzdt\right) \tag{5.93}$$

由界面提升热流密度模型可以计算得到

$$\rho_g U_b^2 = P_f - P_g \tag{5.94}$$

$$q_1 = \rho_g H_{fg}\left(1 + \frac{c_{p,f}\Delta T_{sub}}{H_{fg}}\right) \tag{5.95}$$

结合以上两式可得提升热流密度

$$q_1 = \rho_g H_{fg}\left(1 + \frac{c_{p,f}\Delta T_{sub}}{H_{fg}}\right)\left(\frac{P_f - P_g}{\rho_g}\right)^{0.5} \tag{5.96}$$

可以采用迭代的方法计算临界热流密度 q_m。首先假设一个 q_m 值,由此计算出加热器上游液体流速 U_m。分离流模型可以用 U_m 计算出 U_f、U_g 和 δ。知道了以上参数,利用稳定性分析可以得到 λ_c、z_0 和 (P_f-P_g),提升热流密度取决于 (P_f-P_g)。最后运用表面能量平衡计算出 q_m。当计算得出的 q_m 和假设的 q_m 的差值满足精度要求时,即可停止计算。

界面提升模型主要用来预测过冷沸腾条件下的沸腾临界热流密度值,其在饱和状态下的适用性还不确定。Chirag R. Kharangate、Lucas E. O'Neill 和 Issam Mudawar 研究了入口条件为饱和状态的矩形通道的临界热流密度现象。采用分离流模型预测 CHF 建模过程中的关键参数,然后利用界面提升模型对 CHF 值进行预测。实验值和预测值比较,均方根误差不大于14%。这个实验结论表明,结合分离流模型,界面提升模型可以对入口为饱和状态下的临界热流密度进行很好的预测。

5.2 沸腾临界后传热

在各种各样的两相流动中,人们对沸腾临界后区域的流动和传热情况知之甚少,各种资料介绍这方面的内容也较少,这是由于其具有特殊的传热条件。在普通的沸腾传热条件下,液相与传热表面相接触,然而在处于沸腾临界(CHF)那一点或者超过这一点,由于热传递机制发生了变化,因此流体动力学条件会发生剧烈变化。加热表面与液体之间的连续接触成为不可能,临界传热后的区域由于蒸汽与加热表面直接接触的结果造成高的壁面温度,从而也使传热系数减小。在正常的沸腾区与沸腾临界(CHF)后传热区之间有一个小的过渡区,在这个小的过渡区间,液体与壁面的接触是间断的,在这个区两种沸腾机理都存在。

清楚地了解 CHF 后的热传递和流体动力学过程对强制对流换热的分析是非常重要的,特别是对轻水反应堆系统的事故分析,因为有时需要准确地知道 CHF 后的有关的流动和传热情况,以便预测整个系统的安全性、堆芯冷却系统的安全性和燃料包壳的峰值温度。CHF后区域的传热和流体流动机制在很大程度上与系统几何尺寸有关。例如,在通道内流动和通道外流动之间,以及在竖直通道和水平通道内之间都有很大的差异。

5.2.1 沸腾临界后的传热过程

沸腾达到临界点以后的传热过程通常称为临界后传热,临界后的传热问题比较复杂,涉及不稳定状态的过渡区传热和高壁温情况下的传热,目前还没有很完整的理论和数学模型来描述这一过程的传热,很多研究工作还正在进行,理论和实验结果还不尽完善。

图 5.20 表示沸腾临界后的壁温及蒸汽干度的变化,在临界热流密度前的区域,维持对流核态沸腾只要求较小的壁面过热度。紧接着从沸腾临界点起始的下一阶段,由于传热的机理发生了变化,迅速下降的传热系数导致壁面过热,温度升至数百摄氏度。如果在该沸腾临界后的区域内存在热力学不平衡的可能性,那么混合物平均蒸汽温度相对于该条件下的饱和温度也可能达到过热。通常液相温度在临界后的分相流中接近饱和温度。

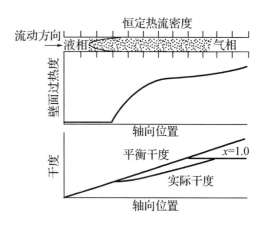

图 5.20 沸腾临界后的参数变化

在应用中,需要计算临界热流密度点后的热工水力条件,这些条件是位置和时间的函数。一般情况下,这种计算是一个瞬态的、与入口条件有关的问题,即与距离临界热流密度点轴向位置(z)有关。

假设入口条件已知并为时间的函数,则 $G(t)$ 为总质量通量,$x_{e0}(t)$ 为 CHF 点处的平衡态干度;$p_0(t)$ 为 CHF 点处的静压力;$\alpha_0(t)$ 为 CHF 点处的空泡份额。

临界热流密度点后($z>0$)完整的边界条件必须已知或能计算得出,才能使问题得以处理。例如要已知或能计算出一组瞬态的轴向边界条件,如通道几何特性和壁面特性;壁面温度 $T_w(t,z)$ 或壁面热流密度 $Q_w(t,z)$。给出这些初始条件和边界条件的目的是预计其后各时刻空间内的热工水力条件。具体地说,就是要计算干涸点(CHF)位置 $z_0(t)$、平衡态干度 $x_e(t,z)$、实际干度 $x_a(t,z)$、总体蒸汽温度 $T_v(t,z)$、壁面热流密度 $q_w(t,z)$、壁面温度 $T_w(t,z)$、压力分布 $p(t,z)$ 和空泡份额分布 $\alpha(t,z)$。

目前从非常简单的近似算法到高度复杂的数值模型,采取了各种不同的方法来解决该问题。同时各种试验研究也被用来描述这个物理过程和获得定量的数据,以引导预测模型的发展。

1. 早期试验研究

早期的试验研究之一是英国的哈威尔(Harwell)和贝内特(Benett)等人进行的。他们在一较长的竖直管道内进行了干涸后的沸腾试验。图 5.21 中的数据给出了壁面温度的轴向分布图,该图清楚地表明CHF 之后壁面温度上升情况。除了壁面温度外,每个试验都记录了总流量、系统压力、入口平衡干度和壁面热流密度。因此,测量了 8 个独立变量中的 5 个变量,还剩下蒸汽

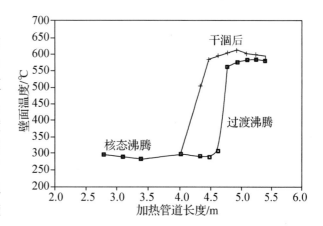

图 5.21 贝内特等人得到的数据

温度、实际流动干度和空泡份额。这组非常重要的数据促进了初始模型及其关系式的发展。随着工作的进展,凯易斯(Keeys)等人验证了热流密度为余弦分布的长管道内干涸后的特征过程(1971年)。当质量流速大于2 700 kg/(m²·s)时,首先在管道出口上游发生干涸,干涸点的位置取决于管道加热功率的增加情况。在相同的干涸点干度情况下,非均匀加热管道的临界热流密度比均匀加热管道中测得的数值要低得多。这些研究结论表明,只有在干涸点之前的流动过程都已知的情况下,才能确切地模拟非均匀加热管道内干涸后的特征过程。

2. 简单的平衡关系式

简单的关系式处理方法基于以下两个基本假设:

(1)轴向各处两相流体处于热力学平衡状态;

(2)过热壁面处的换热主要由蒸汽湍流对流换热引起。

第一个假设的结果是所有流体温度均为该平衡条件下的饱和温度。第二个假设的结果是壁面换热可用一个湍流对流换热的努塞尔数表示。由此可在壁面温度已知的情况下,得出一个预测干涸后热流密度的简单模型:

$$T_g(t,z) = T_s(t,z) \tag{5.97}$$

$$Q_w(t,z) = h_g(t,z)\left[T_w(t,z) - T_s(t,z)\right] \tag{5.98}$$

其中

$$h_g = Nu_g \frac{k_g}{D} \tag{5.99}$$

式中,Nu_g—— 蒸汽对流换热努塞尔数。

蒸汽对流换热系数可由以下的多哥-罗斯诺(Dougall-Rohsenow)关系式给出:

$$h_g = 0.023 \frac{k_g}{D}\left\{Re_g\left[x_e + \frac{\rho_g}{\rho_1}(1 - x_e)\right]\right\}^{0.8} Pr_g^{0.4} \tag{5.100}$$

因为这些模型只关注所求点位置的条件,即壁面温度和平衡态干度的数据,所以比较简单,易于使用。这些平衡关系式虽然不能预测流体各相的非平衡状态,但能够在壁面温度已知的情况下计算壁面热流密度,反之亦然。

与20世纪70年代末期获得的实验数据相比较,就会发现这些平衡关系式能对参数的发展趋势做出合理的预测,但也常常出现100%或更大的数值偏差。图5.22是理查伦(Richlen)和康迪(Condie)给出的计算模型与实验数据对比(1976年),表示了热流密度测量值与多哥-罗斯诺模型预测值的符合程度。

3. 非平衡状态的推导

然而,热力学平衡的假设受到了较大的质疑。早在1962年,帕克(Parker)和格罗士(Grosh)就认为在弥散流中存在热力学不平衡问题,他们观察到即使在理论平衡态干度超过

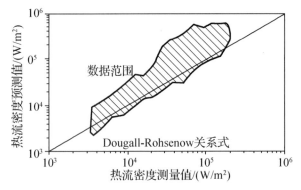

图5.22 Dougall-Rohsenow 关系式热流密度计算值与实验值比较

1 的情况下也有液滴出现,因而指出此时两相流中可能存在热力学非平衡状态。弗斯朗德(Forslund)和罗斯诺(Rohsenow)利用一种氦示踪技术,也获得了热力学非平衡状态存在的定性实验证据。

　　从干涸后详细的换热机理分析,可以得到非平衡状态可能存在的理论基础。图 5.23 表示在干涸点后的弥散流换热中不同的相互作用机理。在壁面过热度较高时,直接附着在较热壁面上的液体极少,且壁面主要通过与蒸汽的对流与辐射换热和与其中夹带液滴的辐射换热来散热。如果热力学非平衡状态存在,那么蒸汽温度将高于饱和温度。在这种情况下,可同时通过对流与辐射实现过热蒸汽和液滴表面(处于饱和温度)之间分界面上的换热。液滴反过来又会被蒸发潜热冷却。辐射换热与对流换热相比,其值相对较小。因此,非平衡态存在的程度取决于从热壁面到蒸汽的换热与从蒸汽到夹带液滴换热这两个过程相对值的大小。这两个对流换热过程之间的动态平衡导致潜在的蒸汽过热温度为 T_g,蒸汽过热度可由下列关系式确定:

$$\frac{\mathrm{d}T_g}{\mathrm{d}z} \sim h_g A_w (T_w - T_g) - h_D A_D (T_g - T_s) \tag{5.101}$$

那么显然只有在下列条件下,才能达到蒸汽零过热度的热力学平衡状态,即

$$h_D A_D \gg h_g A_w \tag{5.102}$$

且从蒸汽到夹带液滴的对流换热比从壁面到蒸汽的对流换热有效得多。这个简单的设想有力地指出,在干涸后的弥散流换热中,热力学非平衡状态出现的可能性很高。

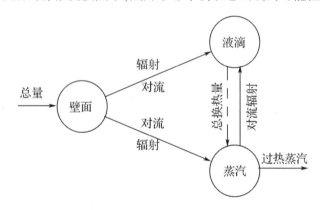

图 5.23　干涸后换热的传热机制

　　测量对流膜态沸腾中的蒸汽过热度是一项极其困难的研究工作。正如前面提到的,目前只有少量的此类数据。在缺乏实验数据的情况下,通常利用单相对流换热关系式,由壁面温度测量推导出非平衡态的蒸汽条件。一般假设壁面到液滴的换热可忽略,且辐射换热由于计算值较小也可不计。在这样的条件下,可假设通过壁面所有的热通量都通过流动的蒸汽带出,且可用单相流关系式描述该过程,即

$$\frac{Q}{A} = h_g (T_w - T_g) \tag{5.103}$$

如果可直接测得壁面热流密度(Q/A)和壁面温度(T_w),则只需要蒸汽对流换热系数(h_g)的关系式就可算出相应的蒸汽过热温度。这种推导非平衡态蒸汽条件的途径较为常用。

　　1983 年,韦伯(Webb)和陈(Chen)通过比较蒸汽过热度预测值和热力学理论值,对 h_g 的 13 个关系式进行了系统的评估。他们指出,对于任何给定的数据点,预测的实际干度应

该在图 5.20 中的热力学限定范围内波动:

(1)实际蒸汽的干度在临界热流密度点后的任何位置都必须大于或等于该临界点的干度;

(2)实际蒸汽的干度必须小于或等于该条件下的平衡态蒸汽干度;

(3)实际蒸汽干度必须小于或等于 1。

按以上标准,利用贝内特的实验数据和尼哈文(Nijhawan)等人的数据验证了蒸汽对流换热关系式。在(x_a-x_{CHF})曲线图和(x_e-x_{CHF})曲线图上标绘出每个需要评估的数据点,在如图 5.24 所示的曲线图中,图的左下区域表示蒸汽过热度的过低预测,水平轴以上的区域表示蒸汽过热度的过高预测。要使数据满足热力学条件,每个数据点应该出现在 $x_a = x_{CHF}$ 轴和 $x_a = x_e$ 曲线轨迹包围的区域内。图 5.25 表示的是利用狄图斯-贝内特关系得到的非平衡态条件的结果。可以看出,其结果有高估蒸汽过热度的趋势,且有多于 50%的数据点出现在热力学所允许的极限范围之外。

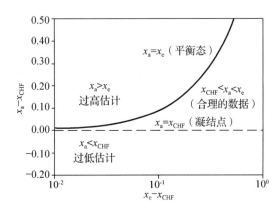

图 5.24　非平衡态的热力学极限　　　图 5.25　狄图斯-贝内特关系式推导的非平衡条件

5.2.2　传热模型

接受了热力学非平衡态存在的可能性理论,就可以构思传热模型的基本框架。如图 5.23 所示,在三相(固态壁面、液滴和蒸汽)之间总共有 6 个可能的传热通道。至今已建议采用的各种模型和关系式的不同之处在于,它们对这 6 个通道中的不同通道都做了不同的处理和取舍。

1. 从壁面到蒸汽的换热

对于干涸后弥散流的换热,通常认为这个过程是主要的换热通路。鉴于通常会观察到较高空泡份额(≥85%)这一事实,在湍流蒸汽对流中会发生从壁面到蒸汽的换热,这一结论是合理的。由此根据动量传递的类比关系可以预计下面的近似比例关系成立:

$$Q_{wg} \propto (T_w - T_g) \propto (Gx_a)^{0.8} \propto Pr_g^{0.3}$$
$$\propto k_g/D \propto 摩擦系数 f \qquad (5.104)$$

2. 从蒸汽到液滴的对流换热

这个过程通常被认为是换热过程中第二个重要的传热机制。在弥散流状况下壁面将能量传递至液体的主要通路是从蒸汽连续体到液体的对流换热过程。因而可以预测蒸汽与夹带液滴分界面上单位混合物容积的传热速率与下列参数成比例关系：

$$q_{gd} \propto (T_g - T_s)$$
$$\propto A_d(\text{单位容积混合物界面液滴表面积})$$
$$\propto h_{gd}(\text{分界面换热系数}) \tag{5.105}$$

分界面换热系数通常作为单个球对流换热努塞尔特数的函数。例如，广泛使用的(Lee-Riley)关系式给出：

$$h_{gd} = \frac{k_g}{D_d}(2 + 0.74Re_d^{0.5} Pr_g^{1/3}) \tag{5.106}$$

式中

$$Re_d = \frac{D_d \rho_g (u_g - u_d)}{\mu_g}$$

用交界面表面积 A_d 容易描述其概念，但交界面的面积值很难定量计算。如果 n_D 是直径为 D 通道的单位容积内混合物内液滴的数量密度，单位混合物容积内总的分界面表面积将通过积分式给出：

$$A_d = \pi \int n_D D_d^2 \, dD_d \tag{5.107}$$

式中，n_D 为单位容积的液滴数量。

A_d 显然是一个非独立的流体动力学参数，取决于界面剪切力、液滴的破裂，多个液滴聚合和有关蒸发的历史过程，这可能是一个最难预测的参数。

3. 从壁面到液体的导热

在大部分干涸后弥散流传热模型中，假设液滴和壁面的直接接触可以忽略。其理由是在高于雷登法斯特(Leidenfrost)温度时，高过热的壁面会导致液滴以"球状"存在，因而使固液两相被蒸汽膜隔开。在研究人员看来，以上假设在远离干涸点 CHF 的下游区域是合理而有效的。在这个流动发展的区域，可以观察到液滴的速度矢量基本与通道轴向平行。只有随机扩散才会引起液滴的横向运动，而且其速度与轴向速度相比很小。

然而，最近累积的数据对上述假设在 CHF 干涸点下游邻近区域的适用性提出了疑问。如图 5.21 所示的实验数据表明，在 CHF 位置处壁面过热度不是阶跃增长的，而是需要通过一定的管道长度逐渐达到最大值。如果热流密度恒定，那么显然在接近 CHF 位置邻近区域的壁面有某种强化传热机制。有些研究人员认为在 CHF 点或邻近的下游区域，液滴和壁面直接接触换热占有较大比例。从概念上说，可以观察到在 CHF 位置处壁面上爆裂的液膜将成为液滴，这些液滴会有较大的初始横向速度分量。这种"动态雷登法斯特"过程能促使固液接触，从而强化了传热。

Lee、Chen 和 Nelson 的实验研究也表明，壁面和液滴的接触是可能发生的。在实验中，研究人员发现，即使在高温池式沸腾中也会发生液滴在高温壁面上的瞬态附着，这个过程在瞬态沸腾中具有重要意义。图 5.26 是来自 Lee 等人的试验数据(1985 年)，表明即使在壁面过热温度接近200℃的条件下,壁面一个点上也将有多达1%沸腾时间的壁面-液滴直接接触。由于热量传递至附着液滴时,其瞬态热通量较高,所以即使是一个较短时间的接触换热,也是总体平均水平换热中一个重要的组成部分。Wachters 和 Burge 关于液滴碰撞加热面的早期试验研究的结果与上述假说相符。

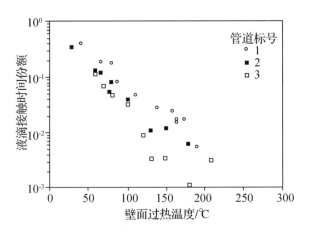

图 5.26　液滴接触时间份额

对于怎样为 CHF 位置附近附着液滴和过热壁面之间的导热过程建立模型,现在还不清楚。显然对于各种不同的蒸汽的导热换热过程,其主导参数将会有很大差异。壁面材料及其表层的热物理特性显得尤其重要。理论上预计,下列近似的函数关系式适用于该过程:

$$Q_{\text{wL}} \propto F_{\text{L}}(\text{壁面与液滴的接触份额})$$
$$\propto (T_{\text{w}} - T_{\text{s}})$$
$$\propto \sqrt{(k\rho C_{\text{p}})_{\text{w}}}$$
$$\propto (\tau_{\text{C}})^{-\frac{1}{2}}(\text{平均接触时间})$$

应注意到最重要的一个参数 F_{L} 是在任何时刻被液体附着的壁面所占百分数。对于一个真正的随机接触过程,该项也等于壁面特定区域处于液滴附着这一过程占整个时间段的份额,F_{L} 高度依赖于加热面的过热度。

Evans 等人的试验结果(1983 年)表明,在干涸点下游约 1/3 m 处的区域,非平衡态蒸汽过热过程的发生有一个延时。这意味着有效的液体蒸发可以在该邻近区域发生。由于该区域较低的蒸汽过热度会导致较弱的液体对流蒸发过程,液体蒸发过程最有可能因为液体和过热壁面的直接接触而发生。这个试验结果也似乎表明,在该邻近区域,液滴-壁面换热过程可能有重要意义。

4. 液滴扰动的相互作用

考虑到多数上述各传热机制对总换热过程的贡献,干涸点后工况的模型开始考虑这样一种可能性,即蒸汽流中水滴的存在将影响壁面-蒸汽对流换热。Varone 和 Rohsenow(1984年)提出汽流核心中液滴的存在抑制了流体的扰动,而那些进入边界层的液滴将会增加该区域流体的扰动。这两个相反作用的综合效应是根据液滴的密度(即含液量)来决定从壁面到蒸汽换热系数是增大还是减小。

Kianyah 等人 (1984 年)观察到,当小玻璃微粒加到一个 4 根棒的棒束中时,通道内气体单相换热系数会增强,并发现换热增强至原来的200%,换热的增强似乎随着大量微粒的流速增大而增加,但会随着微粒直径或流体雷诺数的增加而减少。Clare 和 Fairbairn(1984年)对棒束中两相流的工况进行了计算并得出结论,由于液滴作用而导致蒸汽对流冷却过程增强,该结论有重要意义。

上述证据表明,蒸汽中液滴的存在对对流换热有重要影响。然而,很难将该效应从前面所提到的液滴-壁面直接相互作用的贡献中分离出来。

5.3　非平衡态模型

考虑到干涸后换热中蒸汽过热的存在及其重要性,近年来研究人员提出了一些非平衡态模型。暂且不对每个模型做全面细致的分析,我们可以先根据用途将这些模型归为三类:

(1)局部关系式;

(2)轴向历程相关模型;

(3)分相流模型。

在此仅对每类模型做简要分析,并对一些试验数据做比较说明。

5.3.1　局部关系式

该类模型将干涸点下游数据点作为只与局部热工水力学参数相关的函数,为计算干涸点下游任何位置处壁面换热系数和蒸汽过热度提供了如下关系式:

$$T_g(z,t) = f_1(P_Z, G_Z, x_{e,Z}, T_{w,Z}) \tag{5.108}$$

$$h(z,t) = f_2(P_Z, G_Z, x_{e,Z}, T_{w,Z}) \tag{5.109}$$

这些局部关系式的主要任务是建立非平衡态蒸汽含汽率或蒸汽过热度、壁面换热系数等参数与蒸汽雷诺数、平衡态特性等参数之间的联系。例如,Groeneweld-Delorme 关系式如下:

$$h = 0.008\,348\,\frac{h_{gf}}{D}\left\{Re_g\left[x_a + \frac{\rho_g}{\rho_1}(1 - x_a)\right]\right\}^{0.877\,4} Pr_{gf}^{0.611\,2} \tag{5.110}$$

$$\frac{x_a}{x_e} = \frac{H_{fg}}{H_g(P, T_g) - H_{fs}} \tag{5.111}$$

$$\frac{H_g(P, T_g) - H_g(P, T_s)}{H_{fg}} = \exp(-\tan\psi) \tag{5.112}$$

$$\psi = a_1 Pr_g^{a_2} Re_{hom}^{a_3}\left(\frac{q''DCp_{ge}}{k_{ge} H_{fg}}\right)^{a_4} \sum_{i=0}^{2} b_i(x_e)^i \tag{5.113}$$

其中,$0 \leqslant \psi \leqslant \pi/2$, $a_1 = 0.138\,64$, $a_2 = 0.203\,1$, $a_3 = 0.200\,06$, $a_4 = -0.092\,32$, $b_0 = 1.307\,2$, $b_1 = -1.083\,3$, $b_2 = 0.845\,5$,且 $Re_{hom} = \frac{GD}{\mu_{ge}}\left[x_a + \frac{\rho_g}{\rho_1}(1 - x_a)\right]$,特性参数取自整体蒸汽温度下的值。

在尝试只用局部参数预测非平衡程度和有效壁面换热系数时,虽然这些关系式是在解释现象的基础上构建函数关系式,但在很大程度上却都是经验关系式。例如,Roko 和 Shiraha(1984 年)利用一个复杂的干涸后换热数值模型的试验结果,得出了实际特性与平衡态特性的关系式。该关系式的有利之处在于便于使用,且可以作为简单的子程序被写入热工水力学的计算程序,并与许多单相换热和压降的关系式类似。这些关系式较为简单,因此只要经验常数的演变基于广泛而合理的数据库,这些模型都是有用的。CSO(Chen, Sundaram and Ozkaynak)关系式与 Gottula 等人的试验数据及 Evans 等人的试验数据之间的比较如图 5.27 和图 5.28 所示。图 5.28 将壁面热流密度的测量值和模型计算值做了比较。从这些图中可以看到,这个相对简单的局部非平衡态模型虽然只计算了蒸汽过热度的大致数量,但计算壁面热流密度却惊人地准确。

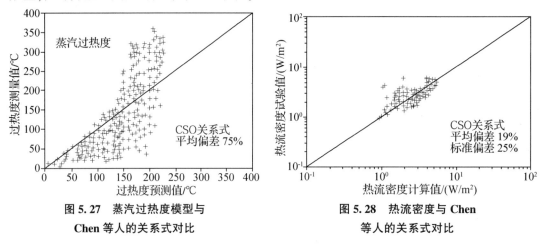

图 5.27　蒸汽过热度模型与 Chen 等人的关系式对比　　　　图 5.28　热流密度与 Chen 等人的关系式对比

Hein 和 Kohler(1982 年)利用高压条件下干涸点后的试验数据,提出了一个便于使用的非平衡态关系式。研究人员假设,对于每一个质量流量和压力值,都可达到一种最大限度或完全发展的蒸汽过热度。当壁面热流密度已知,利用该关系式即可求出过热度的最大值。

5.3.2　轴向历程相关模型

一类更为实际的模型认为,任何轴向位置处非平衡的程度受流体经历的影响。对于这种情况,一种处理方法是利用容积蒸汽源项(Γ)写出气相的守恒方程:

$$G\mathrm{d}x_\mathrm{a} = \Gamma\mathrm{d}z \tag{5.114}$$

$$q_\mathrm{w}P_\mathrm{H}\mathrm{d}z = GAH_\mathrm{fg}\mathrm{d}x_\mathrm{e} \tag{5.115}$$

式中,Γ 为单位容积混合物的蒸发速率。

如果 Γ 和壁面换热系数 h 的函数关系已知,方程(5.91)和方程(5.92)联立可计算出从沸腾临界点 CHF 位置处起始下游任一点 z 处的非平衡态实际含汽率 x_a。

为计算蒸汽源函数 Γ 和壁面换热系数 h,曾提出了多种模型,例如(Saha)等人的关系式(1980 年)及韦伯(Webb)和陈(Chen)的关系式(1982 年)。

萨哈(Saha)关系式如下:

$$G\mathrm{d}x_\mathrm{a} = \Gamma\mathrm{d}z \tag{5.116}$$

$$\Gamma = 6\,300\left(1 - \frac{P}{P_\mathrm{C}}\right)^2\left[\left(\frac{Gx_\mathrm{a}}{\alpha}\right)^2\frac{D}{\rho_\mathrm{g}\sigma}\right]^{0.5}\frac{k_\mathrm{g}(1-\alpha)(T_\mathrm{g}-T_\mathrm{s})}{D_\mathrm{e}^2 H_\mathrm{fg}} \tag{5.117}$$

$$\alpha = 1 - \frac{1-x_\mathrm{a}}{1 + \dfrac{x_\mathrm{a}(\rho_\mathrm{l}-\rho_\mathrm{g})}{\rho_\mathrm{g}} + \dfrac{\rho_\mathrm{l}\overline{V}_\mathrm{lj}}{G}} \tag{5.118}$$

$$\bar{V}_{1j} = -1.4\left[\frac{g\sigma(\rho_1 - \rho_g)}{\rho_g^2}\right]^{1/4} \qquad (5.119)$$

$$h = 0.015\,7\frac{k_{gf}}{D}Re_{gf}^{0.84}Pr_{gf}^{0.33}\left(\frac{L}{D}\right)^{-0.04},6 < \frac{L}{D} < 60 \qquad (5.120)$$

$$h = 0.013\,3\frac{k_g}{D}Re_{gf}^{0.84}Pr_{gf}^{0.33}\frac{L}{D},\frac{L}{D} > 60 \qquad (5.121)$$

1981 年 Webb 和 Chen 曾尝试利用当时可获得的非平衡态试验数据,即 Nijhawan 等人的试验数据(1980 年)来评估这些模型。图 5.29 表示采用 Saha 关系式计算的蒸汽过热度计算值和试验测量值的对比曲线。可以注意到,在 Nijhawan 数据的 72 个原始的数据点中,只有 34 个数据点与 Saha 关系式的计算值吻合。其原因是,Saha 所用的空泡份额模型对 Nijhawan 试验低质量通量条件下干涸后的许多参数都赋予了不合理的数值(空泡份额大于 1)。对于可以计算出

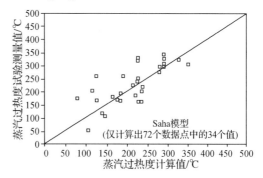

图 5.29 蒸汽过热度试验测量值和计算值比较

的 34 个数据点,Saha 模型在计算蒸汽过热度方面存在 29% 的偏差。另一个需要注意的问题是,Nijhawan 最初的非平衡态模型的试验测量点距离干涸点都大于 1 m。

这类模型的意义在于,其有可能不再需要任何管壁处换热系数的经验公式。以上讨论的模型以截面平均蒸汽源项为 Γ 基础。该模型与一维守恒方程(5.114)及(5.115)配合使用,可计算作为轴向位置函数的蒸汽过热度和实际流体特性。要计算壁面热流密度,除了给定壁面温度外,还需要壁面换热系数 h 的独立关系式。例如 Webb 和 Chen (1982 年)为此利用了 CSO 关系式。他们曾建议将蒸汽的守恒方程写成二维方程,以便同时描绘径向和轴向的数据曲线。

连续方程

$$\frac{\alpha}{r}\frac{\partial}{\partial r}(r\rho_g V_r) + \frac{\partial}{\partial z}(\alpha\rho_g V_z) = \Gamma_t \qquad (5.122)$$

动量方程

$$-\frac{\partial P}{\partial z} = \rho_g V_r \frac{\partial V_z}{\partial r} + \rho_g V_z \frac{\partial V_z}{\partial z} - \frac{1}{r}\frac{\partial}{\partial r}\left(r\mu_g \frac{\partial V_z}{\partial r}\right) + \rho_g g \qquad (5.123)$$

能量方程

$$\rho_g C_{pg}\left(V_r \frac{\partial T_g}{\partial r} + V_z \frac{\partial T_g}{\partial z}\right) = \frac{\Gamma_r}{\alpha}(H_{gs} - H_g) + \frac{\Gamma_c}{\alpha}(H_{fs} - H_g) +$$
$$\frac{4}{\alpha D}(q''_{r,w-g} - q''_{r,g-d}) + \frac{1}{r}\frac{\partial}{\partial r}\left(rk_g \frac{\partial T_g}{\partial r}\right) \qquad (5.124)$$

为了构造该二维模型,需要以位置坐标(r 和 z)为基础将蒸汽源项 Γ 具体化,而不是将其作为一个截面平均参数。该模型不仅可将蒸汽过热度作为轴向位置的函数,而且可将其作为径向位置的函数进行计算,同时可在不借助其他壁面换热系数经验公式的条件下,直接计算壁面热流密度。Webb 和 Chen 初步尝试运用局部 Γ 较简单的表达式,获得了与

Nijhawan 试验测量数据较为相符的结果。图 5.30 不仅将蒸汽过热度与试验值做了比较,而且将壁面温度计算值与试验值做了比较。其中,壁面温度是通过将具体的壁面热流密度作为距 CHF 位置轴向距离的函数来计算的。

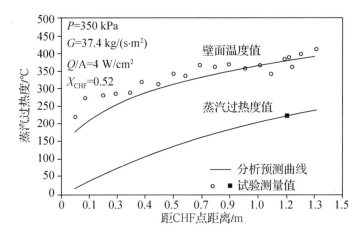

图 5.30　Webb 和 Chen 二维模型计算值与试验数据比较

5.3.3　分相流模型

针对每相写出完整的守恒方程组(质量守恒、动量守恒与能量守恒),可以对整个热工水力学状态做更为详细的描述。如果把每相参数作为集总参数处理,即蒸汽平均参数和液体平均参数,则可导出两相流体守恒方程组,共包括 6 个守恒方程。使用这种处理方法的必要条件是需要将分界面上的传递参数具体化,如气液两相分界面上质量、动量和能量的传递速率。

除了两相混合物的守恒方程组外,两相流守恒方程式还可写成一个等式。这是许多先进的热工水力计算机程序最近采用的方法,例如 TRAC-BD1 程序就使用了下列等式。

混合物质量方程

$$\frac{\partial \rho_m}{\partial t} + \nabla \cdot (\alpha_g \rho_g \overline{V}_g + \alpha_l \rho_l \overline{V}_l) = 0 \tag{5.125}$$

气体质量方程

$$\frac{\partial \alpha_g \rho_g}{\partial t} + \nabla \cdot (\alpha_g \rho_g \overline{V}_g) = \Gamma_g \tag{5.126}$$

气体动量方程

$$\frac{\partial \overline{V}_g}{\partial t} + \overline{V}_g \cdot \nabla \overline{V}_g - \frac{C_i}{\alpha_g \rho_g} \overline{V}_R |\overline{V}_R| - \frac{1}{\rho_g} \nabla P - \frac{\Gamma_g}{\alpha_g \rho_g} (\overline{V}_g - \overline{V}_{ig}) = \frac{C_{wg}}{\alpha_g \rho_g} \overline{V}_g |\overline{V}_g| + \overline{g} \tag{5.127}$$

液体动量方程

$$\frac{\partial \overline{V}_l}{\partial t} + \overline{V}_l \cdot \nabla \overline{V}_l - \frac{C_i}{\alpha_l \rho_l} \overline{V}_R |\overline{V}_R| - \frac{1}{\rho_l} \nabla P - \frac{\Gamma_l}{\alpha_l \rho_l} (\overline{V}_l - \overline{V}_{il}) = \frac{C_{wl}}{\alpha_l \rho_l} \overline{V}_l |\overline{V}_l| + \overline{g} \tag{5.128}$$

混合物能量方程

$$\frac{\partial(\alpha_l \rho_l e_l + \alpha_g \rho_g e_g)}{\partial t} + \nabla \cdot (\alpha_l \rho_l e_l \overline{V}_l + \alpha_g \rho_g e_g \overline{V}_g) =$$

$$- P \nabla \cdot (\alpha_l \overline{V}_l + \alpha_g \overline{V}_g) + Q_{wg} + Q_{wl} \tag{5.129}$$

气体能量方程

$$\frac{\partial(\alpha_g \rho_g e_g)}{\partial t} + \nabla \cdot (\alpha_g \rho_g e_g \overline{V}_g) =$$

$$- P \frac{\partial \alpha}{\partial t} - P \nabla \cdot (\alpha \overline{V}_g) + Q_{wg} + Q_{ig} + \Gamma_g h_{sg} \tag{5.130}$$

要使该方程组系统闭合,需要将描述每相状态的热工水力学方程组具体化,包括界面剪切系数(C_i)、界面换热率(Q_{ig} 和 Q_{il})、界面质量传递率(Γ_g 和 Γ_l)和壁面剪切系数(C_{wg} 和 C_{wl})。这种处理方法显然是最完善的,因为其保证了运用"第一定律"对整个传递过程作详尽描述的可能性。多数先进反应堆安全计算程序采用了该方法的不同形式。

Vojtek(1984 年)在 TRACPF1/MOD1 程序中,尝试利用各种关系式预测 KWU25 棒棒束失水下泄后的结果。棒束的温度随时间变化的函数预测较为合理,但棒束的骤冷过程不能预测。研究人员的结论是,液滴引起的扰动及液滴-壁面分界面是该过程中的重要效应,并且需要对最小薄膜沸腾温度做一个更令人满意的详细说明。Lin 等人(1984 年)称,他们对于 RELAP5 Mod2 程序的评估结果表明,该程序可以正确模拟壁面换热和界面质量传递,但局部含汽率和每相温度的测量方法还需要进一步改进。

5.4 沸腾临界后的传热计算关系式

当沸腾达到 CHF 后就进入过渡沸腾过程,过渡沸腾是一个很不稳定的沸腾过程,该过程的传热特性比较复杂,目前还没有完整的理论公式计算这一过程的传热和温度变化。工程上广泛使用的是经过试验整理出的经验公式。

5.4.1 低干度与过冷态的过渡沸腾

低干度与高干度工况的区分标准是,前者为泡状流或间歇流流型,后者为环状流流型。Weisman 提出了下述判别式:

$$1.9(U_g/U_l)^{1/8} \sim 0.6(KFr)^{0.2} \tag{5.131}$$

式中,U_g 为气相表观速度,m/s;U_l 为液相表观速度,m/s;$K = U_g \rho_g^{0.5}/(g\Delta\rho\sigma)^{0.25}$;$Fr = U_g^2/(gD_e)$。

式(5.108)中,左侧大于右侧时为泡状流或间歇流;左侧小于右侧时为环状流。

在低干度下,介质随着受热和流动逐渐由核态沸腾(NB)经临界点(CHF)转入过渡沸腾(TB)(加热量不太大时),或直接进入膜态沸腾(FB)(控制加热,而加热量又较大时)。反之,由膜态沸腾向核态沸腾恢复时,要经过由高温向低温恢复的最低温度点(MFT),此即骤冷点(quench point)或再湿点(rewitting point)。再转入过渡沸腾,或直接进入核态沸腾(控制加热时)。

在研究临界后传热时,再湿点与 CHF 点都是很重要的分界点,经过此点时传热特性有较大的变化。

低干度与过冷状态下的再湿点,可按其壁温决定,即

$$T_{w(RW)} \cong T_s + 200 \text{ ℃} \qquad \text{(Andreoni 公式)} \tag{5.132}$$

更详细的公式见 Kim Lee(1982)提出的下列公式:

$$T_{w(RW)} = 19.51\Delta T_s \left(\frac{\Delta T_{sub}}{\Delta T_s}\right)^{0.107} \left(\frac{c_p G\delta}{k}\right)_1^{-0.162} \left(\frac{k\rho^2 \Delta T_s}{\delta G^3}\right)_1^{-0.0989} \left(\frac{z}{\delta}\right)^{-0.163} + T_s \tag{5.133}$$

式中,δ 为刚进入过渡区的液膜厚度,m;可按 CHF 点处的 x_c 值,根据流道热平衡式 $G(1-x_c)A = \delta\pi Dw_1\rho_1$ 决定;这里 w_1 为水速,取其为 2~4 m/s;z 为再湿点位置,m;ΔT_{sub} 为再湿点处的过冷温度,℃。

过冷和低干度区的过渡沸腾传热已有许多研究,通常可分为高压与低压两种不同情况。最早提出的是 Ellion(1954)公式,属于低压过冷工况:

$$q = 3.15 \times 10^8 \Delta T_s^{-2.4} \quad [\text{kW}/(\text{m}^2)] \tag{5.134}$$

此式适用范围:$p = 110 \sim 410$ kPa,$G = 326 \sim 1\,496$ kg/($\text{m}^2 \cdot$ s),$\Delta T_{sub} = 10 \sim 38$ ℃。

Cheng 从大量试验数据拟合,得到公式

$$q = 2.438 \times 10^8 \Delta T_s^{-1.496} \exp(-0.005G)\exp(-0.0188\Delta T_{sub}) \tag{5.135}$$

式中,q、G、ΔT_s 的单位分别为 kW/m^2、kg/($\text{m}^2 \cdot$ s)、℃;ΔT_{sub} 为当地介质的过冷度,K。

Cheng 也提出了下面的插入计算式:

$$q = q_{CHF}(\Delta T_s/\Delta T_{s(CHF)})^{-1.25} \tag{5.136}$$

Bjornard 与 Griffith 提出的插入公式如下:

$$q = \delta q_{CHF} + (1-\delta)q_{min} \tag{5.137}$$

式中,$\delta = [(T_{min}-T_w)/(T_{min}-T_c)]^2$;$T_{min}$、$q_{min}$ 为 MFT 点的壁温与热流密度;T_w、T_c 为当地壁温与临界点壁温。

Loomis(1982)提出了用于低干度的公式:

$$h = (62.36 - 0.088p) - (11.3 - 0.0159p)\ln \Delta T_s \quad [\text{kcal}/(\text{m}^2 \cdot \text{s})]^{①} \tag{5.138}$$

式中,p 和 ΔT_s 单位分别为 bar 和℃。此式适用于 $p = 1.38 \sim 4.14$ bar 的情况。

高压下的公式有 McDonough(1961)的管内实验拟合关系式:

$$q = q_{CHF} - (T_w - T_{w(CHF)})4.15\exp(3.97/p) \tag{5.139}$$

式中,q、T_w、p 的单位分别为 kW/m^2、℃、MPa。此式适用范围:$p = 5.5 \sim 13.8$ MPa,$G = 27 \sim 1\,900$ kg/($\text{m}^2 \cdot$ s),$0 < x < 0.064$。

5.4.2　高干度时的过渡沸腾

高干度时的过渡沸腾一般是指干涸后,蒸汽流中夹带液滴还没有完全汽化过程的传热。高干度下的过渡沸腾,部分传热壁面往往伴随着液滴分散状膜态沸腾,所以传热公式常常由两部分组成:一部分是过渡沸腾(称湿区),一部分则接近气相传热(称干区)。严格来说,既然是过渡沸腾应当只考虑前一部分,即液滴分散状过渡沸腾(DTB),但整个受热面

---

① 1 kcal = 4.186 8 kJ。

在此区的传热能力也应包括后一部分,所以在研究中要明确此点。对受热面设计核算和热点安全校核两种情况,要分别取舍。

Tong 和 Young 对低压高干度情况,提出下列传热公式:

$$q_{\mathrm{T}} = q_{\mathrm{CHF}} \exp\left[-0.003\,3\,\frac{x^{2/3}}{\dfrac{\mathrm{d}x}{\mathrm{d}z}}\frac{\Delta T_s}{55.56}^{(1+0.002\,88\Delta T_s)}\right] \tag{5.140}$$

$$q_{\mathrm{F}} = 8.33 \times 10^{-5}(T_{\mathrm{W}} - T_{\mathrm{g}})\frac{k_{\mathrm{g}}}{D_{\mathrm{e}}}\left(\frac{GD_{\mathrm{e}}}{\mu}\right)_{\mathrm{g}}^{0.8}\left[\frac{x + S(1-x)\rho_{\mathrm{g}}/\rho_{\mathrm{l}}}{x + S(1-x)}\right]^{0.8}Pr_{\mathrm{g}}^{0.4} \tag{5.141}$$

式中,q_{T} 为过渡沸腾部分热流密度;q_{F} 为液滴分散膜态沸腾部分热流密度;S 为滑速比,可取 $S = (\rho_{\mathrm{l}}/\rho_{\mathrm{g}})[x/(1-x)][(1-\alpha)/\alpha]$。

公式适用范围:$p<70$ bar,$\Delta T_s<170\ ^{\circ}\mathrm{C}$。

对于高压情况,Tong 和 Mattson 提出以下公式:

$$h_{\mathrm{tr,T}} = 9.09 \times 10^4 \exp(-0.5\Delta T_s) + 20.8(GD_{\mathrm{e}}/\mu_{\mathrm{g}})^{0.269}Pr_{\mathrm{g}}^{3.67}D_{\mathrm{e}}^{-1.39}k_{\mathrm{g}}^{0.306}x_{\mathrm{e}}^{-0.0911}(\text{管内}) \tag{5.142}$$

$$h_{\mathrm{tr,T}} = 2.9 \times 10^4 \exp(-0.5\Delta T_s) + 1.22(GD_{\mathrm{e}}/\mu_{\mathrm{g}})^{0.505}Pr_{\mathrm{g}}^{4.56}D_{\mathrm{e}}^{-0.16}k_{\mathrm{g}}^{0.189}x_{\mathrm{e}}^{-0.133}(\text{棒束或管束}) \tag{5.143}$$

式中,$h_{\mathrm{tr,T}}$ 的单位为 BTU/(ft$^2 \cdot$ h $\cdot\ ^{\circ}$F)(英制单位,1 BTU = 1 055.056 J),D_{e} 的单位为 ft(1 ft = 0.305 m),ΔT_s 的单位为 $^{\circ}$F。式(5.119)和式(5.120)右侧第 2 项为液滴分散膜态沸腾传热部分,第 1 项为过渡沸腾部分。

用综合解析法研究高干度下过渡沸腾的有 Iloeje,他提出把传热分成几部分分开进行计算,然后再叠加起来作为总传热能力,这几部分分别如下:

(1)壁面对液滴的接触传热;

(2)壁面对液滴的非接触传热(即在传热边界层内的液滴受热);

(3)壁面对蒸汽的对流传热。

Hsu Y Y 按此方法提出如下计算公式:

$$h_{\mathrm{tr}} = (h_{\mathrm{tr,B}} + h_{\mathrm{tr,C}})(1 - \alpha) + h_{\mathrm{tr,F}}\alpha \tag{5.144}$$

此式是以空泡率为加权因子的加权平均式。其中

$$h_{\mathrm{tr,B}} = 1\,456p^{0.558}\exp(-0.003\,75p^{0.733}\Delta T_s)$$

$$h_{\mathrm{tr,F}} = 0.6(D_{\mathrm{e}}/\lambda_{\mathrm{w}})^{0.172}[(k_{\mathrm{g}}^3\rho_{\mathrm{g}}\Delta\rho H_{\mathrm{fg}})/(D_{\mathrm{e}}\Delta T_s\mu_{\mathrm{g}})]^{0.25}$$

$$\lambda_{\mathrm{w}} = 2\pi(\sigma/g\Delta\rho)^{0.5}$$

式中,$h_{\mathrm{tr,B}}$ 为非接触液滴传热,也就是液滴蒸发传热的传热系数;$h_{\mathrm{tr,C}}$ 为液滴接触传热的传热系数,一般以液滴流量为准用流动沸腾传热公式计算;$h_{\mathrm{tr,F}}$ 为气相对流换热的换热系数;λ_{w} 为修正的定性尺寸(即 Taylor 极限波长);H_{fg} 为潜热(蒸发热)。

5.4.3　液滴分散膜态沸腾

液滴分散膜态沸腾(DFB)属缺液区($x<0.1$)的膜态沸腾(liquid deficient region film boiling)。在 ΔT_s 较小时,以液滴与壁面之间的传热为主。在 ΔT_s 较大时,除了液滴与壁面传热外,液滴与蒸汽之间的传热上升到主要部分,此时蒸汽有可能是过热的。液滴分散膜

态沸腾(DFB)传热的研究成果很多,因为这种方式的膜态沸腾应用于多种工艺过程。除了反应堆事故分析外,动力锅炉的管道中也会出现这种传热工况,例如直流锅炉的高干度区就经常出现 DFB 现象。高温换热设备、某些化工工艺流程、机械制造中的热处理和钢材调质等都可出现 DFB 现象。下面只以反应堆工程和动力换热设备为例,说明 DFB 传热的不同处理方法。

1. 模型处理

把液滴分散膜态沸腾(DFB)的传热过程分解为几种简单过程,然后用成熟的模型分别进行计算,例如分解为以下几个简单过程:

(1)壁面对液滴的非接触传热,即液滴进入热边界层时的蒸发过程,通常也称为液滴对壁面的干撞击(dry collision)传热,此部分热量为 q_{w1}^{nc};

(2)液滴对壁面的接触传热,通常称为液滴对壁面的湿撞击(wet collision)传热,其热量为 q_{w1}^{c};

(3)壁面对气相的对流传热,其热量为 q_{wg}^{c};

(4)过热蒸汽对液滴的蒸发传热,其热量为 q_{gl}^{c};

(5)壁面对液滴的辐射传热,其热量为 q_{wl}^{R};

(6)壁面对蒸汽的辐射传热,其热量为 q_{wg}^{R}。

有关这方面的传热公式,还有 Collier、Chen 和 Ganic 等的研究成果。针对壁温不太高的工况,Ganic 提出下面简化公式:

$$q = q_g + q_1 + q_R \tag{5.145}$$

$$q_g = 0.023(k_g/D_e)Re_g^{0.8}Pr_g^{0.4}(T_w - T_s) \tag{5.146}$$

此即前述第(3)项壁面对气相的对流传热部分。

$$q_1 = NQ_d = v_0(1-\alpha)\rho_1\lambda f \exp[1-(T_w/T_s)^2] \tag{5.147}$$

此即前述(1)(2)两项之和。N 为液滴的沉降率(包括接触与非接触液滴),单位为 No/$(m^2 \cdot s)$。Q_d 为单个液滴的传热量(kW/No)。二者乘积与液滴沉降速度 v_0 和总质量沉落系数 f 有关,f 又与汽速和液滴直径有关。液滴平均直径由临界韦伯数 We 确定,但需经实验验证。We 数又与沉降轨迹和汽速有关。一般按统计概念处理,所以 q_1 最终取决于 v_0 和 f,通过单项实验找出其经验关系。上式中的 $\exp[1-(T_w/T_s)^2]$ 项表示液滴达到边界层和壁面的概率。T_w 越低,进入边界层的可能性越大。$(1-\alpha)$ 表示 No 与 v_0 的相互关系。

q_R 按一般辐射传热计算,此即上述(5)(6)两项。

Ganic 认为由于 T_w 不太高,蒸汽过热度较小或不过热的情况下,上述(4)为零,有时 q_R 项也可忽略。

Kim 与 Lee 在文献中提出的以下公式可用于计算 DFB 传热:

$$q_{wg}^{c} = 3.656\frac{k_g}{D_e}(T_w - T_g) \quad (汽流为层流) \tag{5.148}$$

$$q_{wg}^{c} = 0.023\frac{k_g}{D_e}Re_g^{0.8}Pr_g^{0.33}\left(\frac{\mu_g}{\mu_{gw}}\right)^{0.467}(T_w - T_g) \quad (汽流为湍流) \tag{5.149}$$

$$q_{wl}^{c} = \frac{\pi}{4}\left[\frac{6G(1-x)}{\pi U_1\rho_1}\right]^{2/3}\left[\frac{k_{gw}^3\lambda'g\rho_{1w}}{(T_w - T_s)\mu_{gw}\left(\frac{\pi}{6}\right)^{1/3}d}\right]^{1/4}(T_w - T_s) \tag{5.150}$$

$$\lambda' = \lambda \left[1 + \frac{7}{20} \frac{c_{pg}(T_w - T_s)}{\lambda} \right]$$

$$q_{wl}^R = \frac{\sigma(A_2/A_c)(T_w^4 - T_1^4)}{\varepsilon_1^{-1} + (\varepsilon_w^{-1} - 1)(A_1/A_c)} \frac{6(1-\alpha)}{\pi d^3}(A_d L) \tag{5.151}$$

式中，A_2 为液滴表面积，m^2；A_c 为流道内壁面积，m^2。

$$q_{wg}^R = \sigma(\varepsilon_{wg} T_w^4 - \varepsilon_g T_g^4) \frac{\varepsilon_w + 1}{2} a \tag{5.152}$$

$$q_{g1}^c = \frac{\lambda_g}{d}(2 + 0.74 Re_d^{0.5} Pr_g^{1/3})(T_g - T_s) \tag{5.153}$$

式中，$Re_d = G(1-x)d/[\mu_1(1-\alpha)]$ 为液滴雷诺数；$d = \left[\dfrac{6G(1-x)A_d}{N_d \rho_1 \pi} \right]^{1/3}$ 为液滴直径，m；N_d 为单位时间内的液滴沉落数，s^{-1}；A_d 为流道的流通截面积，m^2。

2. 经验公式

计算此过程的经验公式很多，Groeneveld 做了详尽的综述。在液滴分散膜态沸腾 DFB 工况下，由于蒸汽有可能过热，所以经验公式分为两类，即热平衡公式和热不平衡公式，目前大多数属于前者。

Dougall-Rohsenow 提出的稳定热平衡公式如下：

$$Nu = \frac{h_{tr} D_e}{k_g} = 0.023 \left\{ \frac{GD_e}{\mu_g} \left[x + (1-x) \frac{\rho_g}{\rho_1} \right] \right\}^{0.8} Pr_g^{0.4} \tag{5.154}$$

式中，参量均为饱和状态参数，x 为平衡干度。

Green 为了对上式进行修正，提出以下修正系数：

$$7.04 \left(\frac{D_e}{L_B} \right)^{0.4} \left[1 + 3.65 e^{-0.0347(T_w - T_s)(L_B/L)} \right] \tag{5.155}$$

用此系数式乘前面的 Nu，作为修正后的努塞尔数。式中 T 以 ℃ 为单位。

Greoeneveld 公式如下：

$$h_{tr} = a \left(\frac{k_g}{D_e} \right) \left\{ Re_g \left[x + (1-x) \frac{\rho_g}{\rho_1} \right] \right\}^b Pr_{gw}^c Y^d \tag{5.156}$$

$$Y = 1 - 0.1 \left[\left(\frac{\rho_1}{\rho_g} - 1 \right)^{0.4} (1-x)^{0.4} \right] \tag{5.157}$$

式中，对于管道，常数 $a = 1.09 \times 10^{-3}$，$b = 0.989$，$c = 1.41$，$d = -1.15$；对于环形通道，$a = 5.2 \times 10^{-3}$，$b = 0.688$，$c = 1.26$，$d = -1.06$；通常情况下，$a = 3.27 \times 10^{-3}$，$b = 0.901$，$c = 1.32$，$d = -1.5$。Re_g 为全气相雷诺数。

Groeneveld 公式是目前工程推荐的公式，但必须严格限制在下列情况下。

（1）对管内传热（竖直或水平流动）的情况：$D_e = 0.25 \sim 2.5$ cm，$p = 68 \sim 215$ bar，$G = 700 \sim 5\,300$ kg/($m^2 \cdot s$)，$x = 0.1 \sim 0.9$，$q = 120 \sim 2\,100$ kW/m^2，$Nu_g = 95 \sim 1\,770$，$Re_g[x + (1-x)\rho_g/\rho_1] = 6.6 \times 10^4 \sim 1.3 \times 10^6$，$Pr_w = 0.88 \sim 2.21$，$Y = 0.706 \sim 0.976$。

（2）对环形流道传热（竖直流动）的情况：$D_e = 0.15 \sim 0.63$ cm，$p = 34 \sim 100$ bar，$G = 800 \sim 4\,100$ kg/($m^2 \cdot s$)，$x = 0.1 \sim 0.9$，$q = 450 \sim 2\,250$ kW/m^2，$Nu_g = 160 \sim 640$，$Re_g[x + (1-x)\rho_g/\rho_1] =$

$1 \times 10^5 \sim 3.9 \times 10^5, Pr_w = 0.91 \sim 1.22, Y = 0.610 \sim 0.963$。

Mirdopolskii(1963)曾提出与式(5.133)同样的公式,但式中各系数为 $a = 0.0236$, $b = 0.8, c = 0.8, d = 1$。Green(1978)对 Miropolskii 公式进行了修正,建议乘以下面的系数:

$$10.6 \left(\frac{D}{L_B}\right)^{0.4} \left[1 + 3.65^{-0.0374(T_w - T_s)(L_B/L)}\right] \tag{5.158}$$

式中,T 以 K 为单位。

热不平衡公式目前正在研究中。Groeneveld 与 Delorme 对于均匀流速,高壁温(超过 Leidenfrost 温度),气相物性取实际过热状态,提出下列公式:

$$q = 0.0008348 \frac{k_{ga}}{D_e} \left\{ \frac{GD_e}{\mu_g} \left[x_a + (1 - x_a) \frac{\rho_g}{\rho_1} \right] \right\}^{0.8744} Pr_{ga}^{0.6112} (T_w - T_{ga}) \tag{5.159}$$

式中,以 ga 为下标的量均指实际过热气温下的物性;不带 ga 下标的量为平衡状态下的物性,即饱和物性。x_a 按下式计算:

$$x_a = x\lambda / (h_{ga} - h_1)$$

一般计算时,实际物性也可以取 T_{ga} 下的饱和气相物性。

5.5　定位格架对干涸后传热的影响

随着先进技术及两相计算程序,如 TRAC-PFI(1984)或 COBRA/TRAC 及 Thurgood 等的发展,现在很多的基本传热过程能用模型表达,各种影响都在膜态沸腾的总传热系数中给出。当这些模型应用于管内流动时,通常能符合得很好。然而,当将这些模型应用到典型轻水反应堆中的棒束上时,会出现一些差异。在达到临界热流密度后的管内流动中,由相间界面传热产生的蒸发会使液滴或液块在通道长度方向上慢慢转变。然而,在一个棒束中定位格架的阻塞会造成附加影响。定位格架用来固定棒束中棒的位置,同时阻塞棒束的一部分流体通道,这会产生以下结果:

(1)在连续相中,格架下游产生额外的搅混和湍流;

(2)定位格架的非加热表面会俘获液体,大的汽液相对速度强化了汽液交界面上的传热;

(3)被携带的液滴破裂或被携带的液体尺寸及形状发生改变,使界面传热面积发生改变,从而改变界面传热。

5.5.1　定位格架影响的试验研究结果

定位格架是堆芯内的构件,它使燃料棒间的节距保持在规定值,一些简单格架如图 5.31 所示。在堆芯的同一高度上,所有的燃料组件都有格架。由于格架在同一高度,因此在格架内不会产生流动旁通和流量再分配。由于格架会减少燃料组件的流通面积,流动将会收缩、加速,并会在堆芯内每一个隔架层的下游处扩张。当格架内的流动加速且在下游扩张时,就会在燃料棒上重新建立热边界层,从而使格架内部及其下游处的局部传热增强。当流动是不平衡两相弥散液滴流时,格架具有促进附加传热效应。由于格架是非加热构件,所以能比燃料棒先被冷却。一旦格架冷却,会产生附加的液体表面积,有助于降低不平衡两相弥散液滴流动的蒸汽温度。相比液膜来说汽流的速度更大,所以润湿后的格架的界面传热系数比液滴的传热系数要大。除了蒸汽温度降低外,液膜也会蒸发,结果导致蒸汽流量增加和对流传热增强。格架与膨胀蒸汽流之间增强的界面传热和定位格架上的液膜蒸发产生的额外饱和蒸汽一样会导致格架下游处的蒸汽温度下降。

除了格架再湿外,格架还能将夹带液滴打碎成更小的液滴碎片,它们在格架下游处也更容易蒸发。更小的液滴碎片的蒸发将成为额外的蒸汽源,这将会增大对流传热系数。

一些单相实验清楚地指出在定位格架下游处的进口效应现象下能模拟连续相传热,在此处的突然收缩和扩张会在格架附近形成边界层的再分配,在定位格架下游加热表面处建立一个新的边界层。在格架下游,这种进口效应的传热呈指数衰减,在定位格架附近局部努塞尔数的变化如图5.31、图5.32所示。

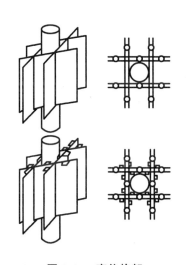

图 5.31 定位格架

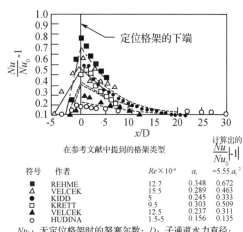

在参考文献中提到的格架类型

符号	作者	$Re \times 10^{-4}$	a_r	计算出的 $\dfrac{Nu}{Nu_0} \vert -1 \vert$ $=5.55\, a_r^2$
■	REHME	12.7	0.348	0.672
△	VELCEK	15.5	0.289	0.463
●	KIDD	5	0.245	0.333
□	KRETT	9.5	0.303	0.509
▲	VELCEK	12.5	0.237	0.311
○	HUDINA	1.5-5	0.156	0.135

Nu_0:无定位格架时的努塞尔数;D:子通道水力直径;
a_r:子通道中格架所占空间比例;x:距离格架下端的距离

图 5.32 定位格架附近的传热

5.5.2 定位格架对临界后传热影响的模型

前面提到的棒束实验清楚地表明了达到临界热流密度后定位格架能增强传热。达到临界热流密度后的格架传热效应的模拟实验是相当新的实验,以前也只是做过一些尝试。Chiou 等人提出了一系列有关改善格架传热的模型,关于达到临界热流密度的弥散流有三种不同的传热机理,它们具体如下:

(1)定位格架引起的连续相(蒸汽)湍流度增大使传热强化;

(2)定位格架再湿;

(3)由于冲击格架条带造成的液滴破碎。

假定这些机理独立起作用,可以给出一个总的格架效应。

1. 连续相传热强化

在定位格架处流动加速和冷却剂减速会造成下游区域局部传热速率增加,这是因为湍流度增加和气液两相分离的产生以及边界层的重新建立。Hassan 和 Rehme 给出了格架及其下游处的局部努塞尔数为

$$\frac{Nu_x}{Nu_0} = K(Re, a_r) \left(\frac{x}{D_h RePr} \right)^{M(Re, a_r)} \qquad (5.160)$$

式中,$K(Re, a_r)$ 和 $M(Re, a_r)$ 由 Yao、Hochreiter 和 Leech 的数据给出,即

$$\frac{Nu_x}{Nu_0} = 1 + 5.55a_r^2 \exp(-0.13x/D_h) \qquad (5.161)$$

式中,a_r 为格架子通道的阻塞百分比;x 为格架下游距离;D_h 为子通道的水力直径。

Yao、Hochreiter 和 Leech 针对相对简单的格架如蛋篮型格架进行了相关计算,并得出 $Re > 10^4$,$0.256 < a_r < 0.348$ 和包括单管在内的多种结构形式。

2. 定位格架再湿效应

由于格架没有内部释热,并且热容量也很小,这就造成至少格架前沿部分被蒸汽夹带的液滴润湿。格架是否完全润湿取决于辐射和对流提供的热量以及再淹没的瞬间可能沉积在格架上的液滴的数量。

典型定位格架的轴向上任意一个小栅格的能量平衡如下所示:

$$A_c (q''_{cond})_z - A_c (q''_{cond})_{z+dz} + P_g \Delta z q''_{rad} - P_g \Delta z q''_{conv} = \rho C_p A_c \Delta z \frac{\partial T}{\partial t} \qquad (5.162)$$

或

$$\frac{(q''_{cond})_z - (q''_{cond})_{z+dz}}{\Delta z} + \frac{P_g}{A_c}(q''_{rad} - q''_{conv}) = \rho C_p \frac{\partial T}{\partial t} \qquad (5.163)$$

式中,$A_c = \frac{1}{2} bW$(横截面积,其中 b 表示栅格厚度,W 表示周长);$P_g = W$;z 为定位格架的轴向距离。

方程(5.162)中的前两项表示进出小栅元的能量,第三项是加热棒与蒸汽的辐射热流密度,第四项是对流的热流密度,等式右边是栅元温度随时间的变化量。

辐射热流密度包括从燃料棒传到格架的热流密度,蒸汽传给格架的热流密度,以及格架对液滴的热流密度。通常用一个简单的封闭模型表示格架子通道。

用传热系数与温差的乘积来表示方程(5.162)中的对流传热的热流密度:

$$q''_{conv} = h(Z, T_{grid})[T_{grid}(Z, t) - T_{fluid}(Z, t)] \qquad (5.164)$$

式中,如果格架是干的,$T_{fluid} = T_{vapor}$;如果格架是湿的,则 $T_{fluid} = T_{sat}$。可以用方程(5.164)取代方程(5.162)来计算格架温度。

在 Chiou 等人的研究中,假设利登弗罗斯特(Leidenfrost)温度 $T_{sp} = T_{sat} + 149 \, ℃$,并且假设格架的初始温度等于当地蒸汽初始温度。假设夹带一开始格架的前沿就立即被液滴冷却。如果辐射和对流的热流密度相对较低,格架的骤冷前沿(温度等于 T_{sp})就会向上传递。在冷却前沿的前面,假设格架表面是干的,而且它的对流换热系数等于燃料棒的对流换热系数。在冷却前沿的后面,应该考虑到液体的沉积。冷却前沿后面的对流换热系数的大小取决于有多少沉积在格架上的液滴蒸发了。

3. 液滴在格架上破碎的传热

试验观察到当液滴以很大的速度冲击热平面时,液滴破碎成一片或多片,数量多少取决于液滴速度。这个破碎过程与液滴的韦伯(Weber)数有关,韦伯数定义为

$$We_D = \frac{\rho_1 V_D^2 D_D}{\sigma} \tag{5.165}$$

式中,We_D 为液滴韦伯数;ρ_1 为液体密度;V_D 为液滴速度;D_D 为液滴直径;σ 为表面张力。

Wachters 和 Westerling(1966)以及 Wachters(1966)等人的研究是依据方程(5.142)给出的正交 Weber 数来对液滴破碎进行分级:

(1)We_D<30 不发生液滴破碎;

(2)30 ≤ We_D ≤ 80 破碎成一些大的碎片;

(3)We_D>80 破碎成较小的碎片。

对液滴冲击加热平板进行过很多试验,试验中板的表面积明显比入射液滴要大。在这些情况下,随着液滴正交韦伯数的增加,液滴冲击平板伸展成液膜,然后这个液膜破碎成许多更小的液滴。由于平板被加热且在最小膜态沸腾温度之上,所以当液滴接近时就形成了一个蒸汽膜。在 Takeuchi 等人的论文(1982)中也讨论了这个蒸汽膜有助于打碎液块的问题。

再淹没时,夹带液滴按 1 mm 计算,而格架条带厚度近似等于 0.38 mm。因此,关于平板液滴破碎和格架造成的破碎的模拟不完全适用,然而格架会发生与平板一样的机理和过程。美国 Adama 和 Clare 的试验,以及 Lee 等人在纽约联合大学的试验都表明格架能将大的液滴打碎成更小的液滴。液滴碎片的大小与分布不仅取决于入射液滴的韦伯数,还取决于液滴是怎样冲击格架的。在高韦伯数下,当液滴以其中心撞击格架中心时,液滴就会分裂成两个液片,然后分裂成更小的液滴。如果液滴打在格架的边沿,被格架打断的部分液滴就会分裂成更小的液滴,而剩余的部分就形成了大液滴。无论液滴如何冲击格架,只要初始液滴的韦伯数足够大,就会形成一群小液滴。

在不平衡的再淹没过程中,较小的液滴明显具有较大的表面积,更容易蒸发并且会成为一个饱和蒸汽源。液滴蒸发加强会导致格架下游处的蒸汽温度下降,还会增大这些位置处的棒和蒸汽间的温差。另外额外的液滴蒸发会增大蒸汽流量和对流传热的比例,而且较小的液滴也会增强对液滴的总辐射传热。

复习思考题

5－1　说明低含汽率时的沸腾临界与高含汽率时的沸腾临界有何区别?

5－2　影响沸腾临界的参数有哪几个?

5－3　质量流速对沸腾临界有何影响?

5－4　W-3 公式是计算什么条件下什么参数的?

5－5　干涸后的换热有哪几种机理?

5－6　沸腾临界后存在什么样的热力学不平衡现象?

5－7　非平衡态模型有几类,各是什么?

5－8　高干度过渡沸腾的特点是什么?

5－9　We_D 表示的是什么量?

5－10　定位格架对干涸后的传热有何影响?

第6章 再淹没传热和再湿传热

6.1 概　　述

当反应堆冷却剂系统出现大破口事故时,堆芯的冷却剂大量外泄,此时堆芯的压力和水位降低,严重时堆芯内的冷却剂全部泄漏。破口事故后堆芯应急冷却系统投入,将应急冷却水注入反应堆。与此同时,主冷却剂系统的水继续外流,一直到反应堆主冷却剂系统的压力与安全壳大厅内的压力相平衡时为止。随后,注入堆芯的冷却水逐渐上升到燃料区并淹没堆芯,从而带出燃料的衰变热,这一过程的传热称为再湿传热,也称再淹没传热。再淹没过程的流动和传热情况如图 6.1 所示,图中表示了低淹没速率(水淹没堆芯较慢)和高淹没速率(水淹没堆芯较快)两种情况。这两种情况的两相流流型和加热面的壁温变化都有所差别。

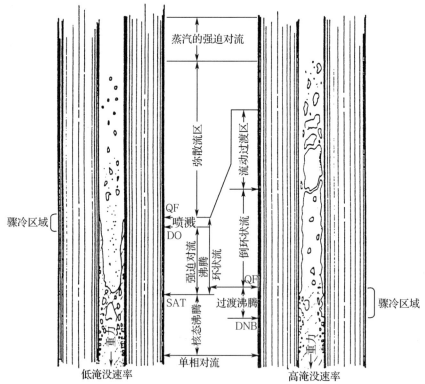

DNB—脱离泡核沸腾；DO—干涸；SAT—弹状流向环状流转变；QF—骤冷前沿。

图 6.1　再淹没过程示意图

这两种情况重力方向与流动方向是相反的,冷却从下部向上推进,图6.1表示了低淹没速率和高淹没速率两类骤冷过程的流型。在重力的作用下通道底部可以保证壁面与水相接触,在低淹没速率情况下,骤冷前沿下面产生蒸汽,这些蒸汽产生后会将一些液滴带出。如果蒸汽的流速足够高会将液滴带到通道的上部,这种现象称为夹带,很多人在这方面做过研究。在低淹没速率情况下,夹带提供了骤冷前沿的先驱冷却,从而产生环状流流型区(见图6.1),环状流动区域的液体在壁面上流动,蒸汽在通道中间向上流动。当淹没速度较大时,液体被有效地带到骤冷前沿之上,产生了倒环状流的膜态沸腾区域,倒环状流中液体和蒸汽的位置与正常环状流相反,大的液块在通道的中心流动,与环状流动相比提供了一个更大的先驱冷却。

再湿传热的特点是从高温的固体表面到水的传热,类似于淬火过程。图6.2所示为再淹没过程中通道内的流动状态,以及通道壁面的温度分布情况。水按一定速度从通道下端流入通道内,水与高温壁面接触时,管壁周围形成蒸汽层,随着水继续向上流动,蒸汽层会迅速地扩展,在通道中心形成液柱。在液柱的上方还有气泡和液团的飞溅流。

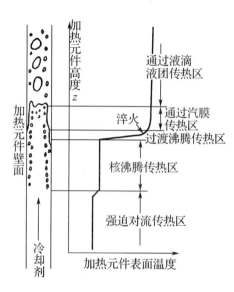

图6.2　再淹没过程中流动状态和壁温变化

在研究再湿传热时,最关心的是骤冷前沿的推进速度,因为它决定了燃料包壳表面被冷却的推进速度。骤冷前沿的推进速度与流体的特性、表面特征等多种因素有关,其过程比较复杂。这一过程的影响因素有以下几个:

(1)淹没速度的影响。进入堆芯的冷却剂流量越大,淹没速度就越快,骤冷前沿的推进速度也越快。

(2)应急冷却水欠热度的影响。冷却水的欠热度越高,表面与冷却水的温差越大,则骤冷越快。

(3)注水方式的影响。试验发现,如果从反应堆的入口端和出口端同时注水,骤冷前沿的推进速度比只从入口端注水要快得多。这是由于从堆芯下端产生的蒸汽到堆芯上端遇到冷却水会凝结下来,使堆芯内压力降低,从而加速了冷却水进入堆芯的过程。

(4)冷却剂压力的影响。当冷却剂的压力增加时,蒸汽的密度增加,这可以使未润湿区的冷却能力提高,也会使蒸汽中夹带的液滴增多,这些都会增加传热,使骤冷前沿推进速度加快。

(5)衰变热的影响。燃料元件产生的衰变热越大,表面的温度越高,能量平衡就越困难,骤冷前沿推进的速度就越慢。

6.2　骤冷的极限过程

当某一个被蒸汽覆盖的点与液体接触时,就会产生表面的润湿。"润湿"这个术语只表明这个点与液体接触并发生了热交换的变化,由于润湿过程受很多因素的影响,因此很难说明表面平均温度为多少的位置可能发生润湿。因此,一个瞬时的、局部性的润湿可能发生在表面平均温度大于最小的平均温差时的膜态沸腾区域。

骤冷过程会发生在沸腾曲线上的任意一点。当表面通过对流换热交换出去的热量大于材料通过导热传到表面的热量和材料产生的热量之和的时候,表面冷却就会发生。对于无热源的情况,冷却是由热传导和对流换热之间的平衡关系所决定的。我们对骤冷的定义要求是"急剧"地冷却。

骤冷与沸腾是一个逆向的过程,是从加热面温度很高的情况通过加水冷却重新从膜态沸腾返回核态沸腾,重返核态沸腾可能开始于过渡沸腾区也可能开始于膜态沸腾区,这取决于物体初始的表面温度。重返核态沸腾发生在充分冷却达到核态沸腾的区域,因此由膜态沸腾突然重返核态沸腾就是骤冷。

骤冷开始区域的表面温度要高于临界热流密度点的温度,表面温度通过骤冷会急剧降低。骤冷和重返核态沸腾与这些过程的宏观性质有关,因为前者与膜态沸腾的中止有关。

为了预测骤冷,分析者一般采取两种方法:一种方法是用一个简单的分析方法和关系式做简单的计算来得到结果;另一种方法是通过数值计算及复杂的运算过程获得一个结果。然而目前有关骤冷过程的理论和试验结论都不太成熟,本章将对那些可用于分析的重要的解析方程和数值方法计算准稳态的模型做一个简单的总结,这些理论将用建模的方法以及其与物理现象的关系来给出关于现有模型的限制条件。

骤冷过程特别复杂,包含了两相流动和传热的一些机理之间的相互作用。然而,不同机理决定了各种各样的骤冷情况。为了区分这些情况,Duffey 用图定性地说明了骤冷的区域,见图6.3,图中将骤冷过程分为以下几个区。

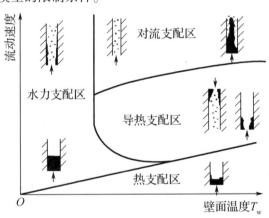

图 6.3　骤冷区域划分

1. 水动力支配区

此区内骤冷表面可能有充足的水也可能缺水,其特点是表面温度较低,冷却过程主要与流动特性有关。此时的骤冷主要由三种情况引起:①由于液膜很薄,蒸汽流速很高并夹带液滴,而液滴返回液膜的量很少,此时会造成被水润湿的表面与没有润湿的表面温差较大;②由于流速很低,两相流动不可能到达表面的顶部;③由于逆向流动的影响,液体流动受到限制。

2. 对流换热支配区

在此区内尽管加热表面很热,但骤冷前沿可以被流体快速、充分地冷却。这种高的前端冷却是由临界热流密度后对流冷却引起的。其原因包括:①大的流量;②低空泡膜态沸腾中的高热流量。对流换热高度依赖于流动的局部条件,即空泡份额、两相的速度、过冷度和表面局部的产热量。

3. 导热支配区

壁面热量的传出速率和骤冷前沿壁面储存能量的速率都由壁面的导热决定。这样,热量沿壁面是以导热的方式传输的,在骤冷前沿及以下是由对流换热传递热量的。在这一区内,尽管骤冷前沿以前冷却不足,但是流量足以提供骤冷所需要的冷却流体。因此,限定来源于三个方面:①骤冷前沿下面的高热流密度;②沿沸腾面的壁面温度梯度,这一温度梯度的存在将骤冷前沿前面的能量传递给骤冷前沿下游;③表面热效应产生的影响。在壁面温度比较低的情况下,当流速不能满足导热支配区对流量的要求时,就会进入水动力支配区,此时流动控制着骤冷前沿的推进速度。在壁温高的情况下,由于流速减小,骤冷停止,系统会进入热支配区。

4. 热支配区

此时壁面的蓄热和产生的热量超过了流体的冷却能力。这可能是流体被逐渐汽化的原因,这一过程可能与壁面的温度无关。要使骤冷能够发生并维持下去需要最小的流动速率来带走蓄热和显热。在壁面温度低时水动力支配是很重要的。由壁面热量产生的蒸汽向上流动将此区域温度进一步提高。

根据以上的限定机理,在水动力支配区和热支配区骤冷可能发生,也可能不发生。对流换热和导热支配区一定会发生骤冷,但骤冷前沿的推进速度是分别由前面提到的那些机理控制的。我们应该意识到从一个区域跨越到另外一个区域可能涉及由这两种机理共同控制的过渡区域。这个过渡区域可能是明显的,也可能是模糊的。例如一个厚的壁面或者是一个有良好传热系数的固体经历骤冷的过程,会有一个明显的从对流到导热的区域。如果是一根同样材质的薄壁管,这个过渡区域会大大减小。

6.3　瞬态对流和准稳态骤冷模型

瞬态对流问题是双重的,要同时考虑到对流换热流体的瞬时特性和固体边界的热容量,还要考虑固体和液体界面的特性,如壁面热流密度或壁面温度。这样就必须找到壁面上的温度场和流体里的温度场耦合的相同条件。

因此,在求解瞬时对流问题的时间平均方程中,固体壁面扩散方程应含有时间平均热扩散系数。这种耦合问题被归于共轭问题。一般来说,瞬时性共轭的对流问题包括用壁面扩散方程研究单相流体的方法,在这里只讨论单相流动的问题。对单相瞬时共轭热传递问题的讨论需要了解以下内容:

(1)流体和壁面之间存在的物理共轭的背景知识;

(2)存在于我们目前所了解的骤冷过程中的限值。

6.3.1　单相共轭问题

必须将瞬时共轭的问题限定在单相范围内以获得数学的解决方法。做进一步的简化，假设流体是不可压缩的，流动是层流的，相对于径向导热，其轴向传导和黏性的损耗可以忽略。

通常采用一种简单的准稳态方法作为近似的解法。考虑到流体性质和壁面温度随空间的变化，这种准稳态方法利用的是稳态导热关系式。

在对瞬态耦合对流导热问题的研究中，早期研究的是壁温变化对圆管中流动流体的瞬态共轭对流换热的影响。对于小普朗特(Prandtl)数的流体来说，最重要的结果之一是意识到从流体进口达到一个给定的位置如果有足够的时间，该位置的传热就可以用准稳态模型来处理。在这个最小时间之前，每一流体单元经过给定位置加热情况会发生变化，造成在这一位置流体条件不同，这样局部模型就不再适用了。达到稳态的时间可用下面的简单关系式来估算：

$$t_{ss} = \frac{z}{w_\infty} \qquad (6.1)$$

这里下标 ss 表示稳态，w_∞ 表示壁面无穷远处流体流速的轴向分量。图 6.4 给出了达到这种稳定状态流动条件的时间，它定义为瞬时传热在稳定传热值的 5% 以内。如图所示，这个估算值在 1 附近与普朗特数很吻合，受到雷诺数的影响。

在考虑到单相传热时，经常用到雷诺数和普朗特数这两个无量纲参数。雷诺数反映了惯性力和黏滞力的比，即

$$Re = \frac{w_\infty L_c}{v} \qquad (6.2)$$

式中，L_c 为特征长度；v 为运动黏度。

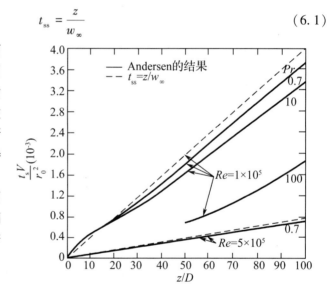

图 6.4　壁面温度阶跃变化后到达稳态所需时间

雷诺数也用来反映流体的流动速度。如图 6.4 所示，流体流动得越快，就会越快地达到壁面温度阶跃变化时的稳定状态条件。普朗特常数表示分子的动量和热扩散率，即

$$Pr = \frac{c_p \mu}{k} \qquad (6.3)$$

式中，c_p 为定压比热容；μ 为动力黏度。

对于小的普朗特数 $Pr<1$，分子热扩散率起主导作用。对于壁面温度阶跃变化的情况，近似稳定状态条件的时间为 z/w_∞。然而，由于分子动量扩散率的影响使普朗特数增大，加快了流体中的热传递，减少了达到稳定状态所需要的时间。

Kawamara 在研究圆管内湍流的瞬时共轭问题时考虑了壁面的蓄热。当无量纲壁面热容量 B_c 比 1 大得多的时候，可以用一种合理的准稳态分析方法。热容量定义为

$$B_c = \frac{h_{ss}(pc_p V)_w}{A_{ht}(kpc_p)_f} \tag{6.4}$$

式中，h_{ss} 为稳态换热系数；A_{ht} 为传热面积，下标 w 代表壁面。使传热系数降低到 $1.1h_{ss}$ 以内需要的时间为

$$t_{ss} = \frac{4(kpc_p)_f}{h_{ss}^2} \tag{6.5}$$

Sucec(1981)发现了一个与固体性质类似的关系，用一个无量纲数 a_1 来表示，其定义为液体与固体热容量之比。他的这种经过改进的准稳态方法得到的结果可以应用到更广泛的参数范围。尽管 Kawamara 和 Sucec 的无量纲参数是不同的，但是两者都表明当固体热容量明显超过液体时，可以应用准稳态的分析方法。这表明壁面对于温度变化的反应要比流体慢得多。因此，流体无论是热流量还是温度变化都能比壁面更快地做出调整。

6.3.2　具有相变的瞬态对流

有很多研究相变时的瞬时热传递的试验。大多数研究用于反应堆安全分析，考虑到了各种各样的瞬时问题，如快速降压、流量的迅速减小、功率的突然波动。这些研究中一大部分是针对临界热流密度的。同时，一个重要的努力是解释功率瞬间变化时的临界热流密度。研究可能更趋向于从骤冷的角度出发。Pasamehmetoglu 等人提出了瞬时临界热流密度问题的一种理论分析方法，他们给出一般沸腾中瞬时功率的指数关系式：

$$Q(t) = Q_i \exp\left(\frac{t}{\tau_e}\right) \tag{6.6}$$

式中，Q 为功率产生速率；Q_i 为初始功率产热率；τ_e 为功率的变化间隔。

瞬态 CHF 与稳态的 CHF 之比是时间常数之比 τ_d/τ_e 的函数，其中 τ_e 与气泡形成的周期有关，如图 6.5 所示。

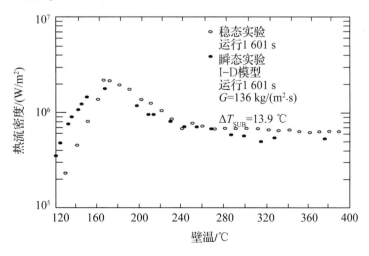

图 6.5　稳态运行和瞬态运行时获得的沸腾曲线比较

τ_d/τ_e 趋向 0 的时候,瞬时 CHF 与稳定状态的 CHF 相等,也就是说,进程已变成准稳态的性质。但是,随着这个比值的增加,瞬态 CHF 变得比稳态的 CHF 大得多。这种理论与 Sakurai、Semeria 和 Kataoka(1983)的试验数据吻合得很好,除了 τ_e 有 5~20 ms 的快速瞬变外。在最初的公式中,Pasamehmetoglu 没有解决瞬时导热的问题,他通过一个简单的体积与表面面积的比值将与瞬时变化的功率相关的瞬时热流量近似。因此,这些研究提供了假设壁面反应是瞬时发生问题的另一种解法。这种方法与假设液体反应是瞬时发生的准稳态方法完全不同。这种方法对缓和瞬变现象是很合适的,因为在瞬时 CHF 试验中用到的加热元件是小直径的具有高电导率的电线。但是,Pasamehmetoglu 和 Nelson 认识到这种近似应用在那些快速的瞬间现象甚至是这种小的加热元件上都是不成功的。在接下来的研究中,Pasamehmetoglu 和 Nelson 用一种与瞬时 CHF 模型相耦合的近似传导模型来说明这种分析方式,改进了数据的预测。更进一步说,实际结果位于瞬时壁面反应和瞬时液体反应两个极限之间,因为其中之一是可以预期的。

6.3.3 瞬态导热骤冷模型

瞬态导热问题只考虑应用于骤冷壁面的热扩散方程,并假设边界上存在不同形式的对流传热。将对流换热量当作常量,或者看作壁面温度或位置的函数可以消去流场方程。热流密度不再是局部流体条件的函数,否则需要求解流场方程来确定局部流场条件。

为了理解瞬态导热问题的普遍特性,这里简要地介绍一维模型肋片方程。从热扩散方程导出欧拉形式的方程为

$$rc_p su \frac{\mathrm{d}T}{\mathrm{d}z} + ks \frac{\mathrm{d}^2 T}{\mathrm{d}z^2} = q_w \tag{6.7}$$

式中,r 为半径;c_p 为定压比热容;s 为壁厚;u 为骤冷前沿推进速度;z 为轴向距离;T 为温度;k 为导热系数;q_w 为壁面总热流密度。

壁面上对流传热的热流密度可用牛顿冷却公式确定,其中定性温度可用饱和温度表示。方程两边分别对 z 积分得

$$rc_p su(T_w - T_{sat}) = \int_{-\infty}^{+\infty} h(T_w - T_{sat}) \mathrm{d}z \tag{6.8}$$

式中,h 为传热系数;下标 sat 表示饱和状态。

Duffey 和 Porthouse 对薄壁应用能量平衡方程也得出上述表达式。本节所研究的不同模型假定了不同换热系数。正如 Duffey 和 Porthouse 指出的那样,式(6.8)表明骤冷前沿的速度受到总转移能量的控制。不同的瞬态导热模型假设了不同的导热系数,对于二维模型,结构内温度分布复杂得多,对方程求解也自然困难得多,但是能量传递必须以同样的方式表达出来。

在这些问题中,用两种普遍方法来描述热传递系数:一种方法是假定一个函数形式的局部热传递系数,因此传热系数取决于位置 z 或壁面温度,当边界条件给定时可积分确定传热系数;另一种方法通过假定某一范围内传热系数恒定来求出传热系数。较早模型中非零系数从 1 开始,在稍后的模型中传热系数增加到可以为任意数。随着传热系数分布的变化,由式(6.7)得到的温度分布也会产生变化,但式(6.8)表示的总能量与产生所需的骤冷速度是相等的。

对于恒定的传热系数,对流换热导出的能量平衡如下:

$$\int_{-\infty}^{+\infty} h(T_w - T_{sat}) \, dz = \sum_j h_j \int_{z_{j+1}}^{z_j} (T - T_{sat}) \, dz \tag{6.9}$$

式中,j 表示求和标记。参见求和的一个分量:

$$\Delta z \langle q_j \rangle = \int_{z_{j+1}}^{z_j} q \, dz = h_j \int_{z_{j+1}}^{z_j} (T - T_{sat}) \, dz \tag{6.10}$$

得

$$\Delta z \langle q_j \rangle = h_j (\langle T_j \rangle - T_{sat}) \Delta z \tag{6.11}$$

所以

$$h_j = \frac{\langle q_j \rangle}{\langle T_j \rangle - T_{sat}} \tag{6.12}$$

这里定义的是一个空间平均传热系数,即 $h_j = \langle h_j \rangle$,表示从 z_j 到 z_{j+1} 空间内的平均传热系数。

两种不同的方法通常被用于描述对流换热的能量输出,这些方法都采用空间平均对流换热系数。假定骤冷前沿附近的速度分布是恒定不变的,并且以速度 u 运动,温度用只含有 z 的函数给出 $T = T(z)$,上述结论是可以实现的。上述方程相对 z 的积分可转化为

$$\int_{z_j}^{z_{j+1}} (T - T_{sat}) \, dz = \int_{T_j}^{T_{j+1}} \left(\frac{T - T_{sat}}{\dfrac{dT}{dz}} \right) dt \tag{6.13}$$

所以方程(6.9)变为

$$\int_{-\infty}^{+\infty} h(T_w - T_{sat}) \, dz = \sum_j \int_{T_j}^{T_{j-1}} \langle h_j \rangle \int_{T_j}^{T_{j+1}} \left(\frac{T - T_{sat}}{\dfrac{dT}{dz}} \right) dt \tag{6.14}$$

可得到

$$\rho c_p s u (T_w - T_{sat}) = \sum_j \langle h_j \rangle \int_{z_j}^{z_{j+1}} (T_w - T_{sat}) \, dz \tag{6.15}$$

或

$$\rho c_p s u (T_w - T_{sat}) = \sum_j \langle h_j \rangle \int_{T_j}^{T_{j+1}} \left(\frac{T - T_{sat}}{\dfrac{dT}{dz}} \right) dt \tag{6.16}$$

式中,c_p 为定压比热容,J/kg·K;s 为壁面厚度,m;u 为骤冷前沿速度;m/s。

由于只有一个方程是有效的,因此只有一个变量可以被确定。一种方法是设定有代表性的空间平均换热系数及壁面温度 T_j,有一个壁面的温度(通常称为骤冷温度)不设定,并且调整这一温度直到骤冷前沿速度与数据相一致。另一种方法是设定温度,然后调整一个传热系数,通常是润湿区域或是过渡区域的传热系数,直到骤冷速度与数据一致。因此对于给定的一组数据,传热系数可能变化,尤其是骤冷温度从一种模型变化到另一种模型时,这种情况将在接下来的章节中讨论。

从这些讨论中可以看出,瞬态导热问题仅仅是简单的试凑方法。但是需要指出的是,对于每一个特定的瞬态过程有两种可以使用的方法,即准稳态分析方法和局部瞬态热流密度的确定方法。如前所述,如果满足时间平均和空间平均的要求,就可以采用稳态对流传热关系式进行准稳态分析。但是对于只有少量或有限的前期冷却问题,这些稳态传热关系

式不能用于有限尺寸的喷溅区域。因此,虽然每个瞬态导热模型只能应用于特定的情况或数据,但是这种方法是可用的,它代表了一种反复计算技术,可以求出喷溅区域时间平均和空间平均换热系数。对于速度较慢的骤冷前沿,喷溅区域有限空间内的空间平均传热系数可以确定下来,并且如果时间上的约束条件能够满足的话,可以在该区域应用准稳态分析方法。对于速度较快的骤冷前沿,其尺寸的有限性和瞬变的快速性都是问题,那么传热系数就是瞬态过程空间上的平均传热系数。

对于冶金学的骤冷过程,通常是考虑一铸件或锻件放在均匀初始温度 T_i 的热液体中骤冷。分析该问题的第一步是确定简单的集总模型是否适用,这通过计算毕奥(Biot)数来确定,毕奥数是一无因次量,表示如下:

$$Bi = \frac{hL_c}{k} \tag{6.17}$$

式中,L_c 是由体积/表面积给出的特征长度。

毕奥数表示固体内部导热热阻与液体对流换热热阻之比,因此当 $Bi \ll 1$(通常为 0.1 或更小),导热的热阻小于对流换热热阻,这将使发生瞬态骤冷过程的物体内温度分布均匀,这样就不必解扩散方程;如果 $Bi > 0.1$,则必须要考虑物体内温度分布才能解出扩散方程。如 Kreith 指出的,这种问题的边界条件是设定通过固体内的热流密度等于对流换热的热流密度,上述任一解的初始条件是物体内温度分布均匀,且温度值为 T_i。

Incropera 和 Dewitt(1981)对集总模型及其有效性做了一个很好的总结,图 6.6 对这种情况进行了典型描述,并指出该问题可以简化为一瞬态平衡问题,由下式表示:

散热率 = 内部能量的变化率

或

$$-hS(T - T_f) = \rho c_p V \left(\frac{\mathrm{d}T}{\mathrm{d}t} \right) \tag{6.18}$$

式中,S 为表面积。

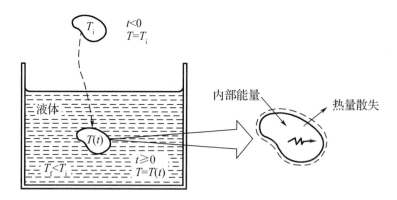

图 6.6 集总模型条件下物体的冷却

采用变量分离,由初始条件积分得

$$\left(\frac{\rho c_p V}{hS} \right) \int_{T_i}^{T} \frac{\mathrm{d}(T - T_f)}{T - T_f} = \int_0^t \mathrm{d}t \tag{6.19}$$

可得出标准形式的解为

$$\vartheta = \mathrm{e}^{-BiFo} \tag{6.20}$$

这里引入了两个无因次参数,一个是无因次温度,用 ϑ 表示;另一个是无因次时间,通常用傅里叶(Fourier)数表示,写为 Fo,它们分别定义为

$$\vartheta = \frac{T - T_{\mathrm{f}}}{T_{\mathrm{i}} - T_{\mathrm{f}}} \qquad (6.21)$$

$$Fo = \frac{at}{L^2 c_p} \qquad (6.22)$$

方程(6.21)的无因次温度表示了温度变化率。

集总模型封闭形式的解不仅要求对流换热系数不随时间改变,并且暗示由于时间为零时整个物体浸没在流体中,所以物体表面传热系数是均匀的。因此该模型应用了时间-空间的平均对流换热系数。但是在整个骤冷过程中传热系数与壁面温度有关,并且可能会有一个数量级的差异或者更多。因此如果式(6.20)的解可以用来描述骤冷过程,则一定是在物体的整个表面选取了时间、空间平均的对流换热系数 h。这里对流换热系数仅仅是定性上的分析。

重力相对于骤冷表面的方向及骤冷流体的施加方式的影响,会使在集总模型中关于整个表面对流换热系数一致的假设不成立。例如,将一根炙热的长棒从一头开始浸入骤冷流体中,当棒逐渐进入流体中,骤冷前沿会沿棒长传递。

在任一给定的瞬间,骤冷前沿在物体上的骤冷点形成。骤冷前沿可能移动也可能不移动,骤冷前沿表示了物体从高温部分到低温部分有很大的温度梯度。大多数情况下骤冷前沿确实移动,它的速度叫作骤冷前沿移动速度 u。由骤冷前沿速度的概念引出一无因次速度量,称作佩克莱(Peclet)数,表示如下:

$$Pe \overset{\triangle}{=\!=} \frac{\rho c_p u L_{\mathrm{c}}}{k} \qquad (6.23)$$

Pe 通常出现在瞬态导热问题中与骤冷前沿移动相关的扩散方程的解中。

为了有助于理解一维骤冷模型及其假设的初始边界条件,有必要想象出这些模型最简单的几何图形,图6.7 表示液体沿壁面流下的骤冷过程。在这种情况下,重力驱使液体沿壁面下流,导致被骤冷了的表面被液体覆盖,未被骤冷的表面较热且在骤冷前沿之前。

这种情况出现在沸水堆假想事故中,即从反应堆顶部喷雾器喷水以冷却炽热且干燥的燃料棒,这些水从燃料棒顶部向下流动从而产生从上而下的骤冷过程。燃料的热包壳表面通过在液膜内产生蒸汽使液体在骤冷前沿脱离骤冷表面,这使得液体脱离液膜层并从包壳表面脱离出来。这种在骤冷前沿使液体从表面分离出来的现象叫作喷溅。液体喷溅成小水滴或者汽水混合物导致骤冷前沿之前的热量传递,这种现象叫作前期冷却。前期冷却对于薄的流速较慢的液膜与骤

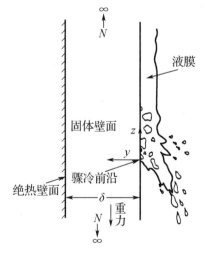

图 6.7　下降液膜中热壁面的骤冷

冷前沿之后的冷却相比较小。这就产生了一个简单的两区域模型方程(6.25),其中润湿区域传热系数是有限的,而未被润湿区域传热系数大致为零。在简单的自上向下流动骤冷条件下,骤冷过程通常受到导热的控制,如图6.7所示。骤冷前沿之前的热能首先通过导热传

递到骤冷前沿之后温度较低的材料中,然后通过对流换热过程传递到液膜之中。速度越快,液膜中液体越多,前期冷却越大。

进入液膜中的液体越多,前期冷却越大,对流换热越重要,这又引入了附加的非零传热区域,式(6.15)和式(6.16)表示的是被加强了的前期冷却。通过讨论这些模型可以看出这种影响,除非流动速率非常快,否则流体向上流动的骤冷过程和向下流动的骤冷过程是有区别的。根据 Costign 和 Wade(1984)的观点,这是由向上流动和向下流动的前期冷却不同造成的,当流速足够高时两种流动方向的骤冷过程没有区别。

Semeria、Martinet(1965,1966)和 Yamanouchi(1968)最先用公式表示了简单的液体向下流动的骤冷过程,他们提出的假设在下面列出,同时给出了这些假设对公式的影响,有关该问题及其他更复杂的骤冷条件问题的解法将通过简化这些假设得到。这些假设具体如下:

(1)厚度均匀的无限长壁面有恒定的热物性质。

(2)壁面垂直方向上骤冷前沿的状态一致,这就消除了温度沿 x 方向的变化,$\dfrac{\partial T}{\partial x}=0$,使问题简化为二维的。

(3)一侧壁面绝热,这相当于厚度为 2δ 的壁面在两边有相同的骤冷前沿。

(4)壁面内部无热源,$q''=0$。

(5)冷却剂温度为饱和温度。

(6)壁面内没有横向的温度梯度 $\dfrac{\partial T}{\partial y}=0$;这种假设对薄壁或者骤冷前沿速度较低及对流换热系数小时有效,这种情况可以描述为 $Bi\ll 1,P\ll 1$,由于对流换热系数 h 随位置的不同而不同,所以对毕奥数的定义产生了应用哪一个 h 的问题,假设(8)可以解决这一问题,该假设和第二个假设一起使问题简化为一维问题。

(7)骤冷前沿速度 u_0 保持不变,从而使得相对移动的骤冷前沿的温度分布保持不变,这简化了温度随时间的变化率

$$\frac{\partial T}{\partial t}=\frac{\partial T\mathrm{d}z}{\partial z\mathrm{d}t}=-u_0\frac{\partial T}{\partial z} \tag{6.24}$$

该式通过 $z=z-u_0t$ 移动 z 轴得到,从而得到一个定位在骤冷前沿的移动坐标(Eulerian)系。

(8)通常壁面上某一点的局部换热系数是 x 和 z 的函数,即 $h_{\mathrm{local}}=h(x,z)$,假设(2)消除了 x 的影响,使传热系数转化为 $h_{\mathrm{local}}=h(z)$,假设一个两区域对流换热模型润湿区有恒定的对流换热系数 h,而未润湿区域的对流换热系数为零,则有

$$h=\langle h\rangle=\begin{cases}h_{\mathrm{w}},z\geq 0\\0,z<0\end{cases} \tag{6.25}$$

常数 h 是平均空间局部换热系数,范围为 $-\infty\sim 0$。在两区模型中,局部喷溅区归为润湿区。这种对流模型有两个毕奥数,一个是润湿区的,另一个是未润湿区的,未润湿区毕奥数为零。因此对于假设(6)定义的毕奥数适用于润湿区域,对于更复杂的对流模型毕奥数应重新定义并谨慎使用。

通过这些假设来简化扩散方程,肋片方程简化为方程(6.7),结果用无因次形式表示如下:

$$\frac{Bi^{1/2}}{P}=[\vartheta_{\mathrm{q}}(\vartheta_{\mathrm{q}}-1)]^{1/2} \tag{6.26}$$

式中,ϑ_q 是无因次温度,定义为

$$\vartheta_q \stackrel{\triangle}{=} \frac{T_i - T_{sat}}{T_q - T_{sat}} \tag{6.27}$$

理论上讲,骤冷温度应符合的条件是在该温度下壁面的控制机制从完全的气相覆盖转变为固液接触的状态为主。而实际上,由于对解的形式进行了简化并且应用了两区对流换热模型,骤冷温度变化很大。同样,选取的骤冷温度不同,润湿侧的传热系数也不同,这导致骤冷温度或者喷溅区的空间平均传热系数为一相关参数,而不是象征着物理现象的改变。

Yao 研究了内热源的影响。对于两区传热模型,周围气体或蒸汽温度假定为 T_i,T_i 为干壁面初始温度。这与大多数模型假设的饱和条件不同,是为了更加逼真地模拟分散流动区域的一种尝试。该模型通过假设壁面边界有一恒定的热流量来代替绝热壁面,从而模拟有内热源的情况。未润湿边界传热系数不为零,从而使未润湿边界的毕奥数不为零[参见假设(8)]。分别用下标 w 和 d 来表示润湿边和未润湿边的物理量,分别用 Bi_w 和 Bi_d 表示润湿侧和未润湿侧的毕奥数,假设温度分布近似成抛物线形状,而不是假设(6)的情况,则得到近似的积分解如下:

$$P = \sqrt{2} \frac{C_2^2 A_d - C_3^2 A_w}{8[C_1^2(C_3^2 A_w + C_2^2 A_d) + (C_2 C_3)^2(A_d + A_w) - (C_2^4 A_d + C_3^4 A_w)]} \tag{6.28}$$

其中

$$C_1 = Q\left(\frac{1}{Bi_w} - \frac{1}{Bi_d}\right) - 1 \tag{6.29}$$

$$C_2 = \frac{\vartheta_q - 1}{\vartheta_q} + \frac{Q}{Bi_d} \tag{6.30}$$

$$C_3 = \frac{\vartheta_q - 1}{\vartheta_q} + \frac{Q}{Bi_d} - 1 \tag{6.31}$$

式中,P 为流道湿周;下标 d 表示干涸区,w 表示湿润区域,q 表示骤冷。

$$Q = \frac{sq'}{k(T_i - T_{sat})} \tag{6.32}$$

是无因次内热源;A_w 和 A_d 为湿润状态和干涸状态下的有效毕奥数,由下式给出:

$$A_w \stackrel{\triangle}{=} \frac{3Bi_w}{3 + Bi_w} \tag{6.33}$$

$$A_d \stackrel{\triangle}{=} \frac{3Bi_d}{3 + Bi_d} \tag{6.34}$$

图 6.8 表示 Yao 模型的结果,式(6.28)是关于两种没有内热源的情况及一种典型的有内热源的情况。对于无内热源问题,如图所示,骤冷前沿速率随着 Bi_w 的增大而减小,这是由于假设了蒸汽或气体温度为恒定的 T_i;随着未润湿边界传热量的增

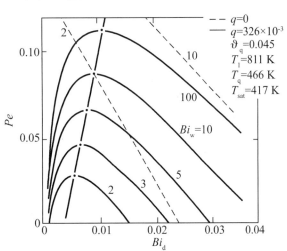

图 6.8 未润湿与湿润状态下的
佩克莱数与毕奥数

加,在骤冷前沿附近蒸汽加热壁面,从而减小骤冷前沿的推进速度。这种特征是否与实际情况相符,要具体问题具体分析。对于大容器,蒸汽在骤冷壁面负 Y 轴方向上没有限定的边界,符合这种特性。但是对于有限容积的小容器,骤冷边界在负 Y 轴方向上有有限的边界或者容器内的局部温度随着骤冷前沿运动而改变,则不满足这一特性。图 6.8 也表示出一典型的存在内热源的情况。与不加热过程相比,存在内热源的过程减慢了骤冷前沿的移动速度。同样有内热源产生时,对于每一个 Bi_w,都存在一个最大的骤冷前沿推进速度。这种性质与假设的蒸汽温度 T_i 有关,对于 $Bi_d < Bi_{d,optimum}$ 的情况,内热源加热壁面使其高于蒸发温度,所以随着 Bi_d 的增加骤冷前沿移动速度增加;当 $Bi_d > Bi_{d,optimum}$ 时,骤冷前沿之前的未润滑壁面重新被蒸汽加热而不是被冷却,由 $Pe = 0$ 求出某一特定的骤冷前沿位置的产热率表达式:

$$Q_{fixed} = \frac{\sqrt{A_w} - (\vartheta_q - 1)(\sqrt{A_w} + \sqrt{A_d})}{\vartheta_q} \frac{Bi_w + Bi_d}{Bi_w \sqrt{A_d} + Bi_d \sqrt{A_w}} \tag{6.35}$$

为了验证 Yadigaroglu 模型的高传热系数情况,Thompson 将假设(8)中的润湿区传热系数假设为壁面过热度的三次幂,即局部传热系数与 $(T_w - T_{sat})^3$ 成正比,并应用于式(6.8),选择这种传热形式是因为它能更好地描述核态沸腾。假设骤冷前沿上有极高的热流量是由壁面液体薄层蒸干引起的,Bennett 所得数据建立了模型变量之间的关系。

为了更好地模拟喷溅区,Sun 用一个三区域模型代替了假设(8)中的两区域模型,该模型将润湿区平均空间传热系数变为两个区,其中喷溅区域用一个与其他润湿区域相比有着更高的传热系数来描绘,喷溅区域定义为存在于沸腾开始及骤冷前沿之间的区域。在一维方法的有效范围内,与 Yadigaroglu 和 Duffer 的数据符合较好。

为了更好地表示喷溅区域传热系数,Ishii 用三区域传热模型替换了两区域传热模型,Ishii 指出:"分析润湿壁面和干涸壁面可以应用或扩展现有的强制对流核态沸腾传热和干涸后沸腾传热的理论及关系式"。如前面所指出的,稳态分析法可以应用于核态沸腾及膜态沸腾区域,但不能应用于过渡沸腾区域。他进一步指出关键问题是"建立一种方法来预测过渡区,因为许多早期研究指明过渡区非常短"。Ishii 的三区域模型是为喷溅区域发展为瞬态模型的一种尝试,喷溅区域(或者称之为过渡部分)不能用稳态关系式进行模拟,喷溅区域定义为存在于临界热流密度和骤冷前沿之间的区域,基于该模型新无因次参数定义如下:

$$\vartheta^* = \frac{T_i - T_q}{T_q - T_{CHF}} \tag{6.36}$$

$$Pe^* = \sqrt{\pi} \frac{Pe}{Bi} \frac{T_q - T_{CHF}}{T_q - T_{sat}} \tag{6.37}$$

$$Bi^* = \frac{\pi}{Bi} \frac{T_q - T_{CHF}}{T_q - T_{sat}} \tag{6.38}$$

通过下式给出有关薄壁的解:

对于 $\vartheta^* \leqslant 1$
$$\frac{Bi^{*1/2}}{Pe^*} = \vartheta^{*1/2}$$

$$\tag{6.39}$$

对于 $\vartheta^* > 1$
$$\frac{Bi^{*1/2}}{Pe^*} = \left[\frac{\vartheta^*(\vartheta^* + 1)}{2}\right]^{1/2} \tag{6.40}$$

对于薄壁有 $Bi^* > (\theta^* + 1)^{-2}$。

对喷溅区瞬态传热系数,Ishii 提出了一个喷溅区域瞬态对流换热系数的理论模型,这种模型基于能量传递机理取决于气泡传递机理这一假设,气泡传递机理与标准蒸干条件类似,使得瞬态传热系数表达式如下:

$$\langle h_t \rangle = K_1 K_2 \overline{\langle h_{CHF} \rangle} \tag{6.41}$$

$$K_1 = 1 + \rho_1 C_1 \frac{C_1 \dfrac{T_{Lied} - T_{sat}}{2} + (1 + C_1)(T_{sat} - T_1)}{\rho_g h_{fg}} \tag{6.42}$$

$$K_2 = 1 + C_2 u_{fluid}\left[\frac{\sigma_g(\rho_1 - \rho_g)}{\rho_g^2}\right]^{-0.25} \tag{6.43}$$

系数 K_1 考虑了欠热及热流体喷溅的影响,K_2 考虑了淹没速率的影响,根据 Bennet 的数据,C_1 取 0.1,忽略流动的影响 $C_2 = 0$。

Carbajo 和 Siegel 对 Sun 的三区域模型和 Ishii 的薄壁模型的结果进行比较。通过比较,给出无因次温度如下:

$$\vartheta_b = \frac{T_b - T_{sat}}{T_q - T_{sat}} \tag{6.44}$$

Sun 将沸腾开始与骤冷前沿之间的区域定义为喷溅区域。Ishii 定义 CHF 点为喷溅区域起始点,为了进行比较,令 $T_b = T_{CHF}$,图 6.9 表示了这种情况下各种模型间的比较,$\vartheta_b < 0.2$,使得 $T_b - T_{sat}$ 满足佩克莱数,Sun 模型与 Yamanouchi 模型相同。对于 Sun 模型,当 ϑ_b 趋于 1 时,T_b 趋于 T_q。这两种情况均取决于润湿区域传热系数的比,在第一个润湿区没有传热的情况下,当 $h_{w1} = 0$ 时,不产生骤冷;当 $h_{w1}/h_{w2} = 0.1$ 时,佩克莱数是 Yamanouchi 数的 32%,这表明了模拟喷溅区域的重要性。如果骤冷液体的 $\vartheta_b < 0.2$,三区域模型与两区域模型的结果相同。

Carbajo 和 Siegil 也指出,薄壁内 Ishii 模型公式(6.39)与 Yamanouchi 模型相比相差 $1/\vartheta_b$,$1/\vartheta_b$ 通常大于 1,并使佩克莱数大于 Yamanouchi 模型的值,图 6.9 表示了式(6.40)的结果,如果 ϑ_b 趋于零,Ishii 结果与 Yamanouchi 结果相差 $\sqrt{2}$ 倍。

为了研究骤冷前沿水滴脱离壁面的冷却效果,Sun 等人使用了一个两区域模型,该模型应用了一个系数,这个系数与弥散区内先驱冷却的骤冷前沿距离的关系是指数衰减,得到一个包含 Bessel 函数的解。发现骤冷前沿的速度比没有先驱冷却状态高出很多,得到的结果接近 Yamanouchi 模型在低先驱冷却情况下的结果。对于低流速冷却剂及其伴随而来

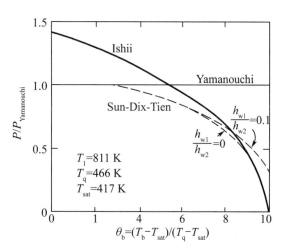

图 6.9 Yamanouchi、Ishii、Sun 等人模型比较

的低骤冷速度,先驱冷却过程的影响可以忽略,而当冷却剂流速较高时,先驱冷却过程的影响很大,结合 Duffer 和 Porthouse 数据可以得到一个与流速有关的换热系数表达式,所得关系式仅对过冷区的数据有效。

6.3.4 准稳态骤冷模型

准稳态的模型将流场方程引入方程组中。从流场方程中获得局部水力条件,将这些条件应用于局部对流模型。各种各样的稳定状态热传递的关系式经常被用来与两组场方程耦合。对于准稳态模型常常要解热扩散方程,准稳态模型可分为均匀结构和非均匀结构。根据模型是否能描述非均匀的骤冷结构将这一节分为两部分,通常均匀模型用热平衡方程的一维表达式来研究薄壁的骤冷问题。

1. 均匀的骤冷结构

前面讨论的很多瞬态导热模型已经描述了下落膜态骤冷的现象,它通常是以导热为主导的过程。这种骤冷需要的条件是液滴必须不脱离壁面,而且它可以产生在液体-蒸汽区域一个不受限的结构内,也可以是在有很低的液体供给速率的情况下。1975 年 Chan 和 Grolmes 认为蒸汽对液膜有水力影响,对于图 6.7 显示的几何结构,正常应该发生反向流动。在这里由于重力液膜和液滴都向下运动,同时气体向上运动,液膜和蒸汽的水力影响可以忽略不计,除非蒸汽速度增加高于一个临界值,这里指的是淹没速度。大于或等于淹没速度时,在液膜表面会出现大尺寸的表面波,它会严重地抑制或阻止流动,影响骤冷速率。对于这种淹没稳定性的限值已经有了详细的研究。Chan 和 Grolmes 基于淹没限值的概念创立了一个准则,来判断在从顶部向下骤冷的再润湿过程中是导热还是水力影响起主导作用。

1975 年 Chun 和 Chon 创立了一种方法,在湿区、弥散流区和过热蒸汽区,每一个区用一个定常热传递系数来描述。对于冷却剂来说,这个问题的水力部分用连续方程来表示,弥散流区的冷却剂流量和过热蒸汽区的蒸汽过热度可以用一个简单的热平衡方程式来计算。

为了研究细管从底部向上骤冷过程中前期冷却和导热的关系,Tan 创建了一个一维导热和水力模型,这个模型在数值计算上应用了有限差分方法。整个过程假设是准稳态的,并且沸腾曲线包括弥散流区中热不平衡的状态,这个沸腾曲线被用于计算每一段壁面对流热通量。热不平衡出现在当液体或蒸汽或是两相混合物处于不饱和温度时。为了确立一个标准,什么时候应该包括导热的影响,这里引入了一个无量纲参数 Y,其定义为

$$Y \stackrel{\triangle}{=\!=} L_{q}\left(\langle h\rangle \frac{p}{kA_{\mathrm{flow}}}\right)^{\frac{1}{2}} \tag{6.45}$$

式中,L_q 为骤冷区域长度,它的范围从 $\Delta T_{\mathrm{sat}}=0$ 到 ΔT_{min};p 为流动通道的周长;A_{flow} 为流通面积。

热传递系数$\langle h\rangle$被定义为在 L_q 长度上的一个平均量。Tan 还研究了窄管的试验,并给出了数据,当 $Y \geqslant 6$ 时整个骤冷过程对流换热起主导作用。

正如前面所讨论过的,对于从底部向上和从顶部向下骤冷的情况可考虑到的工作都已经进行了,对于其他方向的受重力影响骤冷表面的情况只进行了很少的研究。Chan 和 Banerjee 的研究针对带有一个加速骤冷前沿的水平系统,这个试验是在一个一端进水的薄

壁管子上完成的,结合一维两流体模型和三维管壁导热模型用数字化方法解决了这个问题。它应用了类似 Tan 应用的沸腾曲线方法和其他的适用于水平沸腾的稳态热传递关系式。由于其复杂性,这个模型不便于应用。

2. 非均匀的骤冷结构

一维的瞬态导热骤冷模型和均匀准稳态模型已经包括了在 z 方向,即骤冷前沿运动方向上的导热。正如前文所述,这个模型既可应用于薄壁,也可应用于 $Bi \ll 1$、$Pe \ll 1$ 的骤冷过程。一小部分研究者已经用过 y 方向上的一维模型。这要满足一个假设,对流过程是骤冷过程的主导,在 z 方向上导热移出的热量要远小于 y 方向上的。如果这种假设是正确的,对于热流体,非均匀的物质或结构在 z 方向上一定存在比 y 方向上高的阻力。这种模型主要应用于核反应堆安全方面和模拟反应堆燃料棒,如图 6.10 所示。这种结构类型是非均匀的,而且需要应用数值计算方法,例如有限元法和有限差分法。由于燃料棒包壳经受了一个快速瞬变,它有效地隔离内部燃料元件储藏的能量,验证了在骤冷前沿的假设。在模型中保留 y 轴相关量是因为在通过骤冷前沿之后,存在带走燃料芯块的能量。

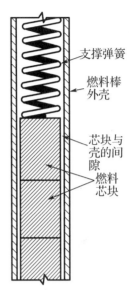

支撑弹簧

燃料棒外壳

芯块与壳的间隙

燃料芯块

图 6.10 典型核燃料棒剖视图

这类一维模型需要的瞬态必须足够快,要保证燃料包壳在骤冷前沿内通过导热带走热量。如果不这样,模型中用的对流热传递必须得到补偿,因为包壳在 z 轴上由导热带走了剩余的热量,这需要通过人为的方式增加在骤冷前沿之前带走的对流热量,一般包括人为增加 ΔT_{min},使得瞬态沸腾比实际发生得早。

结合了二维热扩散方程式和两流体水力计算模型,已经给出了大量的计算机程序。这些程序主要是出于反应堆安全分析的需要创建的,结合二维的热扩散表达式从导热角度模拟核燃料棒的骤冷过程,这些程序应用了准稳态方法并结合了流场方程和应用稳态条件的热扩散等式。在研究骤冷过程时,模型和程序的应用是普遍的,但是研究中与表面传质传热过程、壁面的热传递、流体的物性相关的方程都是受到限制的。

6.4 骤冷过程的膜态沸腾

膜态沸腾一般定义为在沸腾传热过程中只有蒸汽与加热面相接触,液体与加热面被一层汽膜所隔离。膜态沸腾的概念最初是用在池式沸腾中的,此时静止的液体与加热面之间被汽膜分开,一般存在如下几种情况:

(1)液体以弥散的液滴状存在,出现在空泡份额超过 80% 的情况;

(2)连续的液芯被加热面上的蒸汽环包围,通常出现在空泡份额低于 50% 的情况;

(3)在以上两种情况之间的转变过程,一般以反弹状流的情况出现。

以上情况均出现在沸腾临界以后的过渡区域,其加热面温度一般还不高,但是在反环状流和反弹状流区,壁温通常较高。

欠热和低十度膜态沸腾最初的应用主要是低温利用方面,近期的低干度膜态沸腾研究主要是为了结合研究 LOCA 事故时冷却剂的特性。

在这方面的研究中,由于缺少水工质的试验数据,因此引用的数据大多是低温和制冷介质,主要研究这些介质池式沸腾的一些特点和关系式。

6.4.1 反环状流膜态沸腾

反环状流可能会出现在低空泡份额区,在骤冷前沿的下游。图 6.11 表示了反环状流膜态沸腾的三种可能的类型:(a)是出现在流体的流速较低的情况,此时流动属于层流状态;(b)是通常出现的一种情况,流动处于湍流状态但没有夹带;(c)是有夹带的情况。

在骤冷前沿之前和 DNB 之前,液体在流道的核心,内部有些气泡,在 DNB 点或骤冷前沿,连续的液体核心被壁面上的气泡和汽膜将其与壁面分离,在液芯中流体的速度分布还是比较均匀的,一旦稳定

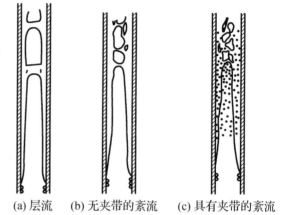

(a)层流　　(b)无夹带的紊流　　(c)具有夹带的紊流

图 6.11　反环状流膜态沸腾的三种类型

的汽层形成,这时热量由壁面传给汽膜,然后再传递给液芯。如果液体是饱和的,传入的热量用来产生蒸汽。然而,对于欠热的液芯,传入热量的很大一部分被用来加热液体。

1. 最小膜态沸腾

膜态沸腾是否出现与加热面的温度有关,当加热表面的壁温降到最小膜态沸腾温度 T_{min} 以下时,膜态沸腾终止,以下两个机理描述最小膜态沸腾现象,并用来开发 T_{min} 的计算公式。

(1)流体动力学机理

只要蒸汽产生的速率超出核态沸腾时气泡从汽液交界面输出的速率时,汽液交界面与壁面分离会持续下去。

(2)热力学机理

液体的温度不能超出最大液体温度而存在,这一最大温度取决于液体特性。这样,当表面的温度大于最大的液体温度时,液体就不能再与壁面相接触。

以上的机理没有包含强迫对流和几何形状对 T_{min} 的影响,膜态沸腾终止的类型见图 6.12。

关于骤冷温度 T_Q 还有些争议,T_Q 是在顶部淹没和底部淹没研究中常用的一个参数,在 Lee 等人的论文中,对上游温度他们谨慎地使用了"表观骤冷温度"这一概念,在它的下游,轴向导热对减小干侧壁温是有效的。T_Q 这一温度被频繁地用于关系式中,它比最小膜态沸腾温度高,虽然它能很容易地从温度-时间图上确定出来,但它与反应堆安全分析的关系是不确定的。

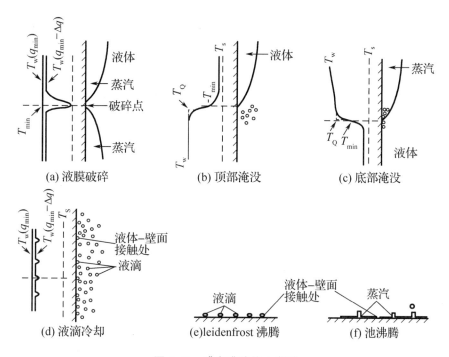

图 6.12　膜态沸腾终止类型

2. 热流密度的划分

临界沸腾后区域的传热过程是一个非常复杂的过程,涉及多个不同的热流密度分量。为了完整了解和分析 CHF 后的传热现象,必须考虑各种热流密度的分量。以图 6.13(a) 反转环状膜态沸腾和图 6.13(b) 干湿壁面共存两种情况为例,气泡与连续液体之间、连续液体与壁面和汽液界面之间、连续蒸汽与壁面和汽液界面之间,以及壁面与液滴之间、连续蒸汽与液滴之间的热流密度的分量可以由图 6.13(c) 来表示。根据传热方式的不同,它们可分为以下几种方式。

(1)辐射换热　$q_{rad,w\text{-}v}$、$q_{rad,w\text{-}i'}$、$q_{rad,v\text{-}i}$、$q_{rad,v\text{-}l}$、$q_{rad,w\text{-}d'}$ 和 $q_{rad,v\text{-}d}$。

(2)对流换热　$q_{w\text{-}v}$、$q_{w\text{-}l}$、$q_{i\text{-}l}$ 和 $q_{v\text{-}i}$(连续相),对于携带相 $q_{b\text{-}l}$ 和 $q_{v\text{-}d}$。

(3)导热　从壁面通过薄的汽层至汽液交界面的导热 $q_{w\text{-}l\text{-}i}$、碰撞传热 $q_{w\text{-}v\text{-}d}$、成核热流密度 $q_{w\text{-}l\text{-}i}$。

由于缺乏对过渡沸腾区传热机理的了解,目前还没有开发出很好的分析模型。目前想要建立这一区的模型主要根据"干壁份额"的估算,以及核态沸腾与膜态沸腾关系式的延展,在过渡沸腾区最大的一项热流密度是核沸腾分量 $q_{w\text{-}l\text{-}i}$,它是表面上用来产生蒸汽的热量。在高的壁面过热度情况下,壁面与液体的接触很少,$q_{w\text{-}l\text{-}i}$ 变小了。用来加热液体的热流密度分量 $q_{w\text{-}l}$ 和 $q_{i\text{-}l}$ 一般为零,在欠热过渡沸腾时 $q_{w\text{-}l}$ 可能很大,欠热膜态沸腾时 $q_{i\text{-}l}$ 很大。

由于壁面欠热度在过渡沸腾区不大,辐射热流密度可忽略。蒸汽过热度不大,因此 $q_{v\text{-}i}$ 一般也不大。

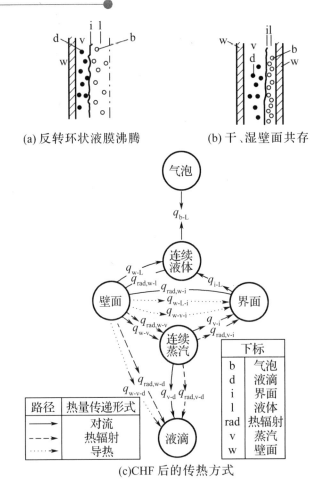

(a) 反转环状液膜沸腾   (b) 干、湿壁面共存

(c)CHF 后的传热方式

图 6.13　干涸后区的热流密度分量

3. 试验数据

早期大部分反环状流膜态沸腾试验是在低温和制冷领域开展的。但是因为近些年来研究人员在反应堆失水事故 LOCA 传热方面对此问题感兴趣,因此也做了大量的以水为工质的工作。由于在这一区域临界热流密度很高,临界热流密度后的温度可能更高,这方面的试验只能在温度可控的系统内进行。

近年来,一个特殊的加热技术可以得到反环状流膜态沸腾和弹状流膜态沸腾数据。这一加热技术允许在一个很宽的流量范围内进行膜态沸腾试验,所用的热流密度低于 CHF,这样减小了加热器损坏的可能性。

为了进一步得到反环状流膜态沸腾的详细机理,已经进行了在大气压下水过渡沸腾的试验,图 6.14 表示了在顶部淹没和底部淹没时的试验结果。用镍铬螺旋加热石英玻璃,试验观察到,在一些低流量情况下,即使空泡份额超过 50%,液芯也不会破碎。加拿大的 Chalk River 试验室同样的试验表明:对于欠热条件,热量传递首先是通过气膜的导热 ($\delta < 1$ mm) 和辐射传热,高的欠热度会使气膜趋于稳定。

图 6.15 表示了主要参数(质量流密度 G 和干度 x)对沸腾曲线的影响,应注意到 G 和 x 的趋势可能相反,这取决于流动是经历反环状流膜态沸腾还是弥散的液体冷却。

4. 参数的影响

（1）质量流密度的影响

一般来讲，对于欠热条件和低质量流密度［$G <$ 200 kg/（m^2·s）］情况，质量流密度的影响很小或不存在，此时自然对流换热的影响比强迫对流的影响更重要。这一观点被 Bromley 的观察结果所证实，即自然对流膜态沸腾的关系式比大部分饱和流动膜态沸腾的数据都低。在高流量下观察到传热系数 h 随 G 的增大快速增大。在干度范围（$x_e > 0$），蒸汽速度很高，特别是在高干度时，h 随 G 的增大快速增大。

（2）欠热区局部焓的影响

在欠热区，随欠热度的增大 h 值有很大的增加，池式膜态沸腾和流动膜态沸腾都是如此，典型的情况是欠热度每增大 1℃，h 增大 2.5%，可能更高。

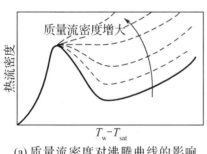

图 6.14　顶部淹没和底部淹没时的试验结果

欠热度对膜态沸腾传热系数的影响可以这样解释：热量首先通过导热的方式经过汽膜到达汽液交界面，此时一部分热量用来加热液芯，而另一部分用来蒸发，高液体欠热度产生蒸发，此时的液膜较薄，因此换热系数 h 很大。对浸没在水内的加热体进行试验，Bradfied 发现，当欠热度小于 35 ℃时，汽液交界面比较稳定，而在高欠热度情况下观察到不稳定的现象，此时核态沸腾搅混了汽膜。在有些情况下，稳定的汽膜还可以重新建立起来，这样形成一个往复的循环。一种可能的机理是汽膜的厚度小于蒸汽的平均自由程。

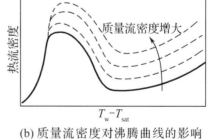

（a）质量流密度对沸腾曲线的影响（环状流区域）

（b）质量流密度对沸腾曲线的影响（强制对流过冷沸腾或低干度沸腾）

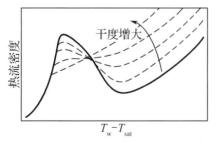

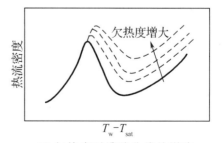

（c）干度对强制对流沸腾曲线的影响

（d）欠热度对沸腾曲线的影响

图 6.15　G 和 x 对沸腾曲线的影响

（3）饱和区局部焓的影响

大部分的试验研究表明：在高质量流密度下［$G>1\ 000\ \mathrm{kg}/(\mathrm{m}^2 \cdot \mathrm{s})$］，$h$ 随 x_e 的增大而增大；在低质量流密度下，$h[=q_w/(T_w-T_s)]$ 随 x_e 增大而减小。

以上的影响是由于在反环状流膜态沸腾中随着 x_e 的增大蒸汽膜加厚，这会增加汽膜导热的阻力，这一热阻在低 G 和 x_e 值时占主导地位。此时对流传热系数［定义为 $h=q_w/(T_w-T_v)$］增加，因为在低质量流速［$G<1\ 000\ \mathrm{kg}/(\mathrm{m}^2 \cdot \mathrm{s})$］时，蒸汽温度 T_v 升高到大于饱和温度。在高质量流速下［$G>2\ 000\ \mathrm{kg}/(\mathrm{m}^2 \cdot \mathrm{s})$］，$T_v$ 一般接近饱和温度，h 随 x_e 的增大而增大。

（4）轴向位置的影响

大部分试验都表明，轴向位置对膜态沸腾的温度有很大影响。这一影响较容易理解，因为在一些公式中换热系数是轴向位置的函数，图6.16表明传热系数开始时减少，但到后来基本不变，在高质量流速下可能增加，观察到的轴向位置的影响如下。

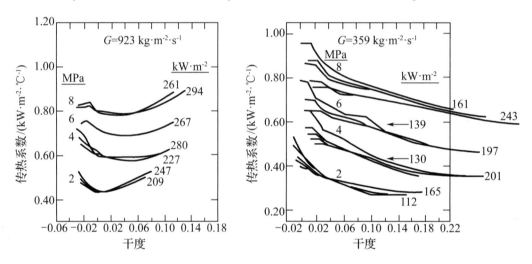

图6.16　沿通道长度传热系数的变化

①入口影响

在干涸和骤冷位置汽层的出现，使流动搅混，其结果使从干涸点开始有高的传热系数，然后再逐渐降低，最后到了发展区。此时有连续的蒸汽产生，类似于单相流区的入口影响一样，干涸位置的影响产生在25倍直径之内。

②蒸汽膜厚度的变化

由于高的欠热度和较短的膜态沸腾段长度，在汽体覆盖层的开始点汽膜厚度最薄，这时热量穿过汽膜主要靠导热，在这一位置的下游汽膜加厚。

③蒸汽过热度的增加

在骤冷前沿和干涸点位置，蒸汽的过热度一般是可忽略的，在骤冷前沿的下游蒸汽过热度增加，在远离骤冷前沿的位置，蒸汽温度达到一个平衡值，在充分发展后的区域，h 的增大或减小取决于蒸汽过热度是否增加。

（5）定位格架的影响

近期很多研究者关注定位格架对 CHF 后传热的影响，定位格架的影响可以分成三个方面：液芯破碎，这样增加了汽液交界面的面积和传热；增加了湍流，使蒸汽与液体之间的传热增加；边界层的打破。

（6）热流密度的影响

Stewart（1981）研究了热流密度对反环状流膜态沸腾的影响，他们的研究结果表明，在干度不变的情况下，传热系数随热流密度的减小而增大，在高压和高欠热度下增加幅度很大。

在欠热膜态沸腾中，主要的传热是导热。此时蒸汽膜的厚度随热流密度的增加而增加，蒸发量增加造成传热系数降低，然而高热流密度将产生更大的蒸汽加速和高的滑动速度。

6.4.2　反环状流膜态沸腾传热关系式

过冷和低干度临界后和高速再淹没情况下，都会出现反环状流的情况。当热流密度或壁温较低时，会呈现反环状流过渡沸腾（IATB）。热流密度或壁温较高时，会出现反环状流膜态沸腾（IAFB）。

反环状流过渡沸腾属于低干度过渡沸腾（$x < 0.1$），可以用经过修正的 Bromley 公式计算，即

$$h_{tr} = 0.673 \lambda_w^{-0.25} \left[g \rho_g \Delta \rho H'_{fg} k_g^3 / (\mu_g \Delta T_s) \right]^{1/4} + h_{tr,R} \tag{6.46}$$

$$\lambda_w = 2\pi \left[\sigma / (g \Delta \rho) \right]^{1/2} \tag{6.47}$$

因为在反环状流膜态沸腾情况下，壁温相当高，必须考虑这部分传热。实际的反环状流膜态沸腾传热系数只是上式右侧第一项；H'_{fg} 是考虑气相可能过热时的当量潜热，$H'_{fg} = H_{fg} + 0.4 \Delta t_s c_{pg}$；$c_{pg}$ 为对应压力下的气相比体积；H_{fg} 为饱和状态下的潜热。传热的计算温差取为 $(T_w - T_1)$，于是 $h_{tr,R}$ 可用下式计算：

$$h_{tr,R} = \frac{q_{w1}^R}{T_w - T_1} = \frac{\sigma (1 - \alpha)^{0.5} (T_w^4 - T_1^4)}{\varepsilon^{-1} + (\varepsilon^{-1} - 1)(1 - \alpha)^{0.5}} \frac{1}{T_w - T_1} \tag{6.48}$$

式中，σ 为黑体辐射系数 [等于 5.668×10^{-11} kW/（$m^2 \cdot K^4$）]；ε_1、ε_g 分别为介质（水）与壁面的黑度；α 为空泡份额。

Bromley 通过试验（对非水介质），整理出 IAFB 的传热计算式，根据环隙气相速度 u_g 的大小不同，分别提出以下公式：

低速时 $[u_g / (gD)^{0.5} < 1]$：　　$h_{tr} = h_{tr,c} + 0.75 h_{tr,R}$ （6.49）

高速时 $[u_g / (gD)^{0.5} > 1]$：　　$h_{tr} = h_{tr,c} + 0.875 h_{tr,R}$ （6.50）

其中

$$h_{tr,c} = 2.7 \left[u_g k_g \rho_g H'_{fg} / (D \Delta T_s) \right]^{1/2} \tag{6.51}$$

$$H'_{fg} = H_{fg} \left[1 + 0.68 (c_{pg} \Delta T / \lambda) \right] \tag{6.52}$$

以上公式适用于垂直向上流动和水平流动的反环状流流动，包括棒束外的流动情况。对于向下流动的反环状流膜态沸腾，以上公式计算精度较差。

在再淹没过程中出现反环状流时，再湿起始点即最小膜态沸腾温度点（MFT），可由相应的关系式算出。Henry（1974）针对容积沸腾中的 MFT 点温度计算式（Berenson 公式）进行了修正，可用于反环状流计算，其公式如下：

$$T_{min} = T_{min,B} + 0.42(T_{min} - T_1) \left[\left(\frac{k_1 \rho_1 c_{p1}}{k_w \rho_w c_{pw}} \right)^{0.5} \left(\frac{H_{fg}}{c_{pw} \Delta T_{min,w}} \right)^{0.6} \right] \tag{6.53}$$

式中,k_w、ρ_w、c_{pw}为在T_w温度下液体的导热系数、密度和比热容;$T_{min,B}$为容积沸腾中按Berenson 公式计算的 MFT 点壁温;T_{min}为反环流的再湿点壁温。

6.4.3　弹状流膜态沸腾

弹状流膜态沸腾出现在低流量,空泡份额很高不能维持反环状流膜态沸腾,此时对于达到弥散流空泡份额还太低。在管内它出现在反环状流区的下游,这时连续的液芯破裂,在蒸汽流中呈液弹状。在底部淹没过程中,弹状流的表达是很重要的,因为在骤冷前沿到达的很长一段时间内传热速率是变化的。

人们已经提出了几种理论来描述反环状流的破裂。Chi(1967)的数据表明,液芯破裂成汽弹的弹长等于交界面波最不稳定的波长,欠热会使汽液交界面稳定,这样会抑制弹状流的形成。Smith(1976)认为弹状流产生的位置相应于膜态沸腾区的最小传热系数点。他认为如果蒸汽的速度足够高,能够打破液芯,则高的蒸汽速度也会增加换热系数。Kalinin观察到另外一种确定弹状流起始点的可能机理,当液体引入试验段之后,由于在液体的前沿产生的蒸汽量突然增大,背压增大,流量减小。高压和低流量造成蒸发量减小,流量产生波动,每次波动循环会有液弹从液芯中分离出来。

6.5　沸腾临界后的稳态对流传热

6.5.1　池式沸腾

1. 热传递表面

在研究沸腾传热时,有时引入热传递表面的概念。它主要是提供了一种方法,目的在于强调流动沸腾是一个多维的非单一的过程。这种热传递表面方法由美国核管理协会提出,该技术最初是为了 Relap4、Mod6 的使用而开发的。这种热传递表面方法提供了对流动沸腾、池式沸腾和骤冷过程更清晰的描述。

当 Z 是独立变量 x 和 y 的函数时,函数式 $Z=f(x,y)$ 可以看成是一个表面。特别是当函数 $Z_1,Z_2,Z_3,\cdots,Z_n$ 覆盖了很宽范围的独立变量的 x、y,并且函数 $Z_1,Z_2,Z_3,\cdots,Z_n$ 都是热传递关系式时,这个表面的数学概念称为热传递表面。一般来说,这些独立的变量是任意的,当定义每一个函数 Z_i 时,可以根据相关量进行选择。为了进一步讨论,这里引入了热流密度,根据不同的表达式它是壁面过热度、流体温度、压力、质量通量、空泡份额等参数的函数。

这里提到的热传递表面表示从壁面上一个给定的点传递给流体的平均总热流密度。热传递表面至少由两簇曲线组成,一簇曲线是沸腾曲线,如图 6.17 所示,它显示了当其他变量不变时,壁面过热度对热流密度的影响,这比经典池式沸腾曲线更加严谨。另一簇曲线称为绝热曲线,绝热线表示对于一个给定的壁温,热流密度是空泡份额的函数。还存在其他簇曲线,但是在这里不再讨论。

图6.18表示一个热传递表面,它由两簇曲线组成,所有其他变量都是常数。其他表面可以由其他簇曲线组成,也就是说,它们是独立的变量。为了更加形象地说明问题,对于两个独立变量,根据经典的沸腾理念可将热传递表面分为不同区域,例如单相液体热传递、核态沸腾、过渡沸腾、膜态沸腾、单相气体热传递。除了过渡沸腾区域外,其他沸腾区域内热传递表面与壁温的梯度$(\partial q/\partial T_{w})$都是正的。

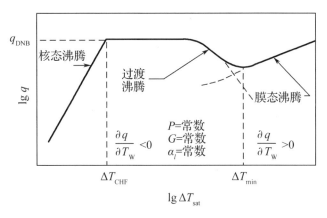

图6.17 沸腾曲线

结合热传递表面方法和经典池式沸腾曲线,用图6.18表示一个稳态或准稳态池式沸腾情况。这样,在热传递表面上可显示出经典池式沸腾曲线。对于经典池式沸腾曲线,所用的空泡份额是壁面上一点的时间平均空泡份额,它随壁温改变而改变,因此壁面上一点的时间平均空泡份额是时间平均相密度的函数。总热流密度可写成

$$q = \alpha_{l}\bar{q}_{l} + \alpha_{v}\bar{q}_{v} \quad (6.54)$$

式中,α_{l}为在壁面一点上有液体接触的时间份额;α_{v}为在壁面一点上有气体接触的时间份额。

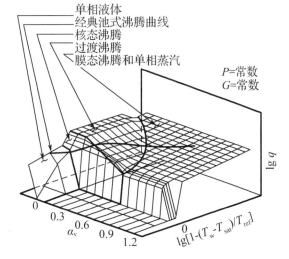

图6.18 传热表面

$$\bar{q}_{l} = \bar{q}_{l} \times n \quad (6.55)$$

$$\bar{q}_{v} = \bar{q}_{v} \times n \quad (6.56)$$

对于两相流体,$\alpha_{v} + \alpha_{l} = 1$,所以

$$\alpha_{v} = 1 - \alpha_{l} \quad (6.57)$$

因此方程(6.54)可以写成

$$q = \alpha_{l}\bar{q}_{l} + (1 - \alpha_{l})\bar{q}_{v} \quad (6.58)$$

同样可写出

$$q = \gamma_{l}\langle q_{l}\rangle_{1} + (1 - \gamma_{l})\langle q_{v}\rangle_{1} \quad (6.59)$$

或

$$q = \beta_{l}\langle q_{l}\rangle_{2} + (1 - \beta_{l})\langle q_{v}\rangle_{2} \quad (6.60)$$

式中,β_1 为有液体接触的壁面面积份额;γ_1 为有液体接触的壁面线性份额。它们分别表示流场方程中空间区域和体积的平均作用。事实上,对于稳态和准稳态池式沸腾的情况,平均相密度的范围很窄。对于除壁温以外其他参数都不变的准稳态池式沸腾瞬态来说,有以下关系式:

$$\frac{\mathrm{d}q}{\mathrm{d}t} = \frac{\partial q}{\partial T_\mathrm{w}}\frac{\mathrm{d}T_\mathrm{w}}{\mathrm{d}t} + \frac{\partial q}{\partial \alpha_1}\frac{\mathrm{d}\alpha_1}{\mathrm{d}t} \tag{6.61}$$

方程两端同除以 $\mathrm{d}T_\mathrm{w}/\mathrm{d}t$,变为

$$\frac{\mathrm{d}q}{\mathrm{d}T_\mathrm{w}} = \frac{\partial q}{\partial T_\mathrm{w}} + \frac{\partial q}{\partial \alpha_1}\frac{\mathrm{d}\alpha_1}{\mathrm{d}T_\mathrm{w}} \tag{6.62}$$

相平均液态密度函数和壁温之间存在一个特殊关系式,由下式给出:

$$\alpha_1 = \alpha_1(T_\mathrm{w}, T_\mathrm{f}, P, 几何形状, 表面条件) \tag{6.63}$$

因此,α_1 对 q 的影响可化简为只对壁温产生影响。

$$q_\mathrm{pool} = q(T_\mathrm{w}, T_\mathrm{f}, P, 几何形状, 表面条件) \tag{6.64}$$

其中,下标 pool 表示池式沸腾。上式表示在理想情况下,池式沸腾可以由一个表面来表示。

对于流动沸腾或是强制对流热传递不像池式沸腾那样存在特殊的经典稳态或准稳态沸腾曲线。沸腾曲线的形式由壁面、局部水力条件和水力系统的耦合作用来决定。这种强制对流经典沸腾曲线的非唯一特性更适宜用在与骤冷相关的表面沸腾曲线。

2. 膜态沸腾传热系数

1961 年 Berenson 将水平沸腾表面的膜态沸腾看作是一个水力不稳定性问题,水力不稳定性是由汽液接触面的 Taylor 不稳定性决定的。他给出的关系式是

$$h = 0.425\left[\frac{k_\mathrm{g}^3\rho_\mathrm{g}g(\rho_1 - \rho_2)h_\mathrm{fg}}{\mu_\mathrm{g}\Delta T_\mathrm{sat}\lambda_\mathrm{c}}\right]^{\frac{1}{4}} \tag{6.65}$$

式中,μ_g 为蒸汽的动力黏度;k_g 为蒸汽的热导率;g 为重力加速度,且 λ_c 为临界波长;$\lambda_\mathrm{c} = $

$$\left[\frac{\sigma}{g(\rho_1 - \rho_\mathrm{g})}\right]^{\frac{1}{2}}。 \tag{6.66}$$

$$H'_\mathrm{fg} = H_\mathrm{fg} + 0.5c_\mathrm{pg}\Delta T_\mathrm{sat} \tag{6.67}$$

其中,c_pg 为蒸汽常压下的比热容;H_fg 为蒸汽潜热。

$$\Delta T_\mathrm{sat} = T_\mathrm{w} - T_\mathrm{sat} \tag{6.68}$$

Bromley 用一个水平的圆柱分析膜态沸腾得到

$$h = 0.62\left[\frac{k_\mathrm{g}^3\rho_\mathrm{g}g(\rho_1 - \rho_\mathrm{g})H_\mathrm{fg}}{\mu_\mathrm{g}\Delta T_\mathrm{sat}D}\right]^{\frac{1}{4}} \tag{6.69}$$

这个关系式与 Berenson 关系式基本相同,除了 λ_c 由圆柱直径代替外,还有系数的一点轻微变化。1962 年,Breen 和 Westwater 发现 Bromley 关系式不能预测圆柱直径特别大或是特别小的情况。因此,当圆柱直径增加时,用 Bromley 方法求解问题,他们根据数据得出关系式:

$$h = \frac{0.59 - 0.69\lambda_\mathrm{c}}{D}\left[\frac{k_\mathrm{g}^3\rho_\mathrm{g}g(\rho_1 - \rho_\mathrm{g})H_\mathrm{fg}}{\mu_\mathrm{g}\Delta T_\mathrm{sat}\lambda_\mathrm{c}}\right]^{\frac{1}{4}} \tag{6.70}$$

式中,D 为直径,对于大一些的直径,这个关系式简化为 Berenson 关系式,图 6.19 给出了关

系式的一些结果。

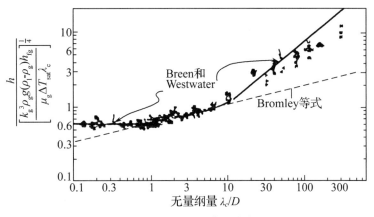

图 6.19 水平圆柱体膜态沸腾关系

对于竖直平面,根据 Bromley 的分析,给出了局部热传递系数:

$$h = K\left[\frac{k_g^3 \rho_g g (\rho_l - \rho_g) H_{fg}}{\mu_g \Delta T_{sat} \lambda_c}\right]^{1/4}$$

(6.71)

其中

$$H_{fg}' = H_{fg} + 0.34 c_{pg} \Delta T_{sat}$$ (6.72)

对于动态界面 K 为 0.883,对于静态界面 K 为 0.625。

Hsu 和 Westwater 指出,Bromley 关系式的计算结果比从 1.25 cm 以上长圆柱试验中测得的试验结果要低。他们观察发现当长度超过某个最小值时,界面会出现强烈的扰动。对于一个竖直平面上的膜态沸腾试验观察结果来说,Bui 和 Dhir 指出在离边缘有足够长的距离时,蒸气泡的膨胀增长速度与从边缘起的距离 z 无关。他们研发了一种如图 6.20 所示的模型,其时间–平均热传递系数如下:

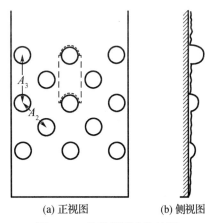

(a) 正视图 (b) 侧视图

图 6.20 传热模型中汽液界面的正视图与侧视图

$$h = C\langle h_f\rangle\left(1 - \frac{\pi d^2}{4\lambda_2^2}\right) + \frac{h_b \pi d^2}{4\lambda_2^2} + h_{rad}$$

(6.73)

式中,λ_2 为二维波长;$\langle h_f\rangle$ 为蒸汽膜的平均热传递系数;h_b 为气泡下的热传递系数;h_{rad} 为辐射热传递系数;$\frac{\pi d^2}{4\lambda_2^2}$ 为由气泡占据的蜂巢面积份额。

通常我们可以接受在膜态沸腾区域当高壁温时液体接触份额是 0,或者是接近 0 的一个很小的值。因此对式(6.54)、式(6.59)、式(6.60)进行了简化,分别记为 $q = q_v$,$q = \langle q_{v1}\rangle$,$q = \langle q_{v2}\rangle$。因此,对于池式膜态沸腾,根据前文讨论的两个模型,可得到相同的结果。这里我们假设 $\alpha, \beta, \gamma = 0$,将使问题简化。

3. 液体接触份额

参数 α_1、β_1 和 γ_1 已经在前面进行了说明,经常称它们为液体接触份额,α_1 为有液体接触的时间份额,β_1 为液体接触面积份额,这些参数将进入流体的整体热流分成如下两部分:

(1)从有液体接触部分的壁面传递的热量,以 $\bar{q}_1$、$\langle q_1 \rangle_1$、$\langle q_1 \rangle_2$ 速率传递给液体;

(2)从有气体接触部分的壁面传递的热量,以 $\bar{q}_v$、$\langle q_v \rangle_1$、$\langle q_v \rangle_2$ 速率传递给气体。

当式(6.58)和式(6.59)的条件满足时,通常液体接触的时间份额和液体接触面积(或线性)份额是相等的。准稳态水平表面的单一池式沸腾就是证明以上结论正确的例子。1985 年 Lee 给出了 α_1 的结果,在试验条件下应用这个等式与 β_1 的数据进行了对比。但是在多数其他条件下这个等式是不成立的。当准稳态条件不能满足时,这个相等的关系就不能成立。在一个与稳定骤冷前沿相邻的位置,这点的热梯度非常陡,此时就不能应用这个等式。

4. 表面条件和接触角度

表面条件和接触角度被认为主要影响过渡沸腾区域的沸腾过程,影响膜态沸腾的范围有限,这是由于在过渡沸腾区域发生了液体-固体接触。但是,在膜态沸腾区域接触是非常有限的,对于膜态沸腾,接触主要发生在最小点附近。前面的章节给出了在水平表面池式沸腾液体-固体接触的几何图片。因此,对于液-固接触过程,表面条件和接触角度都是重要的影响因素。这里说的表面条件包括表面粗糙度的影响和表面层的热特性。

Berenson 早期对过渡沸腾的研究经常被用来证明表面粗糙度对过渡沸腾的影响(见图 6.21)。但是,仔细观察图 6.21 会发现一个问题,这些数据反映的是过渡沸腾中的变化还是核态沸腾中的变化呢?由于采用的是连接最大值和最小值点的模型方法(最大值和最小值点可以从图中得到),这些数据反映的影响结果并不完全清楚。Chowdhury 和 Winterton 在 1984 年指出,表面粗糙度的影响只限于核态沸腾区域,核态沸腾的变化是由于成核位置和空穴几何结构的数量,而不是由于它表面的粗糙度,粗糙度只给出了一个反映这些因素的趋势。

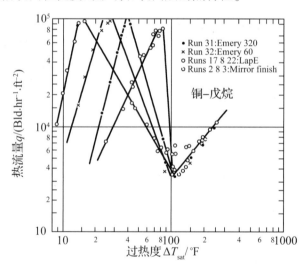

图 6.21 壁面粗糙度对过渡沸腾区的影响

大量的研究课题是关于加热物质和加热厚度对沸腾的影响,例如 Grigoriev 和 Bliss 等。只有一小部分研究关于这些特性对过渡和膜态沸腾的影响。1970 年,Kovalev 研究了覆盖着低热传导系数物质对膜态和核态沸腾曲线的影响。这些数据是在一个 42 mm 厚的铜圆盘试验中获得的,沸腾流体是氟利昂 113,压力为大气压力。他们指出,当给定功率时,增加覆盖厚度,如果沸腾表面覆盖上瓷釉或胶质,核态沸腾曲线会偏移到右侧,而膜态沸腾曲线会偏移到左侧。

Winterton 在 1983 年强调了接触角对过渡沸腾区域的影响,并且得出了结果,如图 6.22 所示。随后在 1984 年 Chowdhury 和 Winterton 通过接触角和表面能的关系式研究表面能对过渡沸腾区域的影响,有如下等式:

$$\delta_{\rm lg} \cos \theta_{\rm c} = \delta_{\rm sg} - \delta_{\rm sl} \qquad (6.74)$$

式中,$\theta_{\rm c}$ 为接触角;$\delta_{\rm lg}$ 为液汽表面能量或表面张力;$\delta_{\rm sg}$ 为固汽表面能;$\delta_{\rm sl}$ 为固液表面能。

用一个小接触角来反映可润湿的表面,而不润湿表面用一个大接触角来反映。图 6.23 表示了他

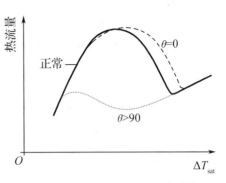

图 6.22 接触角度对给定过冷液体欠热沸腾的影响

们的研究结果,为了产生这种非润湿的表面,用一层很薄的硅树脂覆盖沸腾表面,图 6.24 给出了结果。很有趣的是,接触角对膜态沸腾区域几乎没有影响,从图 6.23 和图 6.24 都可以看出这一点。

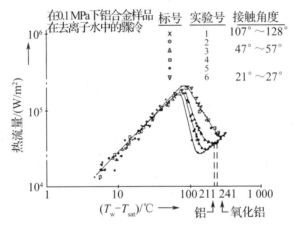

图 6.23 不同接触角度测得的沸腾曲线

在图 6.23 中,应用 Henry 理论来校正最小预测温度,用均匀成核温度来预测最小温度。1978 年 Yao 和 Henry 建议,对于几乎不能润湿的情况,这个过程由自然成核及核态特性所控制,这与 Henry 修改过的 Bereuon 的水力不稳定标准相反。因此,对于可润湿的情况,Henry 的最小温度应该应用到图 6.23 中,也就是接触角小于 90° 的情况。

从表面条件和接触角度对过渡沸腾影响的有限资料来看,表面热特性对这种沸腾过程的影响涉及高能

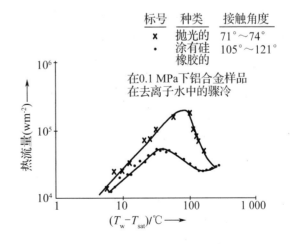

图 6.24 润湿与非润湿状态下测得的沸腾曲线

量、小接触角度的可润湿表面。不可润湿的低能量表面由大接触角度反映出来。自然成核可能在过程中起主要的作用，或者至少给出一个低限制，这导致了沸腾曲线明显的不同。由于现实试验存在困难，在文献中这些题目只进行了有限的研究。但是很明显，这一部分需要有更加清楚的认识。

6.5.2 流动沸腾

1. 骤冷过程的判定

强制对流骤冷的判定可分成两个部分：第一部分是以导热为主导骤冷过程的试验判定，该导热是由于骤冷前沿下游的前期冷却较弱而产生的；第二部分主要是对流部分的判定，在这种情况下，在骤冷前沿有足够多的前期冷却，骤冷前沿的下游会得到很好的冷却。

对于这种有大量前期冷却的情况，认为判定两个轴向位置是区分导热和对流效应的人为方法，第一个位置是骤冷前沿延伸的导热体下游一点。在这一点有充足的前期冷却，骤冷前沿的运动速度是增加的。因此，这种下游点的冷却既受到骤冷前沿影响，也受到对流的影响。这种骤冷前沿称为"导热-对流延伸骤冷前沿"。第二个位置是导热-对流骤冷前沿的远下游点，如果前期冷却是充足的，在导热-对流骤冷前沿到来之前，在这点会发生自发的对流骤冷。按物理规律，由于这种骤冷的发生，沿着骤冷表面会产生一定类型的功率的分布（例如余弦分布）。这是研究骤冷开始的原因，这样就可以得知强制对流热传递是如何影响骤冷的。

为了研究强制对流骤冷如何发生，首先观察图 6.18 中热传递表面相对最大值和最小值，这些点向下投影到空泡份额壁面过热平面。图 6.25 给出了最大值 ΔT_{CHF} 和最小值 ΔT_{min} 与空泡份额的关系。研究者认为产生骤冷有两个原因：第一，骤冷流体中的流体蒸发，使骤冷前沿下游流速增加，导致了一个向下游的冷却（图 6.25 中 A 点到 B 点），这是 Re 增加对膜态沸腾产生影响的结果；第二，当 B 点重新建立起过渡沸腾时，在内部热产生量不增加或者通过这点时的流动空泡份额不增加的前提下，也会出现骤冷。此时骤冷使壁面过热度减少、热通量增加，并导致

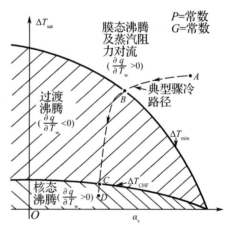

图 6.25 过热度与热通量最大值点和最小值点的关系

冷却率的增加。研究人员认为从 B 点到 D 点热传递表面的移动，与发生在池式沸腾的过渡沸腾区域的现象相似。

根据 Cheng 等人在低压方面的研究，Nelson 在 1982 年给出了如图 6.26 所示的低干度对膜态沸腾的影响。对于典型的膜态关系式，图 6.26 中以实线形式表示了沸腾区域一个绝热线，随着干度降低，热流密度降低；虚线表示的是 Nelson 提出的低干度对膜态沸腾的影响。

Barnard 应用低压数据，总结了低压流动膜态沸腾区域低干度的影响，得到的典型的结果如图 6.27 所示。后来一些学者的研究也更深入地证明了低干度的影响。

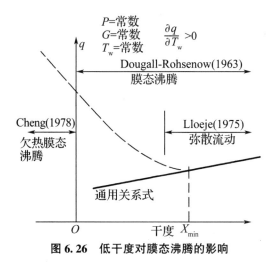

图6.26 低干度对膜态沸腾的影响

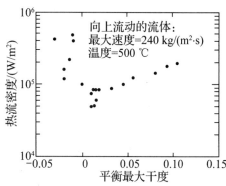

图6.27 干度对热流密度的影响

从一个微观的瞬态角度看,膜态沸腾区域中高温时液体会接触(再湿)壁面;但问题是当这个接触量很大时,从宏观角度考虑就会影响热传递。从数学上讲,这种转换涉及最小的壁面过热量,即什么时候 $\partial q/\partial t_w = 0$。正如我们将要讨论的,用目前强制对流数据来直接回答这个问题是很困难的。

尽管在池式沸腾中,决定如何和什么时候液体接触会发生的研究已经进行了,但强制对流方面的研究较少,Raghab 和 Cheng 等人进行了强制对流的研究,用一个简单的模型来表示当稳态膜态沸腾开始时的壁面温度。这个模型在界面温度与均匀成核温度相等的条件下成立,即有

$$T_{w,HN} = \frac{T_{HN}(\sqrt{(\rho ck)_w} + \sqrt{(\rho ck)_f} - T_f\sqrt{(\rho ck)_f}}{\sqrt{(\rho ck)_w}} \qquad (6.75)$$

式中,下标 HN 指的是均匀的核态沸腾。

稳定膜态沸腾开始点的壁面过热度为 $\Delta T_{HN} = T_{MV} - T_{sat}$,如果假设壁面过热度 ΔT_{HN} 是在给定压力下适用于所有干度的膜态沸腾起始点所对应的值,那么在过冷区域($x<0$)可证明仅在最小过冷时这种假设是正确的,因为在反环状流动区域内会出现一个温度分布。

现在可以考虑低干度沸腾气膜的变化对热传递表面的影响,采用空泡系数取代 Nelson 使用的干度这一方法。这种处理方法通过采用如图6.28所示的最大和最小值使得问题更加简单。它用两个相对最小值 $\alpha_{v,min}$ 和 ΔT_{HN} 取代了图6.25中单一的最小值 ΔT_{min}。$\alpha_{v,min}$ 表示的是 q 与 α_v 关系图中绝热线的最小值(与图6.26相似)。ΔT_{HN} 轨迹代表低于通常液体可以接触壁面的壁面温度,并且将过渡和膜态沸腾区分开。这条轨迹主要取决于壁面材料特性、壁面粗糙度和热力学效应。

2. 强制对流临界后传热对骤冷的影响

这一部分将描述在前几章中讨论的现象如何影响强制对流临界后传热和骤冷过程。目前的文献关于过渡沸腾和 ΔT_{min} 的介绍还不是很清楚。不清楚的主要因素包括三方面:①数据简化过程产生的结果与骤冷瞬态有关;②使用了不同类型的试验;③轴向导热对 ΔT_{min} 的影响。

为了理解数据简化的过程和对于不同试验骤冷瞬态对所获得的结果的影响,这里讨论了

两种类型的试验:第一类试验是在长管中流动或是沿着长管束外部流动的强制对流骤冷试验;第二类是应用短试验段,流动带有高热惯性,开展流体在管内流动的强制对流骤冷试验。

　　两种类型的数据简化过程考虑了在远离骤冷前沿下游一点,认为这点的骤冷足够慢,这样准稳态过程就是可用的。为了简化这种考虑,假设流体是饱和的($T_f = T_{sat}$),这样壁面过热量可当成变量,代替了壁面温度。这种多样性的变化仅代表温度轴上一个区域的刚性移动,但这更符合实际情况。因此可以写出

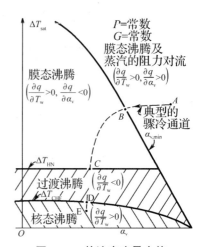

图 6.28　热流密度最大值和最小值的轨迹

$$q = q(\Delta T_{sat}, p, G, X \cdots) \tag{6.76}$$

其中

$$\Delta T_{sat} = T_w - T_{sat} \tag{6.77}$$

　　第一个数据简化的过程包含经典的池式沸腾曲线,其中热通量是壁面过热度的函数,它忽略了其他可变量因素的影响,这种方法称为表观的沸腾曲线法。第二种简化方法中,沸腾曲线是表面过热度的函数,此时所有其他变量保持常数。对于任一情况,假设热流密度可以从一维导热计算中获得,并在有意义的评价点上用热电偶进行测量。如果热电偶在壁面上,它直接测量产生 T_w,否则要用反向计算求得这个量。

　　当考虑由骤冷点决定表面沸腾曲线时,式(6.76)中热流密度变化率由下式给出:

$$\frac{dq}{dt} = \frac{\partial q}{\partial(\Delta T_{sat})} \frac{d(\Delta T_{sat})}{dt} + \frac{\partial q}{\partial p}\frac{dp}{dt} + \frac{\partial q}{\partial G}\frac{dG}{dt} + \cdots \tag{6.78}$$

式(6.78)两边同除以 $\dfrac{d\Delta T_{sat}}{dt}$,得

$$\frac{dq}{d(\Delta T_{sat})} = \frac{\partial q}{\partial(\Delta T_{sat})} + \frac{\dfrac{\partial q}{\partial p}\dfrac{dp}{dt} + \dfrac{\partial q}{\partial G}\dfrac{dG}{dt} + \dfrac{\partial q}{\partial \alpha_v}\dfrac{d\alpha_v}{dt} + \cdots}{\dfrac{d(\Delta T_{sat})}{dt}} \tag{6.79}$$

表面沸腾曲线的梯度由热流密度对壁面过热度的导数($dq/d\Delta T_{sat}$)给出。方程(6.79)表示了在准稳态骤冷瞬态时,对给定时间,q 为纵坐标,ΔT_{sat} 为横坐标条件下,不同因素是如何影响表面沸腾曲线的,因此管束骤冷试验中的表面沸腾曲线与对流热传递($\frac{\partial q}{\partial \Delta T_{sat}}, \partial q/\partial \alpha_v \cdots$),水力瞬态 $\partial \alpha_v/\partial t$,壁面的导热与对流瞬态 $\partial \Delta T_{sat}/\partial t$ 三者存在复杂关系。

　　大多数管束的骤冷试验是在压力和入口质量流量一定的条件下进行的,因此

$$\frac{dp}{dt} = \frac{dG}{dt} = 0 \tag{6.80}$$

式(6.77)变形为

$$\frac{dq}{d(\Delta T_{sat})} = \frac{\partial q}{\partial(\Delta T_{sat})} + \frac{\partial q}{\partial \alpha_v} \frac{\dfrac{d\alpha_v}{dt}}{\dfrac{d(\Delta T_{sat})}{dt}} \tag{6.81}$$

在数据简化的过程中，当 $\dfrac{\partial q}{\partial \Delta T_{sat}} < 0$ 时，是一个过渡沸腾区域，当 $\dfrac{\partial q}{\partial \Delta T_{sat}} = 0$ 时，可求出最小的壁面过热度。从式(6.81)中可以看出，通过这种方法得到的 ΔT_{min} 和瞬态沸腾都是与试验瞬态有关的。因此，当下式成立时过渡沸腾会发生，即

$$\frac{\mathrm{d}\alpha_v}{\mathrm{d}t} < -\frac{\dfrac{\partial q}{\partial(\Delta T_{sat})}}{\dfrac{\partial q}{\partial \alpha_v}\dfrac{\mathrm{d}(\Delta T_{sat})}{\mathrm{d}t}} \tag{6.82}$$

对于如图6.26所示的典型的骤冷路径，式(6.82)可以解释为低空泡份额对膜态沸腾的影响。当导热-对流骤冷前沿向参考点推进时，空泡份额减少。在超过 $\alpha_{v,min}$ 之后，下面的关系存在：

$$\frac{\partial q}{\partial(\Delta T_{sat})} > 0, \frac{\partial q}{\partial \alpha_v} < 0, \frac{\mathrm{d}(\Delta T_{sat})}{\mathrm{d}t} < 0 \tag{6.83}$$

因此，当 $\partial \alpha_v/\partial t$ 以一个足够的速率减小时会发生过渡沸腾。当满足式(6.82)时，产生的 ΔT_{min} 比 ΔT_{HN} 大很多，并且如图6.26显示的，与试验瞬态有关。

在图6.29中给出了这种情况，空泡份额减少的这类假设情况给出了4种不同的沸腾曲线。因此 $\alpha_v(t_4) < \alpha_v(t_3) < \alpha_v(t_2) < \alpha_v(t_1)$，并且由于 $\alpha_v(t_1) < \alpha_{v,min}$，$\partial q/\partial \alpha_v < 0$，对任何两点热通量的净改变量都可以近似为

$$\delta q = \delta q_{\alpha_v} + \delta q \Delta T_{sat} \tag{6.84}$$

其中

$$\delta q_{\alpha_v} = \left(\frac{\delta q}{\delta \alpha_v}\right)\delta \alpha_v \tag{6.85}$$

$$\delta q \Delta T_{sat} = \left(\frac{\delta q}{\delta \Delta T_{sat}}\right)\delta \Delta T_{sat} \tag{6.86}$$

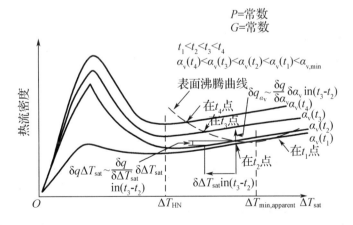

图6.29 表面沸腾曲线及 $\Delta T_{min,apparent}$

图6.29表示了时间在 t_2 和 t_3 之间的情况。在膜态沸腾中，$\dfrac{\delta q}{\delta \Delta T_{sat}} > 0$，所以对于冷却过程($\delta \Delta T_{sat} < 0$)，与冷却过程相关的热流密度的变化是负的，也就是说 $\delta q \Delta T_{sat} < 0$，同样因为

$\alpha_v(t_i) < \alpha_{v,\min}$，则 $\delta q_{\alpha_v} > 0$，因此

$$\delta q > 0，当 \delta q_{\alpha v} > |\delta q \Delta T_{sat}| \tag{6.87}$$

或者

$$\delta q < 0，当 \delta q_{\alpha v} < |\delta q \Delta T_{sat}| \tag{6.88}$$

表面沸腾曲线产生于这两个部分的平衡，另外当 $\delta q_{\alpha v} = |\delta q \Delta T_{sat}|$ 时，产生表面最小壁面过热量 $\Delta T_{\min}$。

这种分析的结论是骤冷试验中获得的 $\Delta T_{\min,\text{apparent}}$ 满足式(6.82)的计算结果。但是当瞬态不满足式(6.82)时，也就是空泡份额不能足够快地减少时，$\Delta T_{\min}$ 变成 ΔT_{HN}，并且表面最小值将由热力学特性来控制。

对于冷却过程也存在相同的结论，膜态沸腾只受雷诺数 Re 的影响，其中 $\partial q/\partial G > 0$，并且质量流密度随时间增加，其他所有参数保持不变。因此，在图6.29中 α_v 可以用 G 代替。对于一个更加普遍的准稳态骤冷瞬态，所有的水力参数都随时间改变，将引入更多的量来计算表面沸腾曲线和 $\Delta T_{\min,\text{apparent}}$。

由于表面沸腾曲线使用的变量分离不合适，特别是空泡份额和壁面温度，这会导致 $\Delta T_{\min,\text{apparent}}$ 和强制对流瞬态沸腾热传递的关系不清。骤冷试验恰当地分析了需要的水力条件是一个轴向位置 Z 的函数，所以 $\alpha_v = \alpha_v(z,t)$，$G = G(z,t)$ 和 $\rho = \rho(z,t)$ 是已知的。这种分析需要大量的试验，这些试验要满足合适的独立所需要的参数变化范围。

基于对数据简化过程如何影响对流热流密度关系式(在远离骤冷前沿下游的一点上从管束或棒束的骤冷试验中得到的)的理解，我们可以认为轴向导热存在影响。首先根据一维导热求解办法讨论了式(6.79)中的 $\partial \Delta T_{sat}/\partial t$ 项，但是式(6.79)不需要一维的限制条件。限制条件的出现是多维导热引起的，是当热流密度必须通过从壁面热电偶得到的测量值，然后由反向导热解求出时所产生的。如果不适当考虑多维导热，可能会给出错误的对流热流密度。例如，在骤冷前沿附近不包括轴向的导热，数据的简化会使 $\Delta T_{\min}$ 值高于它的真实值。对于轴向导热和对流如何影响骤冷前沿推进的结果的细节问题，Elias 在1976年已经进行了一些研究。但是他的研究不包括两维的(径向和轴向)导热影响，也不包括这里讨论的低空泡对膜态沸腾的影响。

带有高热惯性的短的试验段比一个长细管更好处理，这是由于它的短小可以将入口条件作为定常水力条件，因此在短的试验段中水力条件的改变是可以忽略的，也就是说

$$\frac{dp}{dt} = \frac{dG}{dt} = \frac{d\alpha_v}{dt} = 0 \tag{6.89}$$

式(6.77)变形为

$$\frac{dq}{d(\Delta T_{sat})} = \frac{\partial q}{\partial(\Delta T_{sat})} \tag{6.90}$$

高热惯性延长了骤冷时间，所以在真实的过渡期中得到了足够的数据。式(6.90)说明表面沸腾曲线与这里定义的沸腾曲线($\partial q/\partial T_w$)是一致的。

这类试验与一个长细管试验不同。主要是这类试验中 $\Delta T_{\min} = \Delta T_{HN}$ 与细管产生的由式(6.79)、式(6.80)分析的结果不同。式(6.90)也指出为什么引用 Cheng 的结果来解释：ΔT_{HN} 是一个定义先前讨论的准稳态膜态沸腾开始的很好的近似点。

6.6　堆芯失水后的再湿过程

6.6.1　再湿过程包壳内传热及其温度变化

再湿过程中燃料元件壁温随时间的变化如图6.30所示。再湿的初期,由于传热较弱,冷却剂不能带走全部衰变热,因此通道上部温度上升,只有下部冷却较好。经过大约500秒,滴状流带走的热量等于衰变热,随后膜态沸腾区域继续冷却,达到局部再湿温度为止。

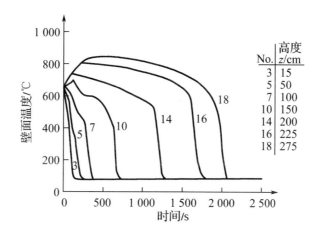

图6.30　再湿过程中燃料元件壁温随时间的变化

再湿过程的传热和骤冷前沿推进速度可利用"传导型再湿模型"来表述。该分析模型以Fourier热传导方程及壁面与冷却剂之间的传热边界条件为基础,该模型有以下的基本假设:

(1)包壳在骤冷前沿推进方向上的传热可以等效成一个厚度为δ的均匀无限长平板内的传热,平板的物性是常数,与温度无关;

(2)平板的干侧($y=0$)是绝热的,湿侧($y=\delta$)是被水冷却的,包壳内无热源;

(3)在表面温度等于再湿温度T_0处液体润湿壁面,再湿温度T_0与空间、时间无关,是一个常数;

(4)骤冷前沿位置只在z方向上与时间t有关。

根据以上这些假设,热传导微分方程简化为

$$\frac{\partial^2 T}{\partial y^2} + \frac{\partial^2 T}{\partial z^2} = \frac{1}{a} \cdot \frac{\partial T}{\partial t} \tag{6.91}$$

式中,a为热扩散率,骤冷前沿速度V基本上不随时间变化,可以认为是一个常数。这样,为了处理方便可以选一个新的坐标系$z=z'-Vt$。这个坐标的原点跟着再湿前沿移动,并以再湿前沿为原点。这样方程变为

$$\frac{\partial^2 T}{\partial y^2} + \frac{\partial^2 T}{\partial z'^2} + \frac{V}{a} \cdot \frac{\partial T}{\partial z'} = 0 \tag{6.92}$$

方程的边界条件如下:

(1)$z' = -\infty$,冷却剂温度为饱和温度,$T = T_{fs}$;

(2)$z' = +\infty$,初始壁温 $T = T_s$(蒸汽温度);

(3)$z = 0$,壁温等于再湿温度 $T = T_0$;

(4)$y = 0$,绝热 $\dfrac{\partial T}{\partial y} = 0$;

(5)$y = \delta$,$-k\dfrac{\partial T}{\partial y} = h_f(z')(T - T_{fs})$。

如果假设在任何高度上包壳温度在厚度上是均匀的,则方程(6.92)可化为一维方程。由边界条件(4)和(5)可以得出

$$\frac{\partial^2 T}{\partial y^2} = \frac{\partial}{\partial y}\left(\frac{\partial T}{\partial y}\right) = \frac{\dfrac{\partial T}{\partial y}\bigg|_\delta - \dfrac{\partial T}{\partial y}\bigg|_0}{\delta} = -\frac{h_f(z')}{k\delta}(T - T_{fs}) \tag{6.93}$$

利用这个关系,式(6.92)变成

$$\frac{d^2 T}{d(z')^2} + \frac{V}{a}\frac{dT}{dz'} - \frac{h_f}{k\delta}(T - T_{fs}) = 0 \tag{6.94}$$

假定湿区($z' \leqslant 0$)换热系数为常数,干区($z' > 0$)换热系数等于零,并利用边界条件(1),(2)和(3),可以得到方程(6.94)再湿区的解,即

$$T - T_{fs} = (T_0 - T_{fs})\exp\left\{z'\left[\left(\frac{\rho^2 c_p^2 V^2}{4k^2} + \frac{h_f}{k\delta}\right)^{0.5} - \frac{\rho c_p V}{2k}\right]\right\} \tag{6.95}$$

在热平衡状态下,单位时间内通过包壳表面传给水的热量等于包壳单位时间的焓降。焓降的表达式为 $\rho c_p \delta l V(T_s - T_0)$,其中 l 为包壳的周界长度。而包壳传给水的热量为

$$\int_{-\infty}^{0} h_f l(T - T_{fs})\,dz' = \frac{h_f l(T_0 - T_{fs})}{\left(\dfrac{\rho^2 c_p^2 V^2}{4k^2} + \dfrac{h_f}{k\delta}\right)^{0.5} - \dfrac{\rho c_p V}{2k}} \tag{6.96}$$

根据上式右半部与焓降表达式相等的关系可解得

$$V^{-1} = \rho c_p \left(\frac{\delta}{h_f k}\right)^{0.5}\frac{(T_s - T_{fs})^{0.5}(T_s - T_0)^{0.5}}{T_0 - T_{fs}} \tag{6.97}$$

如果骤冷前的壁温很高,致使 $T_s - T_{fs} \gg T_0 - T_{fs}$,则 $T_s - T_{fs} \approx T_s - T_0$,这时上式简化为

$$V^{-1} \approx \rho c_p \left(\frac{\delta}{h_f k}\right)^{0.5}\frac{T_s - T_0}{T_0 - T_{fs}} \tag{6.98}$$

式(6.98)表明,再湿前沿速度的倒数与初始温度呈线性关系。这些已被许多试验所证实。但式(6.97)隐含一个不合理的成分,用该式拟合试验数据时导出的换热系数为 10^6 W/(m²·℃)的量级,换热系数如此之大是不合理的。

为了得出更完善的解,后来许多人采用了换热系数 $h_f(z)$ 随位置变化的假设。为了适应这种做法,需要求出方程的一般解。方程(6.94)可写成下列无因次形式:

$$\frac{d^2 \theta}{d\eta^2} + Pe\frac{d\theta}{d\eta} - Bi\theta = 0 \tag{6.99}$$

式中,$\theta = \dfrac{T - T_{fs}}{T_0 - T_{fs}}$;$\eta = \dfrac{z'}{\delta}$;$Bi = \dfrac{h_f(z')\delta}{K}$;$Pe = \dfrac{V\delta}{a}$;$a = \dfrac{k}{\rho c_p}$。边界条件变成 $\eta = -\infty$,$\theta = 0$;$\eta = +\infty$,

$\theta = \theta_w = \dfrac{T_s - T_{fs}}{T_0 - T_{fs}}$；$\eta = 0, \theta = 1$。方程（6.99）的一般解为

$$\theta = A\exp\left(-vPe\,\frac{\eta}{2}\right) + B\exp\left(-\beta Pe\,\frac{\eta}{2}\right) \tag{6.100}$$

式中，A、B 是常数，而

$$v = 1 - \left(1 + 4\,\frac{Bi}{Pe^2}\right)^{0.5} < 0 \tag{6.101}$$

$$\beta = 1 - \left(1 + 4\,\frac{Bi}{Pe^2}\right)^{0.5} > 0 \tag{6.102}$$

这个解对于 $Pe<1$ 和 $Bi<1$ 是可信的。在利用方程的这种解法时，一般把包壳沿轴向分成几个区域，合理地选用每一个区域的换热系数，分段求解热传导微分方程，然后通过轴向热流密度连续的条件和各段间边界上温度连续的条件将各区的解联立起来。

在用以上方法求解再湿前沿速度时，把再湿温度 T_0 作为已知参数。实际上这一温度是比较难确定的量，因为表面骤冷是一个很快的瞬态过程，再湿温度不容易测准。目前虽然也有一些理论，但还不能通用。试验数据之间也存在一定的分歧，但一般的试验结果认为，在低压下（$p \leqslant 4$ MPa），再湿温度 T_0 大约比饱和温度高 100 ℃；而高压下，再湿温度 T_0 比饱和温度高 20~100 ℃。

复习思考题

6-1 淹没速率高和淹没速率低时两相流的流型有何区别？

6-2 描述淹没过程的壁温变化。

6-3 在反应堆的再淹没过程中影响骤冷前沿的推进速度的因素有哪些？

6-4 什么是骤冷过程的对流换热支配区？

6-5 在解决液体向下流动的骤冷过程时都提出了哪些假设条件？

6-6 Ishii 的三区域传热模型与二区域传热模型有何区别？

6-7 说明准稳态骤冷模型的特点？

6-8 反环状流膜态沸腾有哪几种可能的情况？

6-9 什么是最小膜态沸腾？

6-10 膜态沸腾终止有哪几种类型？

6-11 CHF 后传热的热流密度分量都有哪几个？

6-12 传导型再湿模型是在那些假设条件下建立的？

第7章　核反应堆严重事故后传热

核反应堆严重事故是指核反应堆堆芯大面积燃料包壳失效,威胁或破坏核电站压力容器或安全壳的完整性,并引发放射性物质泄漏的一系列过程。一般来说,核反应堆的严重事故可以分为两大类:一类为堆芯熔化事故(CMAs),另一类为堆芯解体事故(CDAs)。堆芯熔化事故是由于堆芯冷却不充分,引起堆芯裸露、升温和熔化的过程,其发展较为缓慢,时间尺度为小时量级。堆芯解体事故是由于快速引入巨大的正反应性,引起功率陡增和燃料碎裂的过程,其发展非常迅速,时间尺度为秒量级。美国三哩岛核事故和苏联切尔诺贝利核事故分别是这两类事故到目前为止仅有的实例。由于其固有的反应性负温度反馈特性和专设安全设施,堆芯解体事故发生在轻水反应堆中的可能性极小。

7.1　严重事故后的堆芯熔化过程

从轻水反应堆的堆芯熔化过程来看,它大体上可以分为高压熔堆和低压熔堆两大类。低压熔堆过程以快速卸压的大、中破口失水事故为先导,若应急堆芯冷却系统的注射功能或再循环功能失效,那么不久堆芯开始裸露和熔化,锆合金包壳与水蒸气反应产生大量氢气。堆芯水位下降到下栅格板以后,堆芯支撑结构失效,熔融堆芯跌入水下腔室水中,产生大量蒸汽,之后压力容器在低压下($p<3.0$ MPa)熔穿,熔融堆芯落入堆坑,开始烧蚀地基混凝土,向安全壳内释放出 H_2、CO_2、CO 等不凝气体。此后安全壳有两种可能损坏的方式:安全壳因不凝气体聚集持续超压(事故后3~5天)导致破裂或贯穿件失效,或者熔融堆芯烧穿地基。

高压熔堆过程往往以堆芯冷却不足为先导事件,其中主要是失去二次热阱事件,小破口失水事故也属于这一类。

与低压熔堆过程相比,高压熔堆过程有如下特点:

(1)高压堆芯熔化过程进展相对较慢,约为小时量级,因而有比较充裕的干预时间;

(2)燃料损伤过程是随堆芯水位缓慢下降而逐步发展的,对于裂变产物的释放而言,高压过程是"湿环境",气溶胶离开压力容器前有比较明显的水洗效果;

(3)压力容器下封头失效时刻的压力差,使高压过程后堆芯熔融物的分布范围比低压过程的更大,并有可能造成安全壳内大气的直接加热,因而高压熔堆过程具有更大的潜在威胁。

轻水堆严重事故发展过程可以用图7.1来描述,图中热工水力过程用实线表示,裂变产物(FP)气溶胶用虚线表示。图7.1中描述的事件次序假设了安全系统的基本故障,它们应被作为极端上限情况而不是作为预计事故来加以识别。在下面的章节中将就轻水堆严重事故中的一些主要过程加以描述。

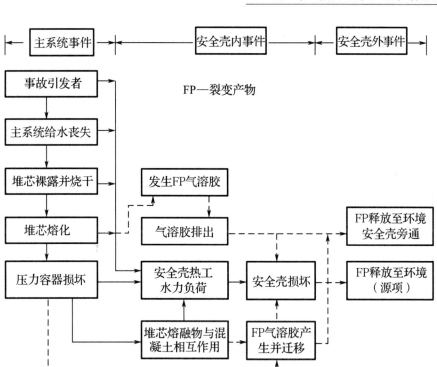

图 7.1 严重事故次序

7.1.1 堆芯加热

在轻水堆的 LOCA 事故期间,如果冷却剂丧失并导致堆芯裸露,燃料元件就会由于冷却不足过热而发生熔化。当主冷却剂系统管道发生破裂时,高压将迫使冷却剂流出反应堆压力容器,这种过程通常称为喷放(blow down)。

对大破口来说,喷放非常迅速,只要 1 分钟堆芯就将裸露。在大多数设计基准事故(DBA)的计算中,一个重要的问题是在堆芯温度处于极度危险之前应急堆芯冷却系统(ECCS)是否能再淹没堆芯。对于小破口来说,喷放是很慢的,并且喷放将伴随水的蒸干,在瞬态过程中(例如一次全厂断电),蒸干和通过泄压阀的蒸汽释放将导致冷却剂装量的损失。

在堆芯裸露后,燃料中的衰变热将引起燃料元件温度上升。图 7.2 给出了大破口事故工况下燃料元件温度随时间的变化。由于燃料棒与蒸汽之间的传热性能较差,此时燃料元件的温度上升较快,如果主系统压力较低,这时燃料棒内气体的压力上升会导致包壳肿胀。包壳肿胀导致燃料元件之间冷却剂流道的阻塞,这将进一步恶化燃料元件的冷却。在这种情况下,堆芯和堆内构件之间的辐射换热成为冷却堆芯的主要传热机理。表 7.1 列出了关系到轻水反应堆安全的燃料和包壳温度水准。

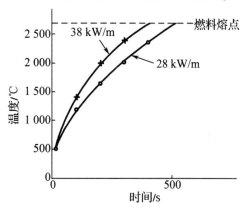

图 7.2 PWR 燃料(17×17)的绝热加热

表7.1 关系到轻水反应堆安全的燃料和包壳温度水准

温度/K	现　象
3 120	UO_2 熔化
2 960	ZrO_2 熔化
2 900	UO_{2+x} 熔化
2 810	$(U,Zr)O_2$ 液态陶瓷相形成
2 720	UO_2, Zr 和 ZrO_2 低共熔混合物熔点
2 695	$(U,Zr)O_2/Fe_3O_4$ 陶瓷相估计熔点
2 670	α-Zr(O)/UO_2 和 U/UO_2 偏晶体形成
2 625	B_4C 熔化
2 550~2 770	轻水堆中 UO_2 元件中心线最大的运行温度
2 245	α-Zr(O) 熔化
2 170	α-Zr(O)/UO_2 低共熔物形成,UO_2 和熔化的锆合金相互作用开始
2 030	锆-4 熔化
1 720	不锈钢熔化
1 650	因科镍熔化
1 573	Fe-Zr 低共熔物形成
1 523	Zr-H_2O 反应发热率接近于衰变发热率
1 500	因科镍/锆合金液化
1 477	UN-NRC ECCS 可接受标准,为防止极度脆化的温度限值
1 425	B_4C-Fe 低共熔点
1 400	UO_2-锆合金相互作用导致液体的形成
1 273~1 373	Zr-H_2O 反应明显
1 223	燃料包壳开始穿孔
1 073	银-铟-镉熔化
1 020~1 070	包壳开始肿胀,控制棒内侧合金的起始熔点
970~1 020	硼硅酸盐玻璃(可燃毒物)开始软化
920	冷加工的锆合金瞬间退火
568~623	包壳的正常运行温度

如果燃料温度持续上升并超过 1 300 K,则锆合金包壳开始与水或水蒸气相互作用,引发一种强烈的放热氧化反应:

$$Zr + 2H_2O \Longrightarrow ZrO_2 + 2H_2 \tag{7.1}$$

它伴随有能量释放:

$$\Delta H = 6.774 \times 10^6 - 244.9T \tag{7.2}$$

式中,ΔH 为 1 kg 的 Zr 发生氧化反应所释放的能量,J/kg;T 为热力学温度,K。

由氧分子扩散穿过 ZrO_2 涂层的反应率具有一种典型的抛物线温度函数关系,在大约

1 650 K 时快速增加,这与涂层中氧化物裂解的规模和随后增大的氧化扩散有关。

当燃料温度继续增加到大约 1 400 ℃时,堆芯材料开始熔化。熔化的过程非常复杂,且发生很快,熔化的次序可以用图 7.3 来概述。如图 7.3(a)所示,当燃料棒熔化的微滴和熔流初步形成时,它们将在熔化部位以下的范围内固化,并引起流道的流通面积减小;随着熔化过程的进一步发展,部分燃料棒之间的流道将会被阻塞,如图 7.3(b)所示;流道的阻塞加剧了燃料元件冷却不足,同时由于燃料本身仍然产生衰变热,在堆芯有可能出现局部熔透的现象,如图 7.3(c)所示;之后,熔化的燃料元件的上部分将会坍塌,堆芯的熔化区域将会不断扩大,如图 7.3(d)所示。熔化材料最终将到达底部堆芯支撑板,然后开始熔化堆芯支撑板构件。尽管压力容器内的上部存在着高温,压力容器的下部仍可能保留一定水位的水。

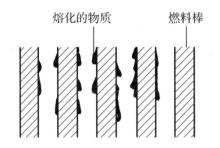

(a) 熔化的微滴和熔流开始向下流向完整的燃料棒

(b) 在燃料棒较冷部形成局部堵塞,熔坑形成并增大

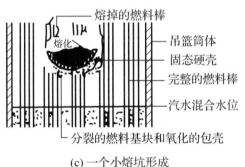

(c) 一个小熔坑形成

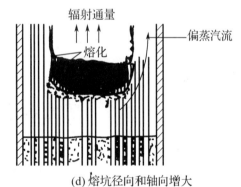

(d) 熔坑径向和轴向增大

图 7.3 堆芯熔化的次序

7.1.2 堆芯熔化

在堆芯温度的增加过程中,各种堆芯材料以及冷却剂之间的相互作用涉及许多冶金学现象(见表 7.1)。堆芯材料有锆加不锈钢和铟科镍定位格架、B_4C/Al_2O_3 可燃毒物棒加锆还有锆包壳中的 Al_2O_3、ZrO_2 和 UO_2。从总体上看,在堆芯损坏进程期间与燃料有关的主要过程包括以下三种不同的重新定位机理:

(1)熔化的材料沿燃料棒外表面的蜡烛状流动和再固化。

(2)在固化的燃料芯基体硬壳或破碎的堆芯材料上形成一个碎片床。

(3)在硬壳中材料熔化并形成熔坑,随后硬壳破裂,堆芯熔融物落入下腔室。

当包壳的温度达 1 473~1 673 K 时,控制棒、可燃毒物棒和结构材料可能形成一种相对

低温的液相。这些液化的材料在重新定位过程中引起局部肿胀,导致流道面积的堵塞,从而引发堆芯的加速加热。当温度为 2 033~2 273 K 时,如果锆合金包壳没有被氧化,那么在温度约 2 030 K 时,它将熔化并沿燃料棒向下重新定位;如果在包壳外表面已形成一明显的氧化层,那么任何熔化的锆合金的重新定位将可被防止,这是因为氧化层可保留固体状态直到温度上升到其熔点温度 2 973 K 或直到氧化层的机械破裂或直到氧化层被熔化的锆合金熔解为止。

当温度处于 2 879~3 123 K 时,UO_2、ZrO_2 和 $(U,Zr)O_2$ 固态混合物将开始熔化。

当温度大于 3 000 K 时,ZrO_2 和 UO_2 层熔化,所形成的含有高氧化浓度的低共熔混合物能溶解其他与之接触的氧化物和金属。在此工况下,堆芯内蒸汽的产生量对堆芯材料的氧化速度起决定性的作用。上述的重新定位机理明显涉及一种大范围的堆芯几何结构变形,其中堆芯下部区域中流道面积的减小限制了堆芯通道中冷却剂的流量,这将导致蒸汽量的不足。在总流通面积堵塞的情况下,不能获得蒸汽,将不再产生 H_2。需要说明的是,在较高温度的堆芯区域内消除金属锆氧化的这种重新定位机理,对限制温度逐步升高是有效的,其次对自动催化氧化而快速产生 H_2 的限制也是有效的。随着 Zr 的液化和重新定位,堆积的燃料芯块得不到支撑而可能塌落,并在堆芯较低的部位形成一个碎片床。在这种情况下,UO_2 可能破碎,并倒塌进入早先重新定位的碎片层,形成一种多孔碎片床。

堆芯熔融物的下落及碎片床的形成将进一步改变先前重新定位后堆芯材料的传热与流动特性,并将终止上腔室和损坏的堆芯上部区域之间的自然循环热传导。从这种状态开始,在沿棒束的空隙中,由熔化物形成的一层硬壳(根据第一次重新定位机理,Zr 和燃料液化、流下和固定)被一种陶瓷颗粒层覆盖,这层陶瓷颗粒由上部堆芯范围的坍塌所形成(第二次重新定位机理)。之后,堆芯熔化物有可能落入下腔室(第三次重新定位机理),从而对压力容器的完整性构成严重的威胁。

7.2　压力容器熔穿及熔液特性

当堆芯熔化过程发展到一定的程度,熔融的堆芯熔化物将落入压力容器的下腔室,在此过程中,也有可能发生堆芯坍塌现象,导致堆内的固态物质直接落入下腔室。堆芯熔融物在下落过程中,若堆芯熔化速度较慢,首先形成碎片坑,然后堆芯熔融物主要以喷射状(jet)下落(TMI 事故就是这类事故的实例);若堆芯熔化速度较快,堆芯的熔融物将有可能以雨状下落。在前一种形式下,由堆芯的熔融物与下腔室中的水或压力容器内壁接触的部位较为单一,而且热容量较大。相对后一种工况过程来说,事故发展的激烈程度和后果将较严重。若在压力容器的下腔室留存一定的水,在堆芯熔融物的下降过程中有可能发生蒸汽爆炸。若堆芯的熔融物在下降过程中首先直接接触压力容器的内壁,将发生消融现象(ablation),这将对压力容器的完整性构成极大的威胁。一旦堆芯的熔融物大部分或全部落入下腔室,压力容器的下腔室中可能存在的水将很快被蒸干,这时堆芯的熔融物与压力容器的相互作用是一个非常复杂的传质传热过程,是否能有效冷却下腔室中的堆芯熔融物将直接影响到压力容器的完整性。

7.2.1 碎片的重新定位

由于堆芯材料继续产生衰变热以及由于重新定位后材料的氧化而产生化学能,堆芯碎片将会继续加热,直到结块的内部部分熔化而形成一个熔化物坑,其底部由固态低共熔颗粒层支撑,并由具有较高熔化温度物质组成的硬壳覆盖。由于熔坑中熔融物的自然对流,熔坑可能增大,低共熔层将逐渐被熔化,直至它断裂(由于坑的机械应力和热应力)。另一方面,熔坑上部的覆盖层可能裂开(主要由于热应力),部分碎片落入熔坑。在这种情况下,重新定位机理与下腔室中熔落物坑的溢出有关。图7.4给出了堆芯倒塌后堆芯碎片在压力容器下腔室中的情况。

在堆芯碎片进入压力容器下腔室的重新定位过程中,大份额的堆芯材料有可能与下腔室中的剩余水相互混合,这种相互作用将产生大量的附加热、蒸汽以及随之产生的氢气(来自锆和其他金属与水的化学反应)。

在堆芯碎片重新定位中所涉及的几种主要现象具体如下。

(1)堆芯碎片与水的相互作用和主系统压力的增加。可能发生的蒸汽爆炸、熔融燃料与水在压力容器下腔室中的相互作用将使燃料分散成很小的颗粒,这些小颗粒在压

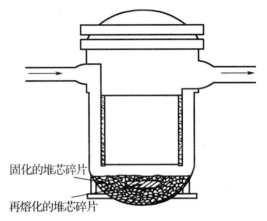

固化的堆芯碎片

再熔化的堆芯碎片

图7.4 堆芯坍塌

力容器下腔室形成一个碎片床。同时,大量冷却剂的蒸发将导致主系统压力的上升。

(2)堆芯碎片与压力容器下封头贯穿件的相互作用。堆芯熔融物可能首先熔化大量贯穿管道与压力容器的焊接部位,而导致压力容器的密封性能失效。

(3)下腔室中碎片床的冷却。下腔室中碎片床的冷却特性取决于碎片床的结构(碎片床的几何形状、碎片颗粒大小、孔隙率,以及它们的空间分布特性)及连续对压力容器的供水能力。碎片床的冷却过程伴随着一定的放射性物质进入安全壳。如果碎片床能被冷却,事故将会终止。

如果不能冷却燃料碎片,那么这些燃料碎片将在压力容器下腔室中再熔化,形成一个熔融池。熔融池中流体的自然对流会使压力容器下封头局部熔化。作用在下封头上的机械应力和热应力也有可能损坏其完整性。压力容器下封头被损坏后,熔融的燃料将进入压力容器下面的堆坑。若堆坑中注满水,堆芯熔融物与水的相互作用有可能引发压力容器外蒸汽爆炸。这种可能的蒸汽爆炸可以严重损坏安全壳厂房。与此同时,爆炸会形成另一些碎片床,并散布在整个安全壳的地面上,如果能提供足够的水并采取有效的冷却方式,这些碎片床是可以被冷却的。

7.2.2 下封头损坏模型

在轻水堆的严重事故过程中,下封头损坏的模型和时限对随后的现象和源项值有着重

要的影响。在对下封头损坏分析中,温度场起着确定性作用。从堆芯熔落物至压力容器内壁的传热取决于堆芯熔落物在下腔室的状态和结构特性、熔落的过程,以及与周边的传热条件等。可能的传热过程如下:

(1)固态碎片的瞬态导热;

(2)碎片的熔化,液态熔融物的自然对流;

(3)液态熔坑中不同物质的分层及其自然对流;

(4)压力容器内壁局部熔化等,对不同的物理过程应采用不同的物理模型。

各种损坏模型的基本特性如下:

(1)喷射冲击 由喷射冲击引起的消融是一种压力容器损坏的势能。高温喷射对钢结构侵蚀的特点是在冲击停滞点上有快速消融率,这种现象是早期反应堆压力容器损坏的一种潜在因素。

(2)下封头贯穿件的堵塞和损坏 堆芯碎片将首先破坏下封头的贯穿件管道。如果堆芯熔落物的温度足够高,那么在该管道壁可能发生熔化或蠕变断裂。来自三哩岛核事故的数据表明,管壁损坏发生在仪表管道上,并且许多管子被碎片堵塞。

(3)下封头贯穿件的喷出物 堆芯熔化破坏贯穿件管子,并且碎片积累后的持续不断的加热可能使管道贯穿件焊接处损坏。考虑到碳钢(下封头)和因科镍的热膨胀系数,系统压力也可能会超过管子和压力容器封头之间的约束应力。

(4)球形蠕变断裂 在压水堆中,堆芯碎片和压力容器壁之间直接接触引发对下封头的快速加热,加热以及由提升系统压力和/或堆芯碎片质量引起的应力可能导致球形蠕变断裂,并使下封头损坏。压力容器壁的平均温升是相当慢的,并且还取决于碎片的外形及其可冷却性。导致压力容器损坏的时间取决于系统应力、压力容器壁厚、堆芯碎片的显热和衰变热,以及堆芯碎片与压力容器壁之间的接触等。

对三哩岛核事故后堆芯内仪表响应曲线的分析和下封头区域的电视检查表明,多达20 t的熔融堆芯物质在事故后期坐落在下封头上。图7.5是下腔室中碎片的垂直截面剖析图,从图中可以观察到不规则但清晰的碎片外形。

 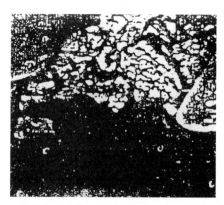

(a) 在压力容器中心附近存在的细表面碎片(<1 cm)　　(b) 压力容器南象限中观察到的岩状碎片颗粒

图7.5　在下封头中燃料碎片截面剖析图

压力容器热负荷的评估需要物理数据,如碎片的颗粒尺寸、构造、成分、几何形状及温度等初始条件。图7.6给出了不同边界碎片床的外形。对图9.6(a)所示的这种外形而言,假定一层多孔碎片沉积在压力容器下封头上,碎片颗粒之间的空隙由熔化的控制棒物质(银-铟-镉)混合物充填,形成一种紧靠压力容器的金属/陶瓷材料的固化层(零空隙度)。多孔的碎片集结在固化层上,它是由80%UO₂和20%Zr(质量比)组成的混合物。

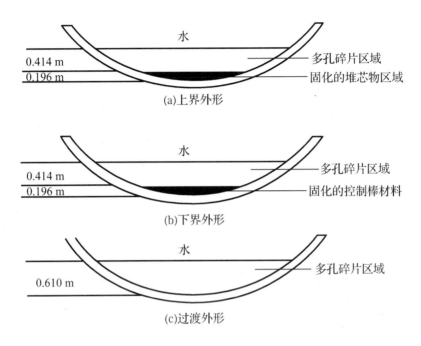

图7.6　用于估算压力容器热负荷的碎片外形模型

图7.6(b)所示碎片床假定控制棒材料在主要堆芯材料重新定位之前已重新定位并固化,在这之上的多孔区域与图7.6(a)所示的相似。图7.6(c)所示的外形表示一种过渡外形。

二维、有限元、瞬态热传导和自然对流程序 Couple-Fluid 是 EG&G 公司用来模拟下封头和径向/轴向中重新定位的堆芯材料中的传质传热过程。该程序利用 Galerkin 方法解二维能量迁移问题。对上述碎片外形的压力容器壁内侧和外侧温度的计算结果示于图7.7中。

7.2.3　高压熔化喷射

堆芯熔化后下封头失效时,堆芯熔融物进入安全壳有两种方式:熔融物跌落在堆坑混凝土地板上,或者下封头失效时压力容器内仍有较高压力,熔融物以喷射方式进入堆坑空间。RSS 反应堆安全分析只考虑了第一种方式,后续的概率安全评价工作则指出了发生第二种高压熔化喷射的可能性及其在严重事故下的重要作用。

20世纪80年代初美国郇山核电站概率安全研究(ZPSS)首次以该核电站布局为对象研究高压熔化喷射现象,以后的试验研究也多以郇山核电站几何形状为参照。实际上,高压熔化喷射现象与堆坑的几何形状关系十分密切,郇山核电站安全壳下部堆坑结构示意见图7.8。

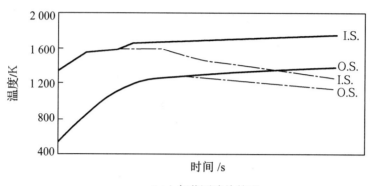

(a)上部范围碎片外形

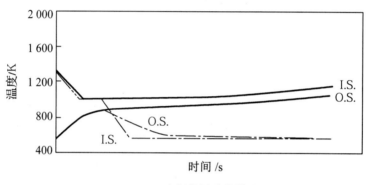

(b)中部范围碎片外形

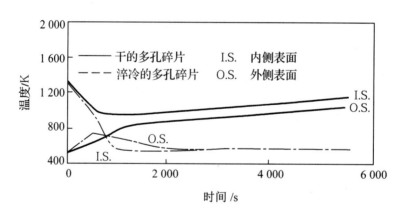

(c)下部范围碎片外形

图 7.7 计算的压力容器壁径向温度

ZPSS 中假定堆芯熔化时压力容器内压力仍达 1.4~17 MPa,其上限相应于稳压器 PORV 开启压力,下限是任意选定的。堆熔过程假定熔融物落入下封头,冲击若干堆内测量仪表管贯穿件的焊缝并使之失效,这几根仪表管贯穿件被弹出。熔融物在系统高压下随即喷射出来,原先直径 0.05 m 的贯穿件孔很快扩展到 0.4 m。随熔融物一起喷出的还有水蒸气和氢气。喷出的熔融物在堆坑以及安全壳内的分布取决于堆坑几何形状和水的存在。对于干堆坑,熔融物射流首先冲击底板,然后在底板上流动。对于有水层的湿堆坑,熔融物注入水中

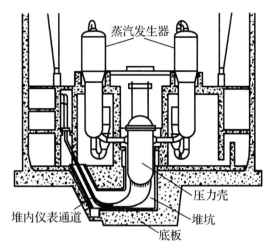

图 7.8 郇山核电站安全壳下部堆坑剖面结构

引发水的快速汽化,然后熔融物喷溅到堆坑底板上。熔融物喷射之后,压力容器开始喷放水、水蒸气和氢气。熔融物此时为高压汽水流冲出堆坑,产生一定数量的气溶胶。已经开展了很多关于高压熔化喷射现象中产生的气溶胶粒径分布试验。自由喷射试验采用 1:8 000 的体积比,以铝热法产生熔融物,熔炉充氮或二氧化碳到 1.4~17 MPa,使熔融物从底部喷出。其中两个不同压力下试验的结果如图 7.9 所示。可以看出,碎片粒径大部分在 10 μm 以上。

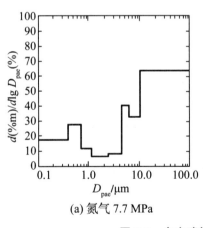
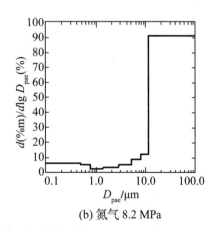

(a) 氮气 7.7 MPa　　(b) 氮气 8.2 MPa

图 7.9 自由喷射试验气溶胶径分布

在自由喷射试验的基础上,桑地亚试验所(SNL)以 1:20 和 1:10 的大尺度做了堆坑模拟试验。试验以自由喷射所用的熔融物发生器将 10 千克量级熔融物喷射入模拟堆坑,然后进行收集和测量。结果表明,碎片平均粒径在百微米量级,基本符合半对数分布规律,90%以上质量分散在粒径 40 μm 至 4 mm 之间,小于 10 μm 的粒子只占 1%左右。但是,熔融物的重新分布是明显的,90%以上熔融物排出了发生器,一部分逸出了堆坑。

高压熔化喷射过程中气溶胶形成的模型显然与压力容器内外的重要参量有关,这些参量见表 7.2。

表7.2 高压熔化喷射过程中模拟气溶胶产生所用的重要参量

压力容器内熔化过程参量	参与熔融的物质量
	熔融物的温度
	熔融物的组分
	压力容器内的气体组分
	压力容器内的系统压力
	压力容器的破裂形式
	堆坑通道的几何形状
	安全壳的结构
	安全壳的大气组分
	通过堆坑的喷气速度

破碎的堆芯碎片的行为对源项特别重要。较大的碎片是汽化释放的来源,较小的碎片具有气溶胶粒径,直接对源项有贡献。汽化和化学反应取决于比表面积,即取决于粒径分布。碎片行为研究中的一个重要方面是确定主导的气溶胶产生机制,其次是研究碎片的迁移行为及与构筑物的相互作用。

7.3 熔融物与水接触特性

当一种液体与另一种液体接触,并且第一种液体的温度比第二种液体的沸腾温度高得多时,第二种液体作为第一种液体的冷却物可能发生快速蒸发。在某些情况下,这种快速蒸发可能引发一种爆炸。蒸汽爆炸是一种声波压力脉冲(sonic pressure pulse),由快速传热引起。在反应堆严重事故环境中,当熔化的堆芯物质与水接触时,可能发生这种快速传热。

在轻水反应堆的严重事故过程中,有可能发生压力容器内和压力容器外两种典型的蒸汽爆炸。假定在高压下熔化的堆芯碎片滴落进下腔室剩余的饱和水中,就会引起压力容器内蒸汽爆炸。如果爆炸强度足够,将推动金属块或飞射物冲破压力容器并进而冲破安全壳。这类爆炸在 WASH-1400 中被假设为早期安全壳故障的一种可能的来源。然而,在小破口 LOCA 事故中,剩余的冷却剂水必然是饱和的,在饱和水中的蒸汽爆炸不可能很强烈。这就可以合理地假定:强烈的压力容器内蒸汽爆炸冲破安全壳的可能性非常小,可以忽略不计。

按照蒸汽爆炸的结论,在压力容器下封头中的一种高压冲击波瞬间传进冷却剂,加速冷却剂中未蒸发的液滴运动,接着冲击压力容器的上封头并可能引起压力容器损坏。一种很可能的损坏形式是小质量飞射物的爆炸喷射,例如控制棒驱动机构的爆炸喷射。压水堆装有屏蔽以阻滞这种飞射物,使飞射物不能到达安全壳内壁。用这种屏蔽并在蒸汽爆炸发生概率极低的情况下,通过这种机理引起的安全壳损坏被认为是不可能的。

轻水反应堆风险评价中蒸汽爆炸的影响一直是一个有争论的课题,在目前为止还不能做出最终判定。蒸汽爆炸评价小组或 SERG(1985)得出的结论是:这类事件的发生概率极低,可以忽略不计。

压力容器外的蒸汽爆炸假定是由熔融的堆芯碎片滴落进安全壳堆坑中的水中引起的。

在此情况下,压力容器外发生蒸汽爆炸的可能性极大,并可能大范围散布碎片。虽然它产生能损坏安全壳的飞射物的可能性极小,但由于在此过程中产生大量的蒸汽,有可能引发安全壳超压损坏。

低压下的蒸汽爆炸由三个阶段组成。熔融的燃料最开始是在冷却剂水池之上,见图7.10(a),接着落入水池,随着大的熔融燃料单元的分散,在燃料和冷却剂之间产生粗粒的混合物,如图7.10(b)所示,这些大单元的直径可达1 cm。它们与水之间的传热较弱,这是因为交界面的主要传热方式为一种膜状沸腾,且膜中带有不可凝气体。

第二阶段为冲击波触发阶段,这个阶段常常假设发生在压力容器的内表面,如图7.10(c)所示。一个压力脉冲带着燃料和水进入邻近液液接触(面),快速传热开始。随着更多的燃料破裂,强烈的传热过程迅速升级。接着这种冲击波穿过粗粒的燃料与冷却剂混合物,并把燃料破碎成小单元,这些小单元可以把它们储存的能量迅速地传递给冷却剂。这种能量释放增强了冲击波,冲击波在爆炸的过程中通过混合物连续增强,如图7.10(d)所示,然后高压蒸汽沿周向扩散,并把热能转化成机械能。

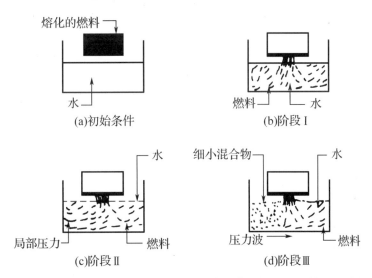

(a)初始条件:熔融燃料与冷却剂分开;(b)阶段Ⅰ:粗粒的混合物,传热慢,无压力增加;(c)阶段Ⅱ:触发过程,局部压力等来自冲撞或俘获;(d)阶段Ⅲ:增强,压力波迅速地碎裂燃料,通过细小碎片传热极为迅速。

图7.10 蒸汽爆炸阶段

熔融燃料储存的能量只要一释放进入冷却剂水池,就有一部分转化成冲击波能。这种转换的量值对于考虑总冲击波对反应堆系统的影响显然是非常重要的。试验研究表明,从燃料中储存的能量转换成爆炸能的转换因子约为2%。如果一座压水堆中所有的燃料都参与这种假想的反应,那么所形成的爆炸等效于100 kg TNT炸药的威力。

有关冲击波通过燃料-冷却剂混合物而增强的机理目前仍然存在着不同的看法:一种理论认为,存在着自然形成的气泡,这导致了从燃料到冷却剂的快速能量传输;另一种理论认为,冲击本身传热的机理与燃料被分裂成小单元的机理差异较大,小单元是在冲击中由剪切力形成的,并且这些小单元快速传播它们的能量给冷却剂是在冲击之前完成的。

7.4 熔融物与水接触传热

堆芯碎片(熔融物)与冷却剂之间极为迅速地传热可能会引起蒸汽爆炸。这类爆炸在其他工业中也有可能发生,比如当热流体的温度远远高于易挥发的冷流体温度,而且当它们充分混合时就会发生爆炸。这类爆炸有很多种叫法,如物理爆炸、蒸汽爆炸,这类爆炸易与化学气体爆炸相混淆。这种爆炸在烃运输工业领域被称为快速相变(RPTs);在核工业领域被称为燃料冷却剂相互作用(FCIs)或者熔融物冷却剂相互作用(MFCIs);在水冷堆中,又被称为蒸汽爆炸(SEs)。

在19世纪50年代,最早关注这类爆炸的是制铝工业。几乎在同一个时期,核工业也开始关注蒸汽爆炸的产生。随着核工业领域的发展,关于蒸汽爆炸方面的研究在19世纪80年代达到了鼎盛时期。大量中等规模的试验在世界各地的试验室开展研究,比如意大利的伊斯普拉环境研究所(Ispra)、美国桑帝亚(Sandia)国家试验室等。这些试验研究的主要内容是从反应堆安全评估角度出发,获取试验样机系统内能量传递率方面的信息。

各国学者通过在大量小的试验堆上进行试验,证明在计划或者事故下的功率飞升会导致剧烈的蒸汽爆炸。关于这方面的机理研究内容包括快速沸腾、熔融物碎裂和蒸汽爆炸的效力等。通过上述研究,两个重要的理论模型被提出:一个是由Fauske提出的自成核模型,可以用该模型来确定爆炸产生的临界值;另一个是由Board等提出的热爆炸模型,用来确定爆炸产生后的反馈效果。接下来我们就对这两种模型进行讨论和分析。

7.4.1 自成核模型

我们知道,如果两种不同温度的液体(或固体)相接触,那么这两种液体之间的界面温度(T_i)可以采用下式进行表示:

$$T_i = \frac{T_h(k\rho c_p)_h^{1/2} + T_c(k\rho c_p)_c^{1/2}}{(k\rho c_p)_h^{1/2} + (k\rho c_p)_c^{1/2}} \tag{7.3}$$

式中,k为热导率;ρ为密度;c_p为定压比热容;下标 h 和 c 分别指热流体和冷流体的相关参数。

接下来,我们需要讨论核化流体和亚稳态流体。当流体温度远远高于它在给定压力下的饱和温度时,该流体即处于一种亚稳定状态。在较小的热力学波动条件下流体是稳定的,但是如果有较大的扰动存在,就会有部分流体汽化产生蒸汽(汽化发生时系统是绝热的,因此流体汽化所需的热量来自其余部分的流体)。在流体内形成汽穴,必须克服表面张力的影响,但是气泡在生长过程中一旦超过了某个临界尺寸,表面张力的影响就会变得微乎其微。我们知道,当流体与固体接触时,固体表面凸凹不平会给气体或气泡提供汽化核心点,然而对于一种流体与另一种流体相接触这种情况,汽化核心点是不存在的。因此,只有在随机的分子波动足够大时,达到临界尺寸的晶核才能形成,气泡才能生长。这种晶核形成的速度可用Volmer关系式给出:

$$J \propto \exp\left(\frac{-W}{kT}\right) \tag{7.4}$$

式中,J 为每单位容积内气泡的核化速度;k 为波尔兹曼(Boltzmann)常数;W 为晶核形成所需的可逆功,且

$$W = \frac{16\pi\sigma}{3(p_g - p_1)^2} \tag{7.5}$$

式中,σ 为液体的表面张力;p_g 为蒸汽的压力;p_1 为液体的压力。

如果把气泡的核化速度随温度的变化趋势绘制在一张图上,则可以看出,气泡的核化速度随温度的增加呈幂指数级上升。Reid 通过试验也证明了气泡的核化速度对温度的变化非常敏感。比如,410 K 温度下 1 m^3 的乙烷基需要经过大约 10^{21} 年才能观察到一个气泡成核,而当温度变为 420 K 时,气泡核化平均仅需要 10^{-14} 秒。这种流体内部非常快速地产生核化的温度称为均匀核化温度或过热极限,用 T_{hn} 表示。由于核化速度随温度的变化非常迅速,因此核化速度只能在一定范围内计算。

下面给出了 T_{hn} 的近似计算关系式:

$$T_{hn} = [0.11(p/p_{crit}) + 0.89]T_{crit} \tag{7.6}$$

式中,下标 crit 表示临界点对应的值。

在两种不同流体的分界面上,核化温度由于不完全湿润有可能降低。降低的核化温度称为自核化温度,用 T_{sn} 表示。如果两种材料间的接触角为 θ,在计算气泡产生需要的功(式7.5)时需要乘以一个系数 $f(\theta)$,即

$$f(\theta) = \frac{1}{4}(2 + 3\cos\theta - \cos^3\theta) \tag{7.7}$$

从上式可以看出,如果接触角 $\theta = 0°$,也就是处于完全湿润状态时,系数 $f(\theta) = 1$,$T_{sn} = T_{hn}$。而在不完全湿润的极限状态 $\theta = 180°$ 时,系数 $f(\theta) = 0$,$T_{sn} = T_{sat}$。

基于上述分析,Fauske 提出发生大规模的蒸汽爆炸需要满足以下几条准则:

(1)两种流体彼此完全隔离,中间隔着一个蒸汽层;

(2)蒸汽膜瓦解后,两种流体必须直接接触,并能够迅速产生能量转移;

(3)当蒸汽膜瓦解时,界面温度必须远远超过自成核温度,使得附近瞬间有蒸汽形成,进而导致液相间的爆炸和混合;

(4)必须有充分的惯性约束,使得冲击波能够形成,并且能够在液体彼此分开之前有大量的能量被转移。

上述状态是发生蒸汽爆炸所需的条件。之后,Henry 和 Miyazaki 以及 Henry 和 Fauske 对该机理模型进行进一步的完善,并给出发生蒸汽爆炸需要的压力上限,这个模型叫作液滴捕获模型。模型的使用条件是要求流体以倾注的方式接触,并且湿润性良好。它认为只有在冷流体的热边界层足够厚,能够容纳一个临界尺寸大小的蒸汽空穴时,自成核过程才能形成,并且要求冷流体内部存在压力梯度,大量气泡才能成长。按照模型的推论,该模型的特征可以描述为小的冷流体液滴被热界面层捕获,并且迅速汽化,而大的液滴则会持续进行膜态沸腾。另外,该模型还预测升高压力或者超临界接触温度会使爆炸现象消失。

关于这个液滴捕获模型目前还存在争议,最大的争议在于有数据明确表明在爆炸传播前沿压力是高度的超临界压力,而根据液滴捕获模型,爆炸前沿的峰值压力应该被限制在 $p_{sat}(T_{hn})$ 以内。另一方面,在自成核区域内高速核化是否对爆炸升级前期的快速响应有作用尚不能确定。因此,关于这方面的研究和讨论还在进行当中。

7.4.2 热爆炸模型

几乎在同一时间,Board 和 Hall 提出了另一个具有竞争性的理论,称为热爆炸模型。根据他们对锡-水爆炸现象的试验观察,他们对化学爆炸和蒸汽爆炸进行类比分析。在化学爆炸过程中,冲击波会穿透整个混合均匀的化学反应体。冲击波传递过程中会产生绝热压缩,使温度升高,从而急剧加速化学反应进程。另外,化学能的释放会产生高压,因此可以保证冲击波在贯穿反应体时能够平稳传播。试验测量的结果表明在冲击波后的一个较窄区域内的化学反应是完全的。

对于蒸汽爆炸,冲击波的传播会导致两种流体的破碎及混合,使得热流体向易挥发冷流体传递热能。在这个过程中会产生高压,从而推动冲击波向下游的传播。Board 和 Hall 提出用化学爆炸与蒸汽爆炸进行类比:化学爆炸中贯穿冲击波的温度阶跃会导致化学能释放;蒸汽爆炸中,两种流体分界面上的温度阶跃和热流体周围蒸汽膜的瓦解会导致热能传递。在此基础上,他们进一步假设在冲击波后的一个窄域内两种流体即刻达到热平衡和力平衡,这个假设意味着可以将爆炸过程中的流体质点的破碎、混合以及热量传递等复杂的过程略去,然后只考虑两种状态:初始的两种流体分开的状态和最后完全混合的平衡状态。通过这个假设就可以利用简单的方程来预测爆炸发生过程中冲击波的传播特性。

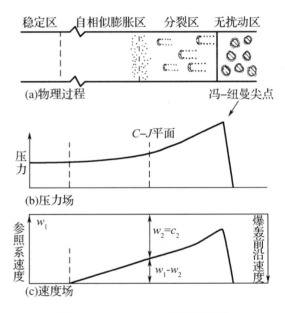

图 7.11 给出了爆轰波阵面的压力和速度变化过程中爆炸传播的概念图。假设爆炸前沿是以恒定的速度向下传播,则冲击波前沿的运动可由图 7.12 给出的参照系统进行描述。

图 7.11 Board-Hall 模型概念图

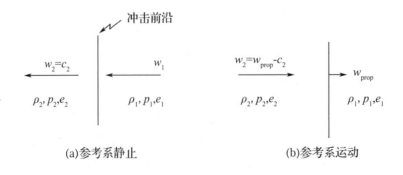

图 7.12 参考系静止及运动条件下的爆轰前沿

在这个坐标系下,整个反应区内质量、动量和能量的传递可以分别由下列式子给出,此组关系式亦是随冲击波阵面运动的坐标系中的冲击波关系式:

$$w_1\rho_1 = w_2\rho_2 \equiv j \tag{7.8}$$

$$p_1 + \rho_1 w_1^2 = p_2 + \rho_2 w_2^2 \tag{7.9}$$

$$e_1 + \frac{p_1}{\rho_1} + \frac{1}{2}w_1^2 = e_2 + \frac{p_2}{\rho_2} + \frac{1}{2}w_2^2 \tag{7.10}$$

将这些方程联立可得

$$\frac{1}{2}(p_1 + p_2)(v_1 - v_2) = e_2 - e_1 \tag{7.11}$$

通过这个方程就可以建立初始状态和最终状态的热力学关系。在上述关系式中,w 为速度;ρ 为密度;p 为压力;e 为气体内能;v 为比体积;下标 1、2 分别表示激波前和激波后的参数。

假设反应材料的状态方程已知 [比如 $p_2 = p(v_2, e_2)$],利用方程(7.11)就可以在 $p\text{-}V$ 图上给出绝热爆炸状态下各种可能的最终状态的轨迹图。图 7.13 给出了典型的 $p\text{-}V$ 图,图中虚线表示绝热冲击,表示在无燃烧的情况下各种可能的最终状态的轨迹图。对应于图 7.13,爆轰曲线可分为五个区域,NC 段为亚音速流,对应于强爆轰波;CA 段为超音速流,对应于弱爆轰波;AB 和 BD 段为爆燃分支,D 点为爆燃点,其中 BD 段对应弱爆燃波,波后为亚音速。

考虑到质量、动量的阶跃变化,可以得到

$$j = \sqrt{\frac{p_2 - p_1}{v_1 - v_2}} \tag{7.12}$$

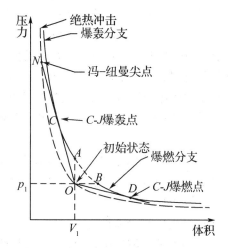

图 7.13 平面的爆轰轨迹图

式中,j 指的是通过爆炸前沿(波前,爆轰波阵面)的质量流量。由式(7.12)可知,压力和比体积的变化方向相反(即压力和密度的变化方向相同,要么同时增加,要么同时减小)。显然,对于穿过强间断面时压力增加、比体积减小的情形对应着爆轰波;对于穿过强间断面时压力减小而比体积增加的情形对应着爆燃波。由式(7.12)可知,绝对不会出现压力和比体积同时增加和同时减小的情况。因此,$A\text{-}B$ 段是没有物理意义的,因为现实不存在 p 和 V 同时增加的过程。

如果波前状态一定,且质量流量 j 一定,则式(7.12)在 (p,v) 平面上为一条直线,该直线通过 $O(p_1,v_1)$ 点,斜率由通过爆轰波阵面(波前)的质量流量来确定,这条线称为瑞利线(Rayleigh line),即图 7.13 上的 $NCOD$ 线。C 点指的是在爆轰波稳定传播的条件下,爆轰反应产物的终态在 (p,v) 平面上对应着与瑞利线相切的点,这个点为恰普曼-儒格点(C-J point),即爆轰点。该点对应的爆轰速度等于爆轰产物中小扰动的传播速度,可用式(7.13)表示:

$$w_C = v_1\sqrt{\frac{p_2 - p_1}{v_1 - v_2}} \tag{7.13}$$

式中,w_C 为该状态下的音速,且

$$w_C = D - u_C \qquad (7.14)$$

式中,D 表示爆轰波阵面的传播速度(即爆速);u_C 为爆轰产物的速度。由式(7.14)可以看出,能够出现稳定爆轰的前提就是由于爆轰波阵面之后的稀疏扰动刚好追上爆轰波阵面,而不是超过它,因此可以保证爆轰波阵面反应区不受扰动,从而使爆轰波达到稳定,自持传播。

回到图 7.11,我们就可以解释爆轰波阵面的压力变化。对于爆轰的稳定过程,冲击波将原始材料由初始状态(p_0, v_0)压缩到(p_N, v_N),压力突然升高到一个峰值点 N,N 点即为冯-纽曼尖点(von-Neumann spike),然后沿着瑞利线降低,逐渐变化到 C 点。这个过程存在着放热和膨胀的动态变化,压力降到 C 点后反应结束。

Board 和 Hall 使用式(7.8)~式(7.13)给出了高温锡与水接触时爆炸的 C-J 状态。对于 1 000 ℃的锡、水、蒸汽混合物,他们得出爆轰压力大约是 100 MPa,爆轰波阵面的传播速度大约为 300 m/s。另外他们还发现,如果初始没有或者仅有少量的蒸汽产生,爆轰压力还会更高。如果采用 Simpkins 和 Bales 的液滴破碎模型,他们发现在大约 200 μs 的时间内,锡液滴迅速从最初直径为 10 mm 裂变成很多微米级的小颗粒,并形成厚度大约 100 mm 的燃烧区域。除此之外,他们预测在 UO_2-Na 系统中,爆轰产生的压力可能会高达 1 500 MPa。然而,使用热爆炸模型时要求热爆炸产生的能量全部被冷流体所吸收,而且该模型只适用于一维爆轰波阵面的计算,因此,Board 和 Hall 在推导数学模型时进行了以下四点简化假设:

(1)在冲击波到达之前系统内存在着准均相的几何体;

(2)冲击波以恒定的速度在系统中传播,这个假设回避了刚开始触发到稳定爆轰之间的复杂过程的模拟;

(3)热流体与冷流体完全接触;

(4)随着冲击波的推进,反应区内两种流体达到热平衡和力平衡。

但是按照这四点假设,Board 给出的计算结果其实与实际相去甚远。Board 计算得到的爆轰压力值远远高于试验测量值。Board 给出的解释是,由于旁流、相间滑移以及在冷热流体相互作用的区域内蒸汽的形成都会造成试验中爆轰压力的降低。不幸的是,Board 给出的这些解释无法通过试验来进行证明。

Condiff 指出,造成这种结果的原因是 Board 采用与化学爆轰类比的方法进行研究是不够充分的,因为在 p-v 图上确定与瑞利线相切的恰普曼-儒格点的方法只适用于一元系统。虽然对于 Board 模型还有其他方面的质疑,但是 Board-Hall 模型在研究蒸汽爆炸方面还是取得了突破性的进展。

7.5　安全壳直接加热过程的传热

7.5.1　现象

安全壳是在核反应堆和环境之间的实体屏障,它在各种事故工况下起着阻止或减缓放射性物质向环境释放的作用。安全壳设计能承受的最大热负荷和最大机械负荷由设计基准事故(DBA)确定,例如一次 LOCA、全厂断电、内部失火等,并且能容纳放射性物质以便把事故的后果降至最小。大破口失水事故(LB-LOCA)对安全壳来说是给定了最大压力的DBA。喷淋器、冷凝器、水池和冰床这类专设安全设施(ESF)被用来减缓对安全壳完整性的威胁。

在 TMI-2 严重事故后,许多国家进行了有关安全壳承受超过它设计基础负荷能力的大量研究,结果表明安全壳结构承受这种挑战的能力是设计值的 2~3 倍。这是因为在安全壳的设计中考虑了一定安全裕量,其中包括大量的不确定因素,这些不确定因素本身与安全壳设计所用材料的性质和结构有关。这就是安全裕量在假想的严重事故中在确定安全壳的损坏压力和温度中扮演重要角色的原因。

虽然严重事故发生的概率极低,但在堆芯熔化的严重事故工况下安全壳损坏将导致严重的环境灾害。因此,反应堆安全研究和先进反应堆设计把重点集中在安全壳的设计上,这种设计要经受得住已确认的严重事故的挑战。

1. 作用于安全壳的机械负荷和热负荷

用于防止设计基准事故(DBA)的安全壳设计需能够吸收由于 DBA 引起的压力和温度增加所产生的负荷。然而,如果严重事故中压力和温度的增加超过设计基准限值的话,那么安全壳的强度必须依靠安全裕量。

《反应堆安全研究》一书对安全壳损坏的起因做了以下分类:

(1)蒸汽爆炸;

(2)安全壳隔离损坏;

(3)由于氢气燃烧产生的超压;

(4)由于蒸汽和不凝气体产生的超压损坏;

(5)地基熔穿;

(6)安全壳旁通。

按照安全壳损坏的时间可以对这些模型进行再分类:

(1)安全壳隔离损坏;

(2)安全壳旁通;

(3)(4)(5)接近反应堆压力容器熔穿(早期损坏)时的超压损坏;

(6)反压堆压力容器熔穿后数小时;

(7)地基熔穿,裂变产物释放至大气中(后期故障)。

在严重事故期间可能导致作用于安全壳的负荷超过设计基准负荷的另一些过程和物

理现象如下：

(1) 蒸汽爆炸；

(2) 氢气产生、扩散并燃烧；

(3) 高压熔化喷射和直接安全壳加热(DCH)；

(4) 碎片床冷却；

(5) 熔融堆芯物质与混凝土相互作用；

前三种过程可能是安全壳早期损坏的起因，后两种相当于长期持久的瞬变。

2. 高压情况

某些常在轻水堆的 PSA 中所考虑的假想事故序列能导致严重堆芯解体，并且当主冷却剂系统仍被加压时能导致反应堆压力容器损坏，使熔融的堆芯快速进入安全壳堆坑，随后在安全壳中分散成极细的块状物质，并向外扩散，从而在安全壳中引发复杂的质量和能量转换过程，并导致压力和温度的明显增加。

在高的系统压力下，由全厂断电事故引起的堆芯熔化会导致核电厂直接安全壳加热(DCH)。在 Zion 核电站的概率安全研究中首先指出 DCH 的潜在风险，其后在三哩岛核电站(TMI)严重事故的评价文献中和 USNRC 的反应堆风险参考文献 NUREG-1150 中被明确指出。尽管这种事故发生的概率低，但代表了最大风险。图 7.14 给出了 DCH 过程的示意图。

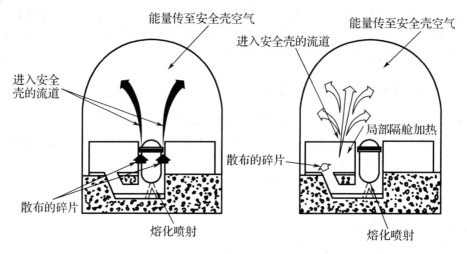

图 7.14　直接安全壳加热(DCH)

为了评估压力容器外碎片能否冷却，不论能否提供水，也不论是否存在着传热途径，都必须进行碎片的重新定位。堆芯碎片散布的评估必须考虑特殊的事故序列和核电站的几何特征。涉及 DCH 的主要问题有以下几个：

(1) 压力容器损坏之前的系统压力；

(2) 压力容器(或系统)损坏的模型；

(3) 下腔室中熔融物的质量；

(4) 系统中熔融物和气体的成分；

(5) 熔融物的温度。

3. 排放现象

如果有效数量的熔融物熔穿反应堆压力容器的下封头,小颗粒或滴落的熔化物将进入安全壳堆坑的空气中。在这种情况下,大量化学能(由熔化过程中金属氧化产生)和热能(来自熔融物表面的对流与辐射换热)将进入安全壳的空气中,导致安全壳中温度和压力的快速增加。

(1)起泡和喷射中断。由来自碎片的溶解气体快速释放引起的起泡可能导致爆炸和排放喷射的中断。

(2)气体突然冒出和气体力学雾化。只要有效份额的碎片保留在压力容器中,甚至当孔靠近下封头的中心时,就可能发生气体排放的动作(气体突然冒出),而且在两相排放期间可能排放出有效份额的碎片。两相排放将引起碎片的气体力学雾化,因而引发颗粒尺寸分布的变化。

(3)孔的消融。压力容器喷孔的尺寸可能由于钢壳壁的消融而大大增加,因此孔的消融是一个重要的现象,因为穿孔的尺寸决定堆芯熔融物排放进入安全壳的持续时间和状态。

4. 堆坑中的现象

这里仅讨论开式 PWR 堆坑中的一些现象。开式 PWR 堆坑由一个圆柱区域组成,在压力容器下部连接着一个通道区,该区有一个或多个大开口进入安全壳下部区域。安装有仪表导管的堆坑通道被认为是碎片扩散的主要路径。

(1)碎片的夹带和堆坑内的气体流动。若气体排放进入一个开式的 PWR 堆坑,沉积在堆坑地面上的碎片将被冲走,并随气流以细颗粒的形式被夹带到通道区域的尾部。若是高压排放,所有的碎片将很快从空腔地面上被带走。当处于低压排放时,只有部分碎片可能被夹带,在这种情况下,夹带阈值和夹带率是重要的参数。穿过堆坑的气流可能是非常不均匀的,不均匀性导致局部高流速,而产生高的夹带率。

(2)在弯道外的沉积和再次夹带。当流动遇到空腔中的弯道时,部分较大的颗粒将沉积在内壁上。沉积的碎片可能通过溅射或其他机理再次被夹带。这个过程极为重要,因为它将影响碎片到达主安全壳容积的量和尺寸分布。

(3)堆坑内金属的氧化。碎片中铁和锆与蒸汽的氧化放热对安全壳的 DCH 及增压贡献较大。在金属的氧化过程中产生氢气,氢气能与后来的氧气在安全壳中再化合并释放出附加的能量。

(4)堆坑的快速加热和增压。堆坑中夹带的碎片与气体之间存在着一个大的传热面积,它们之间的传热能非常迅速地升高碎片中气体的温度。这个过程有两个主要后果:第一,它增加了气体的流速,从而增加了碎片的夹带率;第二,它可能导致堆坑的局部增压,堆坑的增压可能导致结构物的损坏和飞射物的产生。

(5)堆芯碎片与堆坑中水的相互作用。在压力容器损坏时,堆坑内可能存在水,水的存在可能导致蒸汽爆炸、碎片的骤冷、由快速蒸汽的产生而引起的碎片扩散增加和碎片加速氧化。

5. 安全壳内的现象

(1)从扩散的碎片中快速传热。由 DCH 对安全壳局部增压或全部增压主要来自碎片的直接和间接传热。

(2)扩散碎片的快速氧化。细微的扩散碎片为氧化提供了大量接触面积。在含氧丰富的空气中铁和锆的放热氧化反应对 DCH 的贡献很大。

(3)氢气的传播和燃烧。在蒸汽浓度较低的安全壳隔舱中,氢气可以由铁和锆的氧化来产生,并且随后可能被传送到含氧丰富的区域发生氢气燃烧。这种过程有可能引起安全壳实质性增压。

(4)传热至结构物。碎片的扩散和由此引起的迅速 DCH 有可能降低从空气至安全壳结构物的传热,从而使增压得到明显减缓。用安全壳程序进行的负荷估算表明,若整个堆芯熔化,熔融物喷射进入大型干式 PWR 安全壳,安全壳内可能形成约 1 MPa 的峰值压力和约 1 000 K 的峰值温度,这是设计压力的 3 倍,将可能导致安全壳损坏。

6. 碎片床及其冷却

在堆芯碎片从主系统排放到堆坑或地基区域之后,若这些区域中存在水,碎片能在极短的时间内骤冷。骤冷产生蒸汽,从而增加安全壳内的压力,压力的上升量取决于蒸汽的产生速率。

碎片床的可冷却性取决于水的供给量及其方式、堆芯碎片的衰变功率、碎片床的结构特性(碎片颗粒的大小及其分布、空隙率及其分布)等。由于堆芯碎片物质的最终冷却是终止严重事故的重要标准,碎片床的可冷却特性是目前学术界研究的热点。在三哩岛事故中,在压力容器的下封头内约有 20 t 的堆芯碎片物质最终被冷却,至今人们对这一现象的产生原因还不清楚,主要原因是复杂的碎片床的三维结构、冷却剂进入碎片床的途径不明等。安全壳内碎片床的状态与结构取决于事故的过程,以及核电站对严重事故的管理方式。碎片床可能是液态的,也可能由固态颗粒组成(多孔介质),但空隙率很低,也有可能是由不同的多孔介质特性(颗粒大小、空隙率)组成的分层结构,还有可能是三维的堆状结构等。不同结构与状态的碎片床的可冷却特性差异较大。对液态的碎片床来说,国外有关试验研究结果表明,对碎片床采取顶端淹没(top-flooding)不能最终冷却碎片床,原因是在碎片床的上表面形成了一硬壳,从而阻碍冷却剂浸入碎片床的内部。若能从液态的碎片床的底部提供冷却剂,剧烈的熔融物与水的相互作用会形成多孔的固态碎片床,而且其空隙率可高达 60%,这样的碎片床是非常容易被冷却的。

对于分层的多孔碎片床来说,若上层的碎片具有较小的颗粒和较低的空隙率,采用顶端淹没将难以冷却这样的碎片床,但若采用底部淹没,其最终冷却是可以达到的。

总之,碎片床的冷却是一个非常复杂的传质传热过程,强烈地受碎片床颗粒的尺寸、冷却剂穿过碎片床的方法、碎片床的厚度以及系统的压力等可变因素的影响。

7.5.2 安全壳直接加热计算模型

1. 单室平衡模型(SCE model)

单室平衡模型是最早研究安全壳直接加热方面的计算模型。该模型由 Pilch 提出,简称 SCE 模型。该模型在使用时有如下假设:

①把整个安全壳看作是一个单一的控制体,并且安全壳内没有能壑;

②弥散在安全壳内的碎片充满了整个安全壳的空间,而且碎片悬浮过程足够长,可以使安全壳内所有的热化学反应达到一种平衡状态。

基于上述假设,安全壳内能量守恒方程可以表示为

$$\frac{\mathrm{d}U}{\mathrm{d}t} = \dot{Q}_{g,b} + \dot{Q}_{g,dg} + \dot{Q}_{g,H_2} \tag{7.15}$$

上式中,等式右边三项分别表示反应堆冷却剂系统喷放、弥散碎片与气体的热交换以及氢气燃烧所释放的能量。其中,弥散碎片所携带的能量方程为

$$\frac{\mathrm{d}U_d}{\mathrm{d}t} = u_d(T_d^0)\frac{\mathrm{d}N_d}{\mathrm{d}t} + \dot{Q}_{d,r} + \dot{Q}_{g,dg} \tag{7.16}$$

式中,等式右边前两项分别表示碎片向安全壳扩散过程中携带的热能和弥散碎片氧化所释放的能量。等式右边第三项则表示弥散碎片与气体进行热交换过程中的能量损失率。

将式(7.15)与式(7.16)进行联立,就可以得到

$$\frac{\mathrm{d}U}{\mathrm{d}t} = \dot{Q}_{g,b} + \dot{Q}_{d,r} + \dot{Q}_{g,H_2} - \frac{\mathrm{d}U_d}{\mathrm{d}t} + u_d(T_d^0)\frac{\mathrm{d}N_d}{\mathrm{d}t} \tag{7.17}$$

对上式从 $t=0$ 到 $t=\infty$ 进行积分,就可以得到单室平衡模型的能量平衡方程为

$$U(T_e) - U(T^0) = \Delta E_b + \Delta E_r + \Delta E_{H_2} + [U_d(T_d^0) - U_d(T_e)] \tag{7.18}$$

因此从上式可以看出,当安全壳内所有的热化学反应达到一种平衡状态时,安全壳内气体内能的增加由四部分组成。其中,ΔE_b、ΔE_r、ΔE_{H_2} 分别表示由于反应堆冷却剂系统喷放、碎片氧化以及氢气燃烧所造成的安全壳内空气内能增加量。$[U_d(T_d^0)-U_d(T_e)]$ 表示碎片与喷放气体进行热交换过程中释放的热能,由于热平衡温度 T_e 未知,因此这一项很难被量化。

为了求解,可以引入一个参考温度对 $[U_d(T_d^0)-U_d(T_e)]$ 进行变形处理,即

$$U_d(T_d^0) - U_d(T_e) = U_d(T_d^0) - U_d(T_r) - [U_d(T_e) - U_d(T_r)] \tag{7.19}$$

上式可以进一步简化为

$$U_d(T_d^0) - U_d(T_e) = \Delta E_t - [U_d(T_e) - U_d(T_r)] \tag{7.20}$$

式中,ΔE_t 表示相对于参考温度 T_r 的条件下,弥散碎片与喷放气体进行热交换过程中释放的最大内能。

运用热平衡方程,在 T_e 温度下,碎片所具有的内能可以变形为

$$U_d(T_e) = N_d C_d T_e = (N^0 + N_b)C_V T_e \frac{N_d C_d}{(N^0 + N_b)C_V} = U(T_e)\psi \tag{7.21}$$

式中,ψ 表示热容比,$\psi = \dfrac{N_d C_d}{(N^0 + N_b)C_V}$。在这里可以认为气体(包括安全壳内空气和喷放气

体)的摩尔热容是恒定不变的,碎片的摩尔比热容也同样可以被认为是恒定的。因此有

$$U_d(T_r) = U(T_r)\psi \tag{7.22}$$

利用这种变换,安全壳内空气的总内能变化最大值可以表示为

$$\Delta U = U_d(T^0) - U(T^0) = \frac{\Delta E_b + \Delta E_t + \Delta E_r + \Delta E_{H_2}}{1 + \psi} \tag{7.23}$$

由于直接加热导致安全壳内压力升高的最大值可以通过联立气体状态方程和内能方程进行求解,因此有

$$\frac{\Delta p}{p^0} = \frac{\Delta U}{U^0} = \frac{\sum \Delta E_i}{U^0(1 + \psi)} \tag{7.24}$$

式(7.24)即是描述单室平衡模型的计算方程。

热容比非常重要,在碎片-蒸汽达到热平衡之前,$1/(1+\psi)$表示的是爆炸碎片传递给气体的热能比。ψ 通常比较小,因此绝大部分碎片的能量都会传递给安全壳内的空气。另外,$1/(1+\psi)$ 也可以用来描述局部位置(比如堆坑处)碎片与气体之间的传热量。局部的 ψ 可能会相当大,因为为了达到局部的热平衡,熔融物只需释放出一小部分的能量给气体。

另外,在采用式(7.24)进行计算时,需要确定相关参数的大小,下面就对所涉及的参数给出详细的描述。

(1)反应堆冷却剂系统喷放气体及安全壳空气的摩尔含量

根据理想气体状态方程,安全壳内空气的摩尔含量可以由下式计算给出:

$$N^0 = \frac{p^0 V}{R_u T^0} \tag{7.25}$$

反应堆冷却剂系统向周围空间喷放时,会发生热量和质量的传递,这部分喷放的气体含量可以按照理想气体等熵喷放进行计算:

$$N_b = \frac{p_{RCS}^0 V_{RCS}}{R_u T_{RCS}^0}\left[1 - \left(\frac{p^0}{p_{RCS}^0}\right)^{1/7}\right] \approx \frac{p_{RCS}^0 V_{RCS}}{Z^0 R_u T_{RCS}^0}\left[1 - \left(\frac{p^0}{p_{RCS}^0}\right)^{1/7}\right] \tag{7.26}$$

式中,$\dfrac{p_{RCS}^0 V_{RCS}}{R_u T_{RCS}^0}$ 表示在反应堆压力容器破裂之前的反应堆冷却剂系统中气体的摩尔含量;$\dfrac{p^0}{p_{RCS}^0}$ 表示喷放气体刚进入安全壳初期时,安全壳内压力与反应堆冷却剂系统的压力比。由于式(7.26)在计算时用理想气体代替接近饱和态的高压喷放蒸汽,因此计算结果与实际会有很大的偏差。为了减小这种误差,在式(7.26)中引入了一个压缩系数 Z^0,在反应堆冷却剂系统处于高压喷放时,$Z^0 = 0.75$。

(2)参与 DCH 的碎片摩尔含量

参与安全壳直接加热的碎片含量与反应堆压力容器破损时,压力容器下封头处熔融堆芯的摩尔含量有关,因此

$$N_d = f_{disp} f_{eject} N_d^0 \tag{7.27}$$

式中,f_{eject} 表示压力容器破损初期,下封头熔融物中喷射到堆坑的比例份额,f_{disp} 表示进入堆坑的熔融物中弥散到安全壳内的碎片所占的份额。

Plich 等在 1992 年的试验结果表明,当反应堆压力容器破损时,压力容器下封头处的熔融物基本上全部喷放到堆坑里,因此 $f_{eject} \approx 1$。

（3）反应堆冷却剂系统喷放所释放的能量

根据能量守恒方程，在反应堆冷却剂系统喷放过程中，单位时间内安全壳空气所吸收的能量等于反应堆冷却剂系统喷放所损失的能量，因此

$$\frac{dU_{g,b}}{dt} = -\frac{dU_{RCS}}{dt} = \frac{V_{RCS}}{\gamma - 1}\frac{dp_{RCS}}{dt} \tag{7.28}$$

假设喷放时，反应堆冷却剂系统压力瞬间降到安全壳内的初始压力，那么反应堆冷却剂系统喷放的能量就可以由下式算出：

$$\Delta E_b = -\Delta U_{RCS} = \frac{V_{RCS}P_{RCS}^0}{\gamma - 1}\left(1 - \frac{p^0}{p_{RCS}^0}\right) \tag{7.29}$$

（4）碎片携带的热能

从堆坑中弥散出的熔融碎片会把它所携带的显热和潜热传递给安全壳内的空气。以安全壳的初始温度（298 K）作为参考，熔融碎片释放的热能可以表示如下：

$$\Delta E_t = U_d(T_d^0) - U_d(T_r) = N_d[u_d(T_d^0) - u_d(T_r)] = N_dC_d(T_d^0 - T_r) \tag{7.30}$$

从最后一个等式可以看出，碎片携带的热能主要跟熔融的碎片量有关。

（5）熔融碎片氧化释放的能量

堆芯融熔物中一般含有铬、铁、锌等金属成分，因此从堆坑弥散出的熔融碎片中的金属就会与周围的蒸汽发生化学反应，产生热量并释放氢气。对于含有金属元素的熔融碎片，金属的氧化是按照一定顺序进行的，首先是锆，其次是铬和锌。锌的金属活性较低，基本上处于中性，因此虽然熔融碎片中的锆和铬含量较少，但是锆和铬燃烧会消耗掉大量的氧气，并产生几乎全部的热能，而锌则与蒸汽反应生成氢气。

根据上述分析，熔融碎片氧化所释放的最大热能为

$$\Delta E_r = N_d\Delta h_r\delta_{r,stm} \tag{7.31}$$

式中，摩尔反应热 Δh_r 主要与熔融碎片的组成成分有关；$\delta_{r,stm}$ 表示金属氧化消耗蒸汽所释放出的能量份额，可用下式描述：

$$\delta_{r,stm} = \frac{\sum N_{d,i}\Delta h_{r,i}\min\left(\frac{N_{stm,i}}{\nu_{d,i}N_{d,i}};1\right)}{\sum N_{d,i}\Delta h_{r,i}} \tag{7.32}$$

式中，$\nu_{d,i}$ 为化学计量系数，它表示每摩尔金属氧化所需要的蒸汽的物质的量。根据熔融物内金属氧化的次序，每一层金属氧化所需要的蒸汽的物质的量可由下面的递推公式求出：

$$N_{stm,i} = \max(0; N_{stm,i-1} - \nu_{d,i}N_{d,i}) \tag{7.33}$$

初始值可选 $N_{stm,i} = N_{RCS}^0$。除惰性气体之外，$\delta_{r,stm}$ 一般都等于 1。

对于熔融碎片中的金属而言，其有四种被氧化的可能，即在空气中的氧化、蒸汽中的氧化、喷放蒸汽中的氧化和堆坑水中的氧化。如果有氧气存在，碎片中的金属首先与氧气反应。如果碎片与蒸汽接触，则氧化产生的氢气会迅速与氧气结合燃烧。在这种情况下，金属氧化所释放出的净能量跟碎片直接燃烧的结果差不多，但还是存在一些细微的差别。在第一种情况下，即碎片中的金属直接与氧气发生反应时，所有的化学能都会被首先释放出来，因此会增加熔融碎片的温度并增大碎片持续被氧化的可能性。而在第二种情况下（碎片与蒸汽发生反应），只有一部分化学能沉积在碎片熔滴中，因此碎片的温度不会太高。

(6)氢气燃烧释放的能量

假设安全壳直接加热状态下,所有的氢气都被完全燃烧,那么氢气燃烧所释放出的最大的能量可以表示为

$$\Delta E_{H_2} = (N_{H_2,RCB} + N_{H_2,RCS} + \nu_d N_d \delta_{H_2,stm}) \cdot \Delta h_{H_2} \delta_{H_2,O_2} \tag{7.34}$$

式中,Δh_{H_2} 为摩尔燃烧能。氢气燃烧有三种来源需要考虑,即安全壳中已存氢气(压力容器破损之前反应堆冷却剂系统释放出的氢气)的燃烧、压力容器破损瞬间喷放气体中所含的部分氢气和碎片-蒸汽反应产生的氢气。而碎片氧化生成的氢气量主要跟蒸汽量有关,故

$$\delta_{H_2,stm} = \frac{\sum \nu_{d,i} N_{d,i} \min\left(\frac{N_{stm,i}}{\nu_{d,i} N_{d,i}}; 1\right)}{\sum \nu_{d,i} N_{d,i}} \tag{7.35}$$

对于压水堆比较有代表性的事故序列,SCE 模型预测在安全壳内压力升高到 0.7 MPa 左右时会对安全壳的安全性造成威胁。压力的升高主要来自主冷却剂系统内气体的喷放、碎片携带的潜热及显热、金属碎片的氧化,以及安全壳内已存在的和不断产生的氢气等。其中碎片携带的潜热和显热所造成的压力升高占整个过程压力升高的51%。

2. 两室平衡模型(TCE model)

两室平衡模型是单室平衡模型的拓展。它认为安全壳内隔舱可以有效地阻止气载碎片与安全壳内空气之间的热量交换。

两室平衡模型(TCE)的思想是把安全壳分成两个独立的部分进行考虑:一部分包括堆坑及安全壳内的隔舱,另一部分指的就是安全壳的上穹顶。在这两部分空间里,都会出现安全壳直接加热过程中的各种现象。因此,根据此模型计算的结果应该正比于这两部分空间内释放的能量之和。安全壳隔舱内碎片释放的热量主要被喷放过程中弥散的气体所吸收。从反应堆压力容器喷出的碎片和从堆坑中弥散出的碎片在安全壳隔舱和上穹顶之间进行分配。进入安全壳隔舱内的碎片与喷放出的蒸汽达到热平衡,而进入上穹顶的碎片与安全壳内的空气之间达到热平衡。在这些过程中,安全壳可以被认为是绝热的。在安全壳直接加热过程中,金属与蒸汽之间发生化学反应产生氢气,所有安全壳直接加热过程中产生的氢气可以被认为像氢气喷嘴一样喷放到安全壳的上穹顶,并发生绝热燃烧。而安全壳内已存在的氢气只有安全壳内空气被加热到一定程度时才会发生自燃或爆燃。当燃烧率超过向设备的传热率时,爆燃释放的能量有可能增加安全壳的负荷。

TCE 模型通过以下三种假设将分析过程进行简化:①假设已存在氢气只在安全壳被加热过程中发生燃烧;②从堆坑中扩散出的碎片大部分进入安全壳的隔舱内;③大部分喷放蒸汽释放的热量都用来加热安全壳。

根据 TCE 模型的思想,在安全壳直接加热现象发生时,安全壳内空气吸收的总的内能由上穹顶和安全壳隔舱内吸收的内能组成:

$$\Delta U = \Delta U_1 + \Delta U_2 \tag{7.36}$$

基于单室平衡模型,安全壳内空气吸收的总的内能可以表示成内能变化的最大值与压力变化率的乘积,即

$$\Delta U = (\eta_1 + \eta_2)(\Delta U)_{1C} \tag{7.37}$$

因此,安全壳内压力的变化可以写成

$$\frac{\Delta p}{p^0} = (\eta_1 + \eta_2)\left(\frac{\Delta p}{p^0}\right)_{1C} \tag{7.38}$$

式中，η_1、η_2 分别表示安全壳直接加热过程中，隔舱与上穹顶区域内的压力变化率。下面分别对安全壳内隔舱区域以及上穹顶区域内的 DCH 过程进行分析。

(1)安全壳内隔舱区域的 DCH 过程

从反应堆压力容器喷放出的气体和碎片进入堆坑后，又会以一定的面积比 f_{a1} 进入隔舱中。碎片所携带的热量主要被喷放的气体所吸收，喷放的气体与碎片之间的热量交换主要受两方面的物理限制：一种是如果喷放过程中，气体很少或几乎没有时，进入隔舱内碎片携带的热量主要被隔舱区域残留的气体所吸收；另一种是如果喷放过程中，喷放的气体量很大，则碎片的热量主要被喷放气体吸收。不管是哪种情况存在，隔舱内氢气燃烧对 DCH 的影响都不重要，主要是因为在喷放过程中，隔舱内的大部分氧气已被热的喷放气体推到安全壳的上穹顶区域，残留在隔舱内的氧气量远远少于金属与氢气之间反应产生的氢气量，因此可以不考虑氢气燃烧产生的影响。

在隔舱内喷放气体吸收的能量可以表示为

$$\Delta U_1 = \frac{f_{a1}(\Delta E_b + \Delta E_t + \Delta E_r) - f_{a1}N_d C_d(T_1 - T_r)}{1 + \psi_1} \tag{7.39}$$

式中，ψ_1 表示隔舱内的局部热容比。从整体来看，热容比对 DCH 的影响较小，但是对于安全壳内的隔舱区域，碎片与气体之间的传热量会由于局部较大的热容比而急剧降低。

碎片与喷放气体相互作用过程中，热阱温度在安全壳初始温度与反应堆冷却剂系统温度之间变化，温度变化大小主要取决于是把隔舱内空气作为热阱还是把喷放的气体作为热阱。不管哪种情况，在安全壳直接加热过程，空气与喷放气体的混合会形成一种中间温度，即

$$T_1 = \frac{f_{a1}f_{coh}N_{RCS}^0 T_{RCS}^0 + f_{v1}N^0 T^0}{f_{a1}f_{coh}N_{RCS}^0 + f_{v1}N^0} \tag{7.40}$$

在这里，需要对气体所吸收的能量做一个修正，原因在于式(7.39)中所列出的各种内能的参考温度不同于安全壳的初始温度。因此，对于参考 SCE 模型可将式(7.39)修正如下：

$$\Delta U_1 = \frac{f_{a1}(\Delta E_b + \Delta E_t + \Delta E_r) - f_{a1}N_d C_d(T_1 - T_r)}{(1 + \psi_1)(\Delta U)_{1C}} \tag{7.41}$$

上式还可以表示为隔舱对整个 DCH 过程负载增加的贡献量，即压力变化率 η_1 为

$$\eta_1 = \frac{f_{a1}(\Delta E_b + \Delta E_t + \Delta E_r) - f_{a1}N_d C_d(T_1 - T_r)}{(1 + \psi_1)(\Delta U)_{1C}} \tag{7.42}$$

式中，ΔE_b、ΔE_t、ΔE_r 与单室平衡模型中的含义相同。参考 SCE 模型，引入式(7.23)，将式(7.42)做如下变形处理，在式(7.42)的分子部分加上并减去一项氢气燃烧产生的能量项，同时对分子部分第二项的温度变化进行变形，即

$$\eta_1 = \frac{1 + \psi}{1 + \psi_1} \cdot \frac{f_{a1}\left(\sum \Delta E_i\right)_{1C} + f_{a1}(\Delta E_{H_2})_{1C} - f_{a1}N_d C_d(T_d^0 - T_r)\dfrac{T_1 - T_r}{T_d^0 - T_r}}{\left(\sum \Delta E_i\right)_{1C}} \tag{7.43}$$

经过简化处理，上式变形为

$$\eta_1 = f_{a1} \frac{1+\psi}{1+\psi_1} \left[1 - \left(\frac{\Delta E_{H_2}}{\sum \Delta E_i} \right)_{1C} - \left(\frac{\Delta E_i}{\sum \Delta E_i} \right)_{1C} \frac{T_1 - T_r}{T_d^0 - T_r} \right] \tag{7.44}$$

式(7.44)等号右端中各未知量的计算均可参照单室平衡模型给出。

(2)安全壳内上穹顶区域的 DCH 过程

反应堆安全壳厂房的上穹顶区域占据了整个安全壳体积的90%以上,但是只有非常少的碎片能够到达这个区域。与隔舱区域不同的是,所有的氢气不管是在哪里产生都在上穹顶区域燃烧。因此,上穹顶区域的气体所吸收的能量可以表示为

$$\Delta U_2 = \frac{f_{a2}(\Delta E_b + \Delta E_t + \Delta E_r) + N_{H_2,燃烧} \Delta e_{H_2} - f_{a2} N_d C_d (T_2 - T_r)}{1 + \psi_2} \tag{7.45}$$

式中,局部的热容比可以表示为

$$\psi_2 = \frac{f_{a1} N_d C_d}{\max[f_{a2} f_{coh} N_{RCS}^0 : f_{v2} N^0] C_v} \tag{7.46}$$

参照式(7.40),安全壳上穹顶区域的热阱温度为

$$T_2 = \frac{f_{a2} f_{coh} N_{RCS}^0 T_{RCS}^0 + f_{v2} N^0 T^0}{f_{a2} f_{coh} N_{RCS}^0 + f_{v2} N^0} \tag{7.47}$$

同隔舱区域一样,对于上穹顶安全壳直接加热过程的压力变化率可以表示为

$$\eta_2 = \frac{f_{a2}(\Delta E_b + \Delta E_t + \Delta E_r) + N_{H_2,燃烧} \Delta e_{H_2} - f_{a2} N_d C_d (T_2 - T_r)}{(1 + \psi_2)(\Delta U)_{1C}} \tag{7.48}$$

同样,引入式(7.23),在式(7.48)的分子部分加上并减去一项氢气燃烧产生的能量项,同时对分子第三项的温度变化进行变形,得

$$\eta_2 = \frac{1+\psi}{1+\psi_2} \left[f_{a2} - (f_{a2} - f_{burn}) \left(\frac{\Delta E_{H_2}}{\sum \Delta E_i} \right)_{1C} - \left(\frac{\Delta E_i}{\sum \Delta E_i} \right)_{1C} \frac{T_2 - T_r}{T_d^0 - T_r} \right] \tag{7.49}$$

式中,f_{burn} 表示在上穹顶区域,氢气实际燃烧的份额,有

$$f_{burn} = \frac{N_{H_2,燃烧}}{(N_{H_2,燃烧})_{1C}} \tag{7.50}$$

(3)安全壳上穹顶区域的氢气燃烧

图 7.15 为安全壳直接加热事故中的氢气燃烧示意图。安全壳内氢气的产生有三种来源:一是安全壳空气中已存的氢气,这些氢气来源于压力容器破裂前的堆芯冷却剂系统;二是压力容器破裂时,喷放气体中所含的氢气;三是碎片与蒸汽反应产生的氢气,产生的氢气量主要受化学平衡的制约。

在反应堆堆坑或安全壳隔舱内,金属与蒸汽反应产生的热氢气进入上穹顶区域内,并发生扩散性燃烧。燃烧产物会继续上升并与安全壳内的空气混合,如果安全壳已存空气中含有充足的氢气和少量的蒸汽,在混合过程中还有可能发生

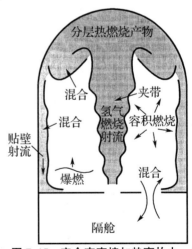

图 7.15 安全壳直接加热事故中氢气燃烧示意图

安全壳空气中已存氢气的燃烧。燃烧产生的热辐射会加热安全壳内的空气。当安全壳内空气加热到一定程度时,就会发生大面积的容积燃烧,如果安全壳内空气温度超过一定阈值,就有可能发生爆燃。

另外,安全壳内冷壁面不断吸收热量会导致热的燃烧产物与安全壳内壁面附近冷的空气进行混合,如果混合区域的温度足够高,则在安全壳内壁面附近也会发生氢气燃烧现象。

为了评估在氢气、蒸汽和空气混合物中发生自然式爆燃的压力、温度等条件,必须首先了解这些气体在安全壳系统中的分布。在小规模的试验研究中,对有关氢气从快速降压燃烧到爆炸的各阶段的密度分布、燃烧特性及其转变的基本条件有了初步的认识。然而,大规模的试验数据非常有限。

在有空气和蒸汽存在的环境中,氢气的易燃性和爆燃特性在轻水氢气手册(A L Camp Sandia 1983)中有介绍,对不同燃烧方式的氢气浓度的下限值为(体积百分比):①向上扩展4.1%;②横向扩展6.0%;③向下扩展9.0%。

Shapiro 和 Moffette(1957)提出的通用易燃性限值的三元特性曲线圈(见图7.16),可应用于不冷凝空气、蒸汽和氢气的混合气体。

在 EPRI 进行的一个大球形压力容器中的氢气燃烧试验表明,氢气燃烧发展而成的压力对氢气浓度极其敏感(见图7.17)。若在一座大型 PWR 安全壳(如郇山电厂)中,在氢气浓度达4%~10%的范围内(这一范围相当于堆芯100%锆合金的氧化),氢气的燃烧将产生一个约 $1.44p/p_0$ 的峰值压力,其中 p_0 为燃烧之前的压力。

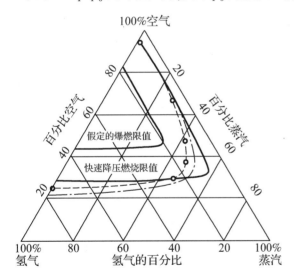

图 7.16 氢气的快速减压燃烧和
爆燃限值:空气,蒸汽混合气体

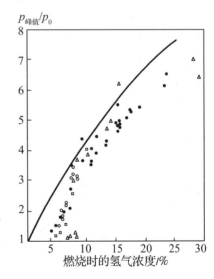

图 7.17 燃烧形成的峰值压力

由于存在不同的燃烧模型,因此评估由于氢气燃烧而引起的对安全壳内结构物及设备的压力与温度的变化较为困难。下面将简单介绍几种不同氢气燃烧方式的特征。

①扩散燃烧

当热的氢气从安全壳隔舱区域向上穹顶扩散时,会发生扩散性燃烧。这部分氢气一部分来源于喷放蒸汽与溶液中金属成分的反应,另一部分来源于反应堆压力容器破损时蒸汽喷放过程中携带的氢气。

氢气排放过程中燃烧所需要的热量和氧气主要来源于热的碎片颗粒和高温的喷放气体。Shepard 证实净氢气发生自燃所需要的温度一般为 903 ~ 1 003 K。Zabetakis 通过试验也观察到,当蒸汽含量增加到大约 60%时,净氢气自燃需要的温度在 1 000 K 左右,而且随着蒸汽含量的增加,净蒸汽自燃需要的温度也会逐渐升高。

氢气扩散燃烧是由一个连续的氢气流作供给的稳定燃烧,其特点在于生成的压力峰值较小而可忽略,但由于燃烧时间较长,引起的局部热流密度较高。在有点火器的情况下发生这种扩散燃烧的可能性较大,安装这种点火器的目的是降低氢气的扩散范围和降低氢气的浓度,进而降低事故发生的风险。

②快速减压燃烧

快速减压燃烧是指燃烧以相当慢的速度从点火处向氢气、蒸汽和空气的混合气体中蔓延,其特点在于压力的增加较适度和高热流密度持续的时间较短。氢气燃烧的速率和总量决定了由此而产生的作用于安全壳的附加压力和温度。

③爆燃

就安全壳直接加热事故本身而言,如果安全壳空气里含有大量的氢气和少量的蒸汽,则燃烧现象会进一步加剧,发生爆燃。这是燃烧以超声波的速度在氢气、蒸气和空气的混合气体中扩散,其特点是在极短时间内形成较高峰值压力,这种现象可用氢气-空气-蒸汽燃烧图来描述。图 7.18 给出了由 Marshall 和 Kumar 绘制的两种典型的被普遍引用的氢气燃烧浓度数据图,适用条件要求空气温度大约在 375 K。从图中可以看出,当蒸气浓度一定时,爆燃发生要求氢气浓度必须超过最低燃烧极限要求。另外,蒸气浓度也有个极限值,当超过这个值之后,氢气惰性增强,即使浓度增加也不会发生燃烧。

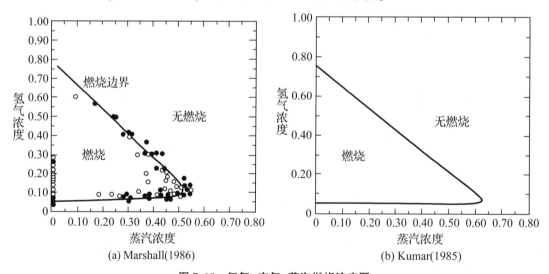

(a) Marshall(1986)　　　　　　(b) Kumar(1985)

图 7.18　氢气-空气-蒸汽燃烧浓度图

最低燃烧极限通常有两种方法可以确定:一种是通过压力升高来判断;另一种是通过燃烧火焰能够传播的距离来确定。Marshall 和 Kumar 试验结果分别代表了这两种判定方法。Marshall 认为当氢气浓度达到燃烧极限时,安全壳内的压力增加量趋近于零。因此,确定氢气燃烧极限的浓度可通过安全壳内压力的突然增高来判定。但是该方法只能给出临界压力值的大小,适用性相对较差。而后者可以通过在安全壳内布置一系列的热电偶传感器,通过测量温度变化来确定燃烧火焰能够传播的距离,该方法相对前者适用性较广。

在安全壳中释放的氢气有可能由于初始释放的动量、强制循环系统、安全壳喷淋和自然循环等原因被输送出安全壳。安全分析必须评估凡是氢气存在的区域其积累的浓度是否明显地比安全壳剩余氢气的浓度大。可燃气体的分布将受几种过程的影响,这些过程可能单独或者联合作用使氢气与蒸汽和空气混合。这些过程有:①扩散;②由温度增减引起的自然对流;③由风扇和喷淋形成的强制对流;④各种堆舱之间的强迫对流,流动由压差形成,而压差由各堆舱中的非均匀(排)放气和传热引起。

除了采用点火器来缓解氢气爆燃的危险外,另一种方式是采用复合器。这两种方式可单独使用,也可同时使用,取决于事故的进程。西门子公司研制的复合器具有运行功率较低的特点(在安全壳压力 0.26 MPa 和氢气浓度为 4%时,一个 1.5 m×1.4 m×0.3 m 的复合器面板可以消耗约 3.6 kg/h 的氢气),因此它主要是用来减缓氢气浓度生成速率使之低于易燃的限值。复合器的工作原理是催化 $2H_2+O_2 \longrightarrow 2H_2O$,使之在较低的氢气浓度下发生反应,而且反应能发生在较低的温度下。这种复合器的工作是"非能动的",也就是说它们是自启动和自供给,没有移动的部件,不需要外部供能。只要在安全壳内侧的氢气浓度开始增加,这些复合器就能自发地动作。

(4)传热至结构物

在安全壳加热过程中,向壳内结构物的传热可以有效减缓氢气爆燃导致的壳内压力升高。首先,氢气燃烧把热量传给安全壳内的空气,而后壳内结构物经由安全壳内的空气吸收热量,因此,向壳内结构物的传热是一个间接的热传递过程。

氢气爆燃向安全壳内空气释放的净能量可以表示为

$$\Delta E_{H_2} = (\dot{E}_{H_2} - \dot{E}_{HT})\tau_{DCH} \tag{7.51}$$

上式通过变形又可表示为

$$\Delta E_{H_2} = \eta \Delta E_{H_2(max)} \frac{\tau_{DCH}}{\tau_{H_2}} \left(1 - \frac{\dot{E}_{HT}}{\dot{E}_{H_2}}\right) \tag{7.52}$$

结果安全壳内已存氢气中燃烧所占的份额为

$$f_{pre} = \frac{\Delta E_{H_2}}{\Delta E_{H_2(max)}} = \eta \frac{\tau_{DCH}}{\tau_{H_2}} \left(1 - \frac{\dot{E}_{HT}}{\dot{E}_{H_2}}\right) \tag{7.53}$$

氢气爆燃是否能够增加安全壳内的压力,取决于安全壳内空气向热构件的传热量是否超过氢气爆燃的能量。因此,f_{pre} 的限值必须是 $0 \leqslant f_{pre} \leqslant 1$。在极限情况下,对于绝热的安全壳,氢气燃烧时间近似等于安全壳直接加热时间 $\tau_{DCH} \approx \tau_{H_2}$,而且安全壳内已存氢气全部燃烧用来增加安全壳内压力,因此 $f_{pre} \approx \eta$。

安全壳内空气传递的热量一部分被壳内构件所吸收,另一部分被壳内能动的热阱,如风冷器所吸收,因此

$$\dot{E}_{HT} = hA_s(T_{a,m} - T_s) + \dot{E}_{AHS} \tag{7.54}$$

式中,h 表示壳内空气传递给结构物的有效传热系数,其与 DCH 过程中的热辐射密切相关;$\dot{E}_{AHS}$ 表示被能动热阱所吸收的热量。在断电事故中,能动的热阱不可用,可以不用考虑这部分热阱吸收的热量。

氢气爆燃所释放的能量为

$$\dot{E}_{H_2} = \frac{\eta N_{H_2} \Delta e_{H_2}}{\tau_{H_2}} \tag{7.55}$$

式中,氢气燃烧时间 τ_{H_2} 主要受安全壳上穹顶高度 H 以及燃烧火焰速度 V_f 的影响,即

$$\tau_{H_2} = \frac{H}{V_f} \tag{7.56}$$

火焰燃烧速度 V_f 可由试验来确定,Wong(1988)在整理大量试验数据的基础上,给出了描述火焰燃烧速度的关联式:

$$V_f = 23.7 H^{1/3} \left[\frac{X_{H_2}}{1 - X_{STM}} - X_{H_2}(V_f, T) \right] f(V_f, T) \exp(-A) \tag{7.57}$$

式中

$$X_{H_2}(V_f, T) = 0.036 - 5 \times 10^{-5}(T - 273) \tag{7.58}$$

$$f(V_f, T) = \left(\frac{T}{373} \right)^{1/3} \tag{7.59}$$

$$A = 4.877 X_{STM}(1 + 0.616\,77 X_{STM}) \tag{7.60}$$

因此,判别氢气爆燃是否能够增加安全壳的峰值压力,主要看氢气燃烧的能量释放量是否大于壳内构件的吸热量,若满足 $\dfrac{\dot{E}_{HT}}{\dot{E}_{H_2}} \leqslant 1$,则氢气爆燃会增加安全壳的峰值压力。

复习思考题

7-1 什么是核反应堆严重事故,其大致可分为哪两类?

7-2 高压熔堆的特点有哪些?

7-3 切尔诺贝利和三哩岛核事故发生的主要原因是什么?

7-4 堆芯坍塌后碎片重新定位的现象有哪些?

7-5 反应堆严重事故中,当熔化的堆芯物质与水接触时会发生什么现象?

7-6 低压下的蒸汽爆炸由哪几个阶段组成?

7-7 什么是瑞利线,什么是恰普曼-儒格点?

7-8 什么是单室平衡模型和两室平衡模型,它们的区别是什么?

7-9 反应堆安全壳的作用是什么?

7-10 当发生压力容器熔穿的严重事故时,安全壳内会出现哪些现象?

7-11 安全壳直接加热事故中,氢气的来源有哪些?

7-12 在安全壳内采用什么方法可以减小氢气积聚的危害?

7-13 氢气爆燃能否增加安全壳内的压力取决于什么因素?

参 考 文 献

[1] JUHN P E, KUPITZ J, CLEVELAND J, et al. IAEA activities on passive safety systems and overview of international development[J]. Nuclear Engineering and Design, 2000, 201(1): 41-59.

[2] HAGA K, TASAKA K, KUKITA Y. The simulation test to start up the PIUS-type reactor from isothermal fluid condition[J]. Journal of Nuclear Science and Technology, 1995, 32(9): 846-854.

[3] 朱继洲. 核反应堆安全分析[M]. 西安: 西安交通大学出版社, 2004.

[4] TUJIKURA Y, OSHIBE T, KIJIMA K, et al. Development of passive safety systems for next generation PWR in Japan[J]. Nuclear Engineering and Design, 2000, 201(1): 61-70.

[5] 濮继龙. 压水堆核电厂安全与事故对策[M]. 北京: 原子能出版社, 1995.

[6] PIND C, FREDELL J. Summary of theoretical analyses and experimental verification of PIUS density lock development program[C]. Rome: IAEA Technical Committee Meeting(TCM) on Progress in Development and Design Aspects of Advanced Water-cooled Reactors, 1991.

[7] 国际原子能机构. 当代压水堆核电站发展新趋势: 先进压水堆设计方案述评[M]. 北京: 机械工业出版社, 1997.

[8] 臧希年, 申世飞. 核电厂系统及设备[M]. 北京: 清华大学出版社, 2003.

[9] 阎昌琪. 气液两相流[M]. 哈尔滨: 哈尔滨工程大学出版社, 1995.

[10] TONG L S. Simplified calculation on thermal transient of a UO_2 fuel rod[J]. Nuclear Science and Engineering, 1961, 11(3): 340-343.

[11] HOBSON D O, RITTENHOUSE P L. Embrittlement of zircaloy clad fuel rods by steam during LOCA transients. ORNL-4758. Oak Ridge National Laboratory, 1972.

[12] HOBSON D O. Ductile-brittle behavior of zircaloy fuel cladding[R]. CONF-730304. US Atomic Energy Commission. Washington D C, 1973.

[13] 阎昌琪, 曹欣荣. 核反应堆工程[M]. 哈尔滨: 哈尔滨工程大学出版社, 2004.

[14] 薛汉俊. 核能动力装置[M]. 北京: 原子能出版社, 1990.

[15] 赵兆颐, 朱瑞安. 反应堆热工流体力学[M]. 北京: 清华大学出版社, 1992.

[16] 任功祖. 动力反应堆热工水力分析[M]. 北京: 原子能出版社, 1982.

[17] 徐济鋆. 沸腾换热和气液两相流[M]. 2版. 北京: 原子能出版社, 2001.

[18] 鲁钟琪. 两相流与沸腾传热[M]. 北京: 清华大学出版社. 2002.

[19] SHI Z M. Experimental research on CHF for square array of 9 rod bundle, thermal calculation and experiments for reactor[M]. Beijing: Atomic Energy press, 1989.

[20] DOGALL R S AND ROHSENOW W M. Film boiling on the inside of vertical tubes with upward flow of fluid at low qualities[R]. MIT Report NO. 9079-26, 1963.

[21] RICHLEN S L, CONDIE K G. Comparison of post-CHF heat transfer correlations to tube

data[R]. Report SRD-134-76,INEL. 1976.

[22] WEBB S W,CHEN J C. Inferring non-equilibrium vapor conditions in convective film boiling [C]. ANS 2nd International Topical Meeting on Nuclear Reactor Thermal-hydraulics,January,1983.

[23] LEE K,RYLEY D J. The evaporation of water droplets in superheated steam[J]. Journal of Heat Transfer,1968,90(4):445-451.

[24] VARONE A F,ROHSENOW W M. Post dryout heat transfer prediction [C]. Pro. of International Workshop on Fundamentals of Post-Dryout Heat Transfer, Salt Lake City,1984.

[25] KIANJAH H,DHIRV K,SINGH A. An experimental study of heat transfer enhancement in dispersed flow in rod bundles[C]. Pro. of International Workshop on Fundamentals of Post-Dryout Heat Transfer,Salt Lake City,1984.

[26] CLARE A J,FAIRBAIRING S A. Droplet dynamics and heat transfer in dispersed two-phase flow[C]. Pro. of International Workshop on Fundamentals of Post-Dryout Heat Transfer, Salt Lake City,1984.

[27] GROENEVELD D C,DELORME G G J. Prediction of thermal non-equilibrium in the post-dryout regime[J]. Nuclear Engineering and Design,1976,36(1):17-26.

[28] HEIN D,KOHLER W. A. Simple to use post dry out heat transfer model accounting for non-equilibrium[C]. Pro. of International Workshop on Fundamentals of Post-Dryout Heat Transfer,Salt Lake City,1984.

[29] SAHA P,SHIRALKAR B S,DIX D E. A post dry out heat transfer model based on actual vapor generation rates in dispersed droplet regime[R]. ASME77-HT-80,1980.

[30] CHIOU J S,YOUNG M Y. Spacer grid heat transfer during reflood[C]. Presented at Joint NRC/ANS Meeting on Basic Thermal Hydraulic Mechanisms in LWR Analysis, NUREG-CP-0043,1982.

[31] SUCEC J. An improved quasi-steady approach for transient conjugated forced convection problems[J]. International Journal of Heat and Mass Transfer,1981,24(10):1711-1722.

[32] PASAMEHMETOGLU K O,NELSON R A. Further considerations of critical heat flux in saturated pool boiling during power Transients[C]. National Heat Transfer Conference. Houston:ASME,1988.

[33] ISAO K,AKIMI S,AKIRA S. Transient boiling heat transfer under forced convection[J]. International Journal of Heat and Mass Transfer,1983,26(4):583-595.

[34] COSTIGAN G,WADE C D. Visualization of the reflooding of a vertical tube by dynamic neutron radiography[C]. International Workshop on Fundamental Aspects of Post—Dryout Heat Transfer. Salt Lake City,1984.

[35] YAO S C,HENRY R E. An investigation of the minimum film boiling temperature on horizontal surfaces[J]. Journal of Heat Transfer,1978,100(2):260-267.

[36] THOMPSON T S. Rewetting of a hot surface [C]. Proceedings of 5th International Heat Transfer Conference. Tokyo,1974,4:139-143.

[37] CHUN M H,CHON W Y. Analysis of rewetting in water reactor emergency core cooling

inclusive of heat transfer in the unwetted region [C]. Winter Annual Meeting. New York: ASME,1975.

[38] CHOWDHURY S K R,WINTERTON R H S. Transition boiling on surfaces of different surface energy [C]. International Workshop on Fundamental Aspects of Post-Dryout Heat Transfer,Salt Lake City. 1979.

[39] GRIGORIEV V A,PAVLOV Y M,AMETISTOV Y V,et al. Concerning the influence of thermal properties of heating surface material on heat transfer intensity of nucleate pool boiling of liquids including cryogenic ones[J]. Cryogenics,1977,17(2):94−96.

[40] BLISS F E JR,HSU S T,CRAWFORD M. An investigation into the effects of various platings on the film coefficient during nucleate boiling from horizontal tubes [J]. International Journal of Heat and Mass Transfer,1969,12(9):1061−1072.

[41] CHENG S C,NG W W L,HENG K T. Measurements of boiling curves of subcooled water under forced convective conditions[J]. International Journal of Heat and Mass Transfer, 1978,21(11):1385−1392.

[42] BARNARD D A,GLASTONBURY A G,WARD JA. The Measurement of Post-Dry out Heat Transfer at Low Pressure and Low Mass Quality Under Steady State conditions [C]. European Two-Phase Flow Group Meeting,ISPRA Joint Research Center,1979.

[43] RAGHEB H S,CHENG S C. Surface wetted area during transition boiling in forced convective flow[J]. Journal of Heat Transfer,1979,101(2):381−383.

[44] REID R C. Rapid phase transitions from liquid to vapor [M]. Advances in Chemical Engineering Volume 12. Amsterdam:Elsevier,1983,12:105−208.

[45] CRONENBERG A W. Recent developments in the understanding of energetic molten fuel-coolant interactions[J]. Nuclear Safety,1980,21(3):319−337.

[46] HENRY R E,MIYAZAKI K. Effects of system pressure on the bubble growth from highly superheated water [C]//In Topics in Two-Phase Heat Transfer and Flow. New York: ASME,1978.

[47] 吕洪生,曾新吾. 连续介质力学-中册-流体力学与爆炸力学[M]. 长沙:国防科技大学出版社,1999.

[48] 范宝春. 两相系统的燃烧、爆炸和爆轰[M]. 北京:国防工业出版社,1998.

[49] SIMPKINS P G,BALES E L. Water-drop response to sudden accelerations[J]. Journal of Fluid Mechanics,1972,55(4):629−639.

[50] FLETCHER D F,ANDERSON R P. A review of pressure-induced propagation models of the vapour explosion process[J]. Progress in Nuclear Energy,1990,23(2):137−179.

[51] CONDIFF D W. Contributions concerning quasi-steady propagation of thermal detonations through dispersions of hot liquid fuel in cooler volatile liquid coolants[J]. International Journal of Heat and Mass Transfer,1982,25(1):87−98.

[52] PILCH M M. A two-cell equilibrium model for predicting direct containment heating[J]. Nuclear Engineering and Design,1996,164(1/2/3):61−94.

[53] PILCH M M. Hydrogen combustion during direct containment heating events[J]. Nuclear Engineering and Design,1996,164(1/2/3):117−136.

［54］环境保护部核与辐射安全监管二司,环境保护部核与辐射安全中心.日本福岛核事故
　　　［M］.北京:中国原子能出版社,2014.

［55］LEE C H,MUDAWWAR I. A mechanistic critical heat flux model for subcooled flow boiling
　　　based on local bulk flow conditions［J］. International Journal of Multiphase Flow,1988,
　　　14(6):711-728.

［56］HARAMURA Y,KATTO Y. A new hydrodynamic model of critical heat flux,applicable
　　　widely to both pool and forced convection boiling on submerged bodies in saturated liquids
　　　［J］. International Journal of Heat and Mass Transfer,1983,26(3):389-399.

［57］WEISMAN J,PEI B S. Prediction of critical heat flux in flow boiling at low qualities［J］.
　　　International Journal of Heat and Mass Transfer,1983,26(10):1463-1477.

［58］GALLOWAY J E,MUDAWAR I. CHF mechanism in flow boiling from a short heated wall-
　　　II. Theoretical CHF model［J］. International Journal of Heat and Mass Transfer, 1993,
　　　36(10):2527-2540.

附 录

附录 A 国际单位与工程单位的换算

名 称	国际单位	工程单位	换算关系
力	N(牛顿)	kgf(千克力)	1 N＝0.102 kgf 1 kgf＝9.807 N
压 力	Pa＝N/m² (帕＝牛顿/米²) MPa(兆帕) 1 bar＝10⁵ Pa (1 靶＝10⁵ 帕)	kgf/m²(千克力/米²) kgf/cm²(千克力/厘米²) at(工程大气压)	1 Pa＝0.102 kgf/m² ＝10.2×10⁻⁶ kgf/cm² 1 bar＝1.02 kgf/cm² 1 kgf/cm²＝0.098 MPa ＝0.98 bar
动力黏度	Pa·s＝N·s/m² (帕·秒＝牛顿·秒/米²) P(Poisc)(泊) 1 P＝0.1 Pas CP(厘泊) 1 CP＝10⁻²P	kgf·/m²(千克力·秒/米²)	1 Pa·s＝0.102 kgf·s/m² 1 kgf·s/m²＝9.807 Pa·s
功,能,热量	J(焦耳) kJ(千焦耳)	kgf·m(千克力·米) kcal(大卡)	1 J＝0.102 kgf·m 1 kgf·m＝9.807 J 1 kJ＝0.238 9 kcal 1 kcal/kg＝4.187 kJ
功 率	kW＝kJ/s (千瓦＝千焦/秒)	kgf·m/s(千克力·米/秒)	1 kW＝102 kgf·m/s 1 kgf·m/s＝0.009 8 kW
焓	kJ/kg(千焦/千克)	kcal/kg(大卡/千克)	1 kJ/kg＝0.238 9 kcal/kg 1 kcal/kg＝4.187 kJ
比热容	kJ/(kg·℃) 千焦/(千克·℃)	kcal/(kg·℃) 大卡/(千克·℃)	1 kJ/(kg·℃)＝0.238 9 kcal/(kg·℃) 1 kcal/(kg·℃)＝4.187 kJ/(kg·℃)
热导率	W/(m·℃) 瓦/(米·℃)	kcal/(m·h·℃) 大卡/(米·时·℃)	1 W/(m·℃)＝0.859 8 kcal/(m²·℃) 1 kcal/(m·h·℃)＝1.163 W/(m·℃)
传热系数	W/(m²·℃) 瓦/(米²·℃)	kcal/(m²·℃) 大卡/(米²·℃)	1 W/(m²·℃)＝0.859 8 kcal/(m²·℃) 1 kcal/(m²·℃)＝1.163 W/(m²·℃)
表面张力	N/m(牛顿/米)	kgf/m(千克力/米)	1 N/m＝0.102 kgf/m 1 kgf/m＝9.807 N/m

附录 B 核燃料的热物性

燃 料	密度 /(g/cm³)	熔点 /℃	热导率 /[W/(m·K)]	体膨胀系数 /(10⁻⁶℃⁻¹)	定压比热容 /[J/(kg·K)]
金属铀	19.05/93℃ 18.87/204℃ 18.33/649℃	1 133	27.34/93℃ 30.28/316℃ 36.05/538℃ 38.08/760℃	61.65/(25~650)℃	116.39/93℃ 171.66/538℃ 14.27/649℃
U-Zr(2%质量)	18.3/室温	1 127	21.98/35℃ 27.00/300℃ 37.00/600℃ 48.11/900℃	14.4/(40~500)℃	120.16/93℃
U-Si(3.8%质量)	15.57/室温	985	15.0/25℃ 17.48/65℃	13.81/(100~400)℃	
U-Mo(12%质量)	16.9/室温	1 150	13.48/室温	13.176/(100~400)℃	133.98/300℃ 150.72/400℃
Zr-U(14%质量)	7.16	1 782	11.00/20℃ 11.61/100℃ 12.32/200℃ 13.02/300℃ 18.00/700℃	6.80/(105~300)℃ 6.912/(350~550)℃	282.19/93℃
UO₂	10.98	2 849	4.33/499℃ 2.60/1 093℃ 2.16/1 699℃ 4.33/2 204℃	11.02/(24~2 799)℃	237.40/32℃ 316.10/732℃ 376.81/1 732℃ 494.04/2 232℃
UO₂-PuO₂	11.08	2 780	3.50/499℃ 1.80/1 988℃	11.02/(24~2 799)℃	近似于 UO₂
ThO₂	10.01	3 299	12.6/93℃ 9.24/204℃ 6.21/371℃		229.02/32℃ 291.40/732℃ 324.78/1 732℃

燃 料	密度 /(g/cm³)	熔点 /℃	热导率 /(W/(m·K))	体膨胀系数 /(10⁻⁶℃⁻¹)	定压比热容 /[J/(kg·K)]
			4.64/538 ℃		343.32/2232 ℃
			3.58/790 ℃		
			2.91/1 316 ℃		
UC	13.6	2 371	21.98/199 ℃	10.8/(21~982)℃	
			23.02/982 ℃		
UN	14.32	2 843	15.92/327 ℃	0.936/(16~1 024)℃	
			20.60/732 ℃		
			24.40/1 121 ℃		

注:斜杠后面的数指的是测量到的数据所对应的温度。

附录 C　包壳和结构材料的热物性

燃　料	密度 /(g/cm³)	熔点 /℃	热导率 /[W/(m·K)]	体膨胀系数 /(10⁻⁶℃⁻¹)	定压比热容 /[J/(kg·K)]
Zr-2	6.57	1 849	11.80/38 ℃	8.32/(25~800)℃	303.54/93 ℃
			11.92/93 ℃	（轧制方向）	319.872 04 ℃
			12.31/204 ℃	12.3/(25~800)℃	330.33/316 ℃
			12.76/316 ℃	（横向）	339.13/427 ℃
			13.22/427 ℃		347.92/538 ℃
			13.45/482 ℃		375.13/649 ℃
347 不锈钢	8.03	1 399~1 428	14.88/38 ℃	16.29/(20~38)℃	502.42/(0~100)℃
			15.58/93 ℃	16.65/(20~93)℃	
			16.96/204 ℃	17.19/(20~204)℃	
			18.35/316 ℃	17.64(20~316)℃	
			19.90/427 ℃	18.00/(20~427)℃	
			21.46/538 ℃	18.45/(20~538)℃	
1Cr18Ni9Ti	7.9		16.33/100 ℃	16.1/(20~100)℃	502.42/20 ℃
			18.84/300 ℃	17.2(20~300)℃	
			22.19/500 ℃	17.9/(20~500)℃	
			23.45/600 ℃	18.6(20~700)℃	
因科洛依 800	8.02		17.72/21 ℃	14.4/(20~100)℃	502.42/20 ℃
			12.98/93 ℃	15.8/(20~200)℃	
			14.65/204 ℃	16.1/(20~300)℃	
			16.75/316 ℃	16.5/(20~400)℃	
			18.42/427 ℃	16.8/(20~500)℃	
			20.00/538 ℃	17.1/(20~600)℃	
			21.77/649 ℃	17.5/(20~700)℃	
			23.86/760 ℃	18.0/(20~800)℃	
			25.96/871 ℃	18.5/(20~900)℃	
			30.98/982 ℃	19.0/(20~1 000)℃	

燃　料	密度 /(g/cm³)	熔点 /℃	热导率 /[W/(m·K)]	体膨胀系数 /(10⁻⁶℃⁻¹)	定压比热容 /[J/(kg·K)]
因科镍 600	8.42		14.65/20 ℃	13.4/(20~100)℃	460.55/21 ℃
			15.91/93 ℃	13.8/(20~200)℃	460.55/93 ℃
			17.58/204 ℃	14.1/(20~300)℃	502.42/204 ℃
			19.26/316 ℃	14.5/(20~400)℃	502.42/316 ℃
			20.93/427 ℃	14.9/(20~500)℃	544.28/427 ℃
			22.61/538 ℃	15.3/(20~600)℃	544.28/538 ℃
			24.70/649 ℃	15.7/(20~700)℃	586.15/649 ℃
			26.80/760 ℃	16.1/(20~800)℃	628.02/760 ℃
			28.89/871 ℃	16.8//(20~1 000)℃	628.02/871 ℃
哈斯特洛依 N	8.93		12/149 ℃	12.60/(100~400)℃	
			14/302 ℃	15.12/(400~800)℃	
			16/441 ℃	17.82/(600~1 000)℃	
			18/529 ℃	15.48/(100~1 000)℃	
			20/629 ℃		
			24/802 ℃		

注:斜杠后面的数指的是测量到的数据所对应的温度。

附录 D 贝塞尔函数

n 阶贝塞尔方程为

$$x^2 \frac{\mathrm{d}^2 y}{\mathrm{d}x^2} + x \frac{\mathrm{d}y}{\mathrm{d}x} + (x^2 - n^2)y = 0$$

式中,n 为常数。该方程的通解可表示为

$$y = A\mathrm{J}_n(x) + B\mathrm{Y}_n(x)$$

其中,A、B 为常数。$\mathrm{J}_n(x)$ 称为 n 阶第一类贝塞尔函数;$\mathrm{Y}_n(x)$ 称为 n 阶第二类贝塞尔函数,有时也用符号 $\mathrm{N}_n(x)$ 来表示,称为诺埃曼函数。$\mathrm{J}_n(x)$ 及 $\mathrm{Y}_n(x)$ 由下列级数定义:

$$\mathrm{J}_n(x) = \sum_{m=0}^{\infty} \frac{(-1)^m}{m!} \frac{1}{\Gamma(n+m+1)} \left(\frac{x}{2}\right)^{2m+n}$$

当 n 为整数时

$$\Gamma(n+m+1) = (n+m)!$$

$$\mathrm{Y}_n(x) = \begin{cases} \dfrac{\mathrm{J}_n(x)\cos n\pi - \mathrm{J}_{-n}(x)}{\sin n\pi} & (n \neq \text{整数}) \\[2mm] \lim\limits_{a \to 0} \dfrac{\mathrm{J}_a(x)\cos n\pi - \mathrm{J}_{-a}(x)}{\sin n\pi} & (n = \text{整数}) \end{cases}$$

在核工程感兴趣的自变量范围内,零阶、一阶第一类贝塞尔函数值见下表。

贝塞尔函数值

x	$\mathrm{J}_0(x)$	$\mathrm{J}_1(x)$	x	$\mathrm{J}_0(x)$	$\mathrm{J}_1(x)$
0	1.000 0	0.000 0	0.75	0.864 2	0.349 2
0.05	0.999 4	0.025 0	0.80	0.846 3	0.368 8
0.10	0.997 5	0.049 9	0.85	0.827 4	0.387 8
0.15	0.994 4	0.074 8	0.90	0.807 5	0.405 9
0.20	0.990 0	0.099 5	0.95	0.786 8	0.423 4
0.25	0.984 4	0.124 0	1.0	0.765 2	0.440 1
0.30	0.977 6	0.148 3	1.1	0.695 7	0.485 0
0.35	0.969 6	0.172 3	1.2	0.671 1	0.498 3
0.40	0.960 4	0.196 0	1.3	0.593 7	0.532 5
0.45	0.950 0	0.219 4	1.4	0.566 9	0.541 9
0.50	0.938 5	0.242 3	1.5	0.483 8	0.564 4
0.55	0.925 8	0.264 7	1.6	0.455 4	0.569 9
0.60	0.912 0	0.286 7	1.7	0.369 0	0.580 2
0.65	0.897 1	0.308 1	1.8	0.340 0	0.581 5
0.70	0.881 2	0.329 0	1.9	0.252 8	0.579 4

x	$J_0(x)$	$J_1(x)$	x	$J_0(x)$	$J_1(x)$
2.0	0.223 9	0.576 7	2.8	−0.185 0	0.409 7
2.1	0.138 3	0.562 6	2.9	−0.242 6	0.357 5
2.2	0.110 4	0.566 0	3.0	−0.260 1	0.339 1
2.3	0.028 8	0.530 5	3.2	−0.320 2	0.261 3
2.4	0.002 5	0.520 2	3.4	−0.364 3	0.179 2
2.5	0.072 9	0.484 3	3.6	−0.391 8	0.095 5
2.6	−0.096 8	0.470 8	3.8	−0.402 6	0.012 8
2.7	0.164 1	0.426 0	4.0	−0.397 1	−0.066 0

附录 E 水的热物性

温度 T /℃	压力 p /MPa(绝对)	密度 ρ /(kg/m³)	定压比热容 c_p /[kJ/(kg·K)]	热导率 $\lambda \times 10^{-2}$ /[W/(m·K)]	黏度 $\mu \times 10^6$ /(N·s/m²)	普朗特数 Pr
0	0.101 325	999.9	4.212 7	55.122	1 789.0	13.67
10	0.101 325	999.7	4.191 7	57.448	1 306.1	9.52
20	0.101 325	998.2	4.183 4	59.890	1 004.9	7.02
30	0.101 325	995.7	4.175 0	61.751	801.76	5.42
40	0.101 325	992.2	4.175 0	63.379	653.58	4.31
50	0.101 325	988.1	4.175 0	64.774	549.55	3.54
60	0.101 325	983.2	4.179 2	65.937	470.06	2.98
70	0.101 325	977.8	4.107 6	66.751	406.28	2.55
80	0.101 325	971.8	4.195 9	64.449	355.25	2.21
90	0.101 325	965.3	4.205 8	68.031	315.01	1.95
100	0.101 325	958.4	4.221 1	68.263	282.63	1.75
110	0.243 26	951.0	4.233 6	68.492	259.07	1.60
120	0.198 54	943.1	4.250 4	68.612	237.48	1.47
130	0.270 12	934.8	4.267 1	68.612	217.86	1.36
140	0.361 36	926.1	4.288 1	68.496	201.17	1.26
150	0.435 97	917.0	4.313 2	68.380	186.45	1.17
160	0.618 04	907.4	4.346 7	68.263	173.69	1.10
170	0.792 02	897.3	4.380 2	67.914	162.90	1.05
180	1.002 7	886.9	4.417 9	67.449	153.09	1.00
190	1.255 2	876.0	4.459 7	66.984	144.25	0.96
200	1.555 1	863.0	4.505 8	66.286	136.40	0.93
210	1.907 9	853.8	4.556 1	65.472	130.52	0.91
220	2.320 1	840.3	4.614 7	64.542	124.63	0.89
230	2.797 9	827.3	4.687 1	63.728	119.72	0.88
240	3.348 0	813.6	4.757 1	62.797	114.81	0.87
250	3.977 6	799.0	4.845 0	61.751	109.91	0.86
260	4.694 0	784.0	4.949 7	60.472	105.98	0.87
270	5.505 1	767.9	5.088 2	58.960 3	102.06	0.88
280	6.419 1	750.7	5.230 3	57.448	98.135	0.90
290	7.444 8	732.3	5.485 7	55.820	94.210	0.93

温度 T /℃	压力 p /MPa(绝对)	密度 ρ /(kg/m³)	定压比热容 c_p /[kJ/(kg·K)]	热导率 $\lambda \times 10^{-2}$ /[W/(m·K)]	黏度 $\mu \times 10^6$ /(N·s/m²)	普朗特数 Pr
300	8.597 1	712.5	5.737 0	53.959	91.265	0.97
310	9.869 7	691.1	6.072 0	52.331	88.321	1.03
320	11.290	667.1	6.574 5	50.587	85.377	1.11
330	12.865	640.2	7.244 5	48.377	81.452	1.22
340	14.608	610.1	8.165 8	45.702	77.526	1.39
350	16.537	574.4	9.505 8	43.028	72.620	1.60
360	18.674	528.0	13.986	39.539	66.732	2.35
370	21.053	450.5	40.326	33.724	56.918	6.79

附录 F 饱和线上水和水蒸气的几个热物性

温度 /℃	压力 /MPa(绝对)	水的比体积 /[10⁻³(m³/kg)]	蒸汽的比体积 /[10⁻³(m³/kg)]	水的焓 /[kJ/(kg·K)]	蒸汽的焓 /[kJ/(kg·K)]	汽化热 /[kJ/(kg·K)]
0.00	0.000 610 8	1.000 2	206 321	−0.04	2 501.0	2 501.0
10	0.001 227 1	1.000 3	106 419	41.99	2 519.4	2 477.4
20	0.002 336 8	1.001 7	578 33	83.86	2 537.7	2 453.8
30	0.004 241 7	1.004 3	329 29	125.66	2 555.9	2 430.2
40	0.007 374 9	1.007 8	19 548	167.45	2 574.0	2 406.5
50	0.012 335	1.012 1	120 48	209.26	2 591.8	2 382.5
60	0.019 919	1.017 1	7 680.7	251.09	2 609.5	2 358.4
70	0.031 161	1.022 8	5 047.9	292.97	2 626.8	2 333.8
80	0.047 359	1.029 2	3 410.4	334.92	2 643.8	2 308.9
90	0.070 108	1.036 1	2 362.4	376.94	2 660.3	2 283.4
100	0.101 325	1.043 7	1 673.8	419.06	2 676.3	2 257.2
110	0.143 26	1.051 9	1 210.6	461.32	2 691.8	2 230.5
120	0.198 54	1.060 6	892.02	503.7	2 706.6	2 202.9
130	0.270 12	1.070 0	668.51	546.3	2 720.7	2 174.4
140	0.361 36	1.080 1	508.75	589.1	2 734.0	2 144.9
150	0.475 97	1.090 8	392.61	632.2	2 746.3	2 114.1
160	0.618 04	1.102 2	306.85	675.5	2 757.7	2 082.2
170	0.972 02	1.114 5	242.59	719.1	2 768.0	2 048.9
180	1.002 7	1.127 5	193.81	763.1	2 777.1	2 014.0
190	1.255 2	1.141 5	158.31	807.5	2 784.9	1 977.4
200	1.553 1	1.156 5	127.14	852.4	2 791.4	1 939.0
210	1.907 9	1.172 6	104.22	897.8	2 796.4	1 898.6
220	2.320 1	1.190 0	86.02	943.7	2 799.9	1 856.2
230	2.797 9	1.208 7	71.43	990.3	2 801.7	1 811.4
240	3.348 0	1.229 1	59.64	1 037.6	2 801.6	1 764.0
250	3.977 6	1.251 3	50.02	1 085.8	2 799.5	1 713.7
260	4.694 0	1.275 6	42.12	1 135.0	2 795.2	1 660.2
270	5.505 1	1.302 5	35.57	1 185.4	3 788.3	1 602.9
280	6.419 1	1.332 4	30.10	1 237.0	2 778.6	1 541.6
290	7.444 8	1.368 59	25.51	1 290.3	2 765.4	1 475.1

温度 /℃	压力 /MPa(绝对)	水的比体积 /[10⁻³(m³/kg)]	蒸汽的比体积 /[10⁻³(m³/kg)]	水的焓 /(kJ/(kg·K))	蒸汽的焓 /[kJ/(kg·K)]	汽化热 /[kJ/(kg·K)]
300	8.597 1	1.404 1	21.620	1 345.4	2 748.4	1 403.0
310	9.869 7	1.448 0	18.290	1 402.9	2 726.8	1 323.9
320	11.290	1.499 5	15.440	1 463.4	2 699.6	1 236.2
330	12.865	1.561 4	12.960	1 527.5	2 665.5	1 138.0
335	13.714	1.597 7	11.840	1 561.4	2 645.4	1 084.0
340	14.608	1.639 0	10.780	1 596.8	2 622.3	1 025.5
345	15.548	1.685 9	9.779	1 633.7	2 596.2	962.5
350	16.537	1.740 7	8.822	1 672.9	2 566.1	893.2
355	17.577	1.807 3	7.895	1 715.5	2 530.5	815.0
360	18.674	1.893 0	6.970	1 763.1	2 485.7	722.6
370	21.053	2.230 0	4.958	1 896.2	2 335.7	439.5
372	21.562	2.392 0	4.432	1 942.0	2 280.1	338.1
374	22.084	2.893 4	3.482	2 039.2	2 150.7	111.5
374.12	22.114 5	3.147 0	3.147	2 095.2	2 095.2	0